华章程序员书库

现代C

概念剖析和编程实践

[德] 延斯·古斯泰特（Jens Gustedt） 著

刘红泉 译

Modern C

图书在版编目（CIP）数据

现代 C：概念剖析和编程实践 /（德）延斯・古斯泰特（Jens Gustedt）著；刘红泉译 . -- 北京：机械工业出版社，2021.6
（华章程序员书库）
书名原文：Modern C
ISBN 978-7-111-68196-0

I. ①现… II. ①延… ②刘… III. ① C 语言 – 程序设计 IV. ① TP312.8

中国版本图书馆 CIP 数据核字（2021）第 083164 号

本书版权登记号：图字 01-2020-4935

现代 C：概念剖析和编程实践

出版发行：机械工业出版社（北京市西城区百万庄大街 22 号 邮政编码：100037）

责任编辑：王春华　　责任校对：殷 虹

印　　刷：中国电影出版社印刷厂　　版　　次：2021 年 6 月第 1 版第 1 次印刷

开　　本：186mm × 240mm 1/16　　印　　张：21.75

书　　号：ISBN 978-7-111-68196-0　　定　　价：119.00 元

客服电话：（010）88361066 88379833 68326294　　投稿热线：（010）88379604

华章网站：www.hzbook.com　　读者信箱：hzit@hzbook.com

The Translator's Words 译　者　序

C 语言的发展最早可以追溯到 1960 年出现的 ALGOL 60。可以说，ALGOL 60 是 C 语言的祖先，但是 ALGOL 60 离硬件比较远，不适合用来编写系统软件。1963 年，剑桥大学推出了 CPL(Combined Programming Language)。CPL 对 ALGOL 60 进行了改造，更接近硬件一些，但是规模比较大，难以实现。1967 年，剑桥大学的马丁 · 理查兹对 CPL 进行了简化，在保持 CPL 的基本优点的基础上推出了 BCPL（Basic Combined Programming Language）。

1970 年，美国 AT&T 公司贝尔实验室的研究员肯 · 汤普森以 BCPL 为基础，设计出了非常简单而且很接近硬件的 B 语言（取 BCPL 的首字母）。B 语言是一种通用程序设计语言，但它过于简单，且功能有限，所以没能流行起来。肯 · 汤普森用 B 语言做了一件很重要的事情，一直影响至今，即他用 B 语言写出了世界上第一个操作系统——UNIX 操作系统。

1971 年，贝尔实验室的丹尼斯 · 里奇加入了肯 · 汤普森的开发项目，合作开发 UNIX。他的主要工作是改造 B 语言，使其更加成熟。

1972 年，丹尼斯 · 里奇在 B 语言的基础上最终设计出了一种新的语言，他以 BCPL 的第二个字母作为这种语言的名字，即 C 语言。C 语言既保持了 BCPL 和 B 语言的优点（精练、接近硬件），又克服了它们的缺点（过于简单、无数据类型等）。最初设计 C 语言只是为了提供一种可以描述和实现 UNIX 操作系统的工作语言。1973 年，肯 · 汤普森和丹尼斯 · 里奇两人合作把 UNIX 中 90% 以上的代码用 C 语言进行改写，得到了 UNIX 第 5 版。

后来，C 语言历经了多次改进，但主要还是在贝尔实验室内部使用。直到 1975 年，UNIX 第 6 版公布以后，C 语言的突出优点才引起人们的普遍关注。1975 年，不依赖于具体机器的 C 语言编译文本（可移植 C 语言编译程序）出现了，将 C 语言移植到其他机器上所需做的工作因而大大简化，这推动着 UNIX 操作系统迅速在各种机器上实现。而随着 UNIX 的广泛使用,C 语言也迅速得到推广。C 语言和 UNIX 可以说是一对孪生兄弟，在发展过程中相辅相成。

1978 年以后，C 语言已先后移植到大、中、小和微型计算机上，独立于 UNIX 和 PDP 计算机了。

现在，C 语言已风靡全球，成为世界上应用最广泛的计算机语言之一。许多系统软件和实用的软件包，如 Microsoft Windows 等，都是用 C 语言编写的。

无论你是刚开始使用 C 语言还是已经有了很丰富的经验，通过阅读本书，你的 C 语言编程技能都将提升到一个新的高度。这本非常全面的指南是按级别来组织的，这使你很容易找到最适合自己的章节，从而更快获得更大的收益。

本书作者 Jens Gustedt 自 1998 年以来一直是法国国家信息与自动化研究所（INRIA）的高级科学家，工作领域包括算法、科学实验、粗粒度并行模型和分布式锁定。

在本书中，Jens Gustedt 将教你使用这种久经考验的语言编写相关程序所需的技能和特性，应用范围包括 Linux 和 Windows、设备驱动程序、Web 服务器和浏览器、智能手机等。

由于翻译水平和时间有限，译文难免存在错误和疏漏，恳请读者批评指正。

希望通过阅读此书，你的 C 语言编程技巧能得到进一步的提升，从而可以从容面对当前所面临的一些挑战！

刘红泉

2021 年 2 月于北京

Acknowledgements 致　谢

特别感谢鼓励我写这本书的人，他们给了我建设性的反馈意见。这些人包括同事和读者 Cédric Bastoul、Lucas Nussbaum、Vincent Loechner、Kliment Yanev、Szabolcs Nagy、Marcin Kowalczuk、Ali Asad Lotia、Richard Palme、Yann Barsamian、Fernando Oleo、Róbert Kohányi 和 Jean-Michel Gorius 等；以及 Manning 的工作人员 Jennifer Stout、Nitin Gode 和 Tiffany Taylor 等；还有来自 Manning 的审稿人 Adam Kalisz、Andrei de Araujo Formiga、Christoph Schubert、Erick Nogueira do Nascimento、Ewelina Sowka、Glen Sirakavit、Hugo Durana、Jean-François Morin、Kent R. Spillner、Louis Aloia、Manu Raghavan Sareena、Nitin Gode、Rafael Aiquel、Sanchir Kartiev 和 Xavier Barthel。

其他许多人也对这本书的成功做出了贡献，在此向你们所有人表示最诚挚的感谢。

前　　言 *Preface*

C 编程语言已经存在很长时间了——它的权威参考资料是其创建者 Kernighan 和 Ritchie 写的一本书 [1978]。从那时起，C 语言就开始被大量应用。用 C 语言编写的程序和系统无处不在：个人计算机、电话、照相机、机顶盒、冰箱、汽车、大型机、卫星……基本上在任何有可编程接口的现代设备中都能找到。

与 C 程序和系统的普遍存在相比，人们对 C 语言的认知和了解要少得多。即便是经验丰富的 C 程序员，也会对 C 语言的现代演变表现出一定程度的知识缺乏。一个可能的原因是，C 语言被看作一种“容易学习”的语言，它允许缺乏经验的程序员快速地编写或复制代码段，这些代码段至少看起来是在做它应该做的事情。在某种程度上，C 语言并没有激发用户学习更高层次知识的积极性。

本书的目的是改变这种普遍的态度，所以它的内容分为 4 级，以反映对 C 语言和编程的熟悉程度。这种结构可能与读者的一些习惯相违背，特别是，它将一些困难的主题（如指针）分成不同的层次，以避免过早地向读者提供错误的信息。我们稍后将更详细地解释本书的组织结构。

一般来说，尽管本书会提出许多普遍适用的思想（也适用于其他编程语言如 Java、Python、Ruby、C# 或 C++），但本书主要讨论 C 语言中特有的或者在用 C 语言编程时具有特殊价值的概念和实践。

C 语言的版本

正如本书的书名所提示的那样，今天的 C 语言与它的创建者 Kernighan 和 Ritchie 最初设计的C语言（通常称为K&R C）不同。特别是，它经历了一个重要的标准化和扩展过程，现在由ISO（国际标准化组织）进行推动。这导致了在1989年、1999年、2011年和2018年一系列C标准的发布，它们通常被称为C89、C99、C11和C17。C标准委员会做了大量工作来保证向后兼容，比如用早期版本（如C89）编写的代码应该使用新版本的编译器编译成语义上等价的可执行文件。不幸的是，这种向后兼容产生了我们不希望看到的副作用，即那些原本可以从新特性中获益的项目没有动力来更新自己的代码库。

在本书中，我们将主要参考JTC1/SC22/WG14[2018]中定义的C17，但是在撰写本书时，一些编译器并没有完全实现这个标准。如果你想编译本书中的示例，至少需要一个可以实现C99大部分功能的编译器。对于将C11添加到C99所要做的修改，使用一个仿真层（比如我的宏包P99）就足够了，该软件包可在http://p99.gforge.inria.fr上找到。

C和C++

编程已经成为一种非常重要的文化和经济活动，C语言仍然是编程界的一个重要元素。与所有人类活动一样，C语言的进步是由许多因素驱动的：企业或个人的利益、政治、美、逻辑、运气、无知、自私、自我（这里加上你的主要动机）。因此，C语言的发展不是也不可能是理想的。它存在缺陷和人为雕琢的成分，只能通过其历史和社会背景来理解。

C语言开发背景的一个重要部分是它的姊妹语言C++的早期出现。一个常见的误解是，C++是通过添加自己的特性而从C演化而来的。尽管这在历史上是正确的（C++是从非常早期的C语言发展而来的），但它们在今天并不是特别相关。事实上，C和C++在30多年前就已经从一个共同的祖先中分离出来，并且从那以后一直在独立地发展。但是这两种语言的演变并不是孤立发生的，多年来，它们一直在交流和采纳彼此的理念。一些新的特性，比如最近添加的原子性和线程，是在C和C++标准委员会的密切协作下设计的。

尽管如此，C和C++仍然有许多不同之处，而且本书中所讲的全部内容都是关于C的，而不是C++。书中所给出的许多代码示例甚至不能用C++编译器编译。因此我们不应该把这两种语言的起源混为一谈。

要点A C和C++是不同的：不要将它们混淆。

注意，当你阅读本书的时候，你会遇到很多如上所示的要点。这些要点总结了特性、规则、建议等。在本书的末尾有一个包含了这些要点的列表，你可以把它作为一个备忘单。

要求

为了能够从本书中获益，你需要满足一些基本要求。如果你对其中任何一个不确定，请先获取或学习它们；否则，你可能会浪费很多时间。

首先，如果不练习，你就无法学习一门编程语言，所以你必须有一个适当的编程环境（通常是在 PC 或笔记本电脑上），你必须在一定程度上掌握它。这个环境可以是集成的（一个 IDE）或者是一组独立的实用程序。平台提供的内容千差万别，因此很难给出具体建议。在类似于 UNIX 的环境（如 Linux 和苹果的 macOS）中，你可以找到诸如 *emacs* 和 *vim* 之类的编辑器，以及诸如 *c99*、*gcc* 和 *clang* 之类的编译器。

你必须能够执行以下操作：

1. 浏览文件系统。计算机上的文件系统通常按层次结构组织在目录中。你必须能够浏览它们来查找和操作文件。

2. 编辑程序文本。这与在字处理环境中编辑字母不同。你的环境、编辑器或它所调用的任何东西都应该对编程语言 C 有基本的理解能力。你会看到，如果你打开一个 C 文件（扩展名通常为 *.c*），它可能会突出显示一些关键字，或者帮助你根据 {} 的嵌套来缩进代码。

3. 执行程序。你在这里看到的程序一开始是非常基础的，不会提供任何图形功能。它们需要在命令行中启动。编译器就是这样一个例子。在像 UNIX 这样的环境中，命令行通常被称为 shell，其在控制台或终端上启动。

4. 编译程序文本。有些环境提供用于编译的菜单按钮或键盘快捷键。另一种方法是在终端的命令行中启动编译器。这个编译器必须遵照最新的标准，不要把时间浪费在不适宜的编译器上。

如果你以前从未编写过程序，本书学起来会很难。了解以下内容会有所帮助：Basic、C（历史版本）、C++、Fortran、R、bash、JavaScript、Java、MATLAB、Perl、Python、Scilab 等。但是，你可能有一些其他的编程经验，甚至可能没有注意到。许多技术规范实际上是用某种专用的语言编写的，可以作为一种类比，例如，用于 Web 页面的 HTML 和用于文档格式化的 LaTeX。

你应该知道以下概念，尽管它们在 C 语言中的确切含义可能与你所学环境中的有所不同：

1. 变量——保存值的命名实体。

2. 条件句——在一个精确的条件下做某事（或不做某事）。

3. 循环——按一定的次数（或者直到满足某个条件为止）重复做某事。

练习和挑战

在本书中，你将看到一些练习，这些练习是为了让你思考所讨论的概念。最好在阅读本书时完成练习。还有一类叫作“挑战”。这些通常要求更高。你需要做一些研究，甚至要了解它们是什么，解决方案不会自己出现：这需要努力。完成挑战要花很多的时间，有时要几个小时甚至几天，这取决于你对工作的满意程度。这些挑战所涉及的主题来自我个人对“有趣问题”的偏好，这些问题来自我个人的经历。如果在学习或工作中有其他问题或涉及相同领域的项目，你应该也可以把它们做得同样好。最重要的是要训练自己，首先从其他地方寻求帮助和想法，然后亲自动手把事情做好。你只有跳进水里才能学会游泳。

本书结构

本书按级别组织，编号从 0 到 3。

第 0 级“邂逅”总结使用 C 语言进行编程的基础知识。它的主要作用是提醒你我们所提到的主要概念，并使你熟悉 C 应用的特殊词汇和观点[⊖]。最后，即使你在 C 语言编程方面没有太多的经验，你应该也能够理解简单的 C 语言程序的结构，并可以开始编写自己的程序。

第 1 级“相识”详细描述大多数主要概念和特性，如控制结构、数据类型、操作符和函数。它应该能让你更深入地了解运行程序时所发生的事情。这些知识对于算法入门课程和该级别的其他工作来说应该足够了，但值得注意的是指针还没有完全引入。

第 2 级“相知”深入 C 语言的核心。它完全解释了指针，帮助你熟悉 C 语言的内存模型，并使你能够理解 C 语言的大部分库函数接口。完成这一级别应该使你能够专业地编写 C 代码。因此，本级别首先对 C 程序的编写和组织进行了必要的讨论。我个人认为，任何从工程学院毕业、主修计算机科学或 C 语言编程的人都能达到这个水平。不要满足于比这更低的水平。

第 3 级“深入”详细介绍特定主题，如性能、可重入性、原子性、线程和泛类型编程。当你在现实世界中遇到这些问题的时候，你可能会发现这里的内容是最好的。作为一个整体，它们对于结束讨论并向你提供 C 语言方面的全部专业知识是必要的。任何在 C 语言方面具有多年专业编程经验的人，或者使用 C 语言作为主要编程语言的软件项目负责人，都应该达到这个水平。

⊖ C 的一个特殊观点是索引从 0 开始，而不是像 Fortran 那样从 1 开始。

作者简介 *About the Author*

Jens Gustedt 在波恩大学和柏林工业大学完成了他的数学学业。他当时的研究涉及离散数学与高效计算的交叉。自 1998 年以来，他一直在法国国家信息与自动化研究所（INRIA）担任高级科学家，先是在法国南锡的 LORIA 实验室工作，自 2013 年起在斯特拉斯堡的 ICube 实验室工作。

在整个职业生涯中，他的大部分科学研究一直伴随着软件的发展，一开始主要是 C++，然后又专注于 C。他现在作为 ISO 委员会 JTC1/SC22/WG14 的专家为 AFNOR 服务，并且是 C 标准文档 ISO/IEC 9899:2018 的联合编辑。他还有一个成功的博客，涉及 C 语言编程和相关主题：https://gustedt.wordpress.com。

Contents 目　　录

第3级 深入

第0级 *Level 0*

邂　　逅

我们这一级的吉祥物是喜鹊，地球上最聪明的非人类物种之一。它们能够精心安排社交仪式和使用工具。

阅读本书的这一级可能是你第一次接触C语言。它为你提供了C程序的基本知识、用途、结构以及使用方法。它并不是要给你一个完整的概述——它不能，甚至不会去尝试。相反，它应该让你对这一切有大致了解，将问题开放，并推广想法和概念。这些问题、想法和概念将在更高的级别中得到详细解释。

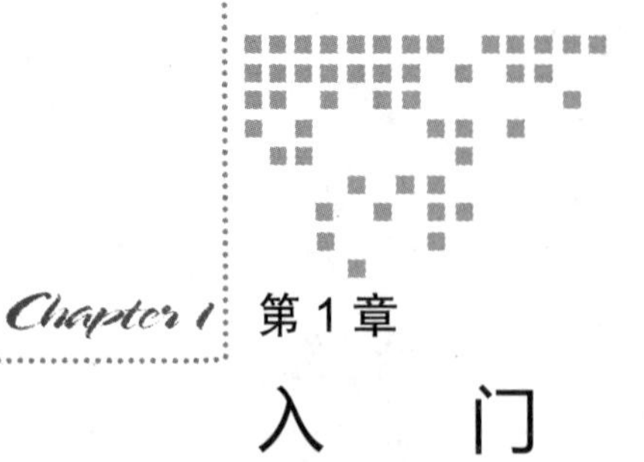

Chapter 1 第1章

入　　门

本章涵盖了：

- ❑ 命令式编程简介
- ❑ 编译和运行代码

在本章中，我将向你介绍一个简单的程序，之所以选择它是因为它包含了C语言的许多结构。如果你已经有了编程经验，你可能会发现其中的某些部分像是没有必要的重复。如果你缺乏这方面的经验，你可能会被新术语和概念弄得不知所措。

无论面对哪种情况，你都要有耐心。对于那些有编程经验的人来说，很可能有一些细微的细节是你没有意识到的，或者即使你之前已经编写过C语言，你对这门语言所做的一些假设也是不正确的。对于那些第一次接触编程的人，在阅读了大约10页之后，你的理解一定会有很大的提高，并且你应该对编程所代表的内容有了更清晰的认识。

一般来说，对于编程，尤其是对于本书，有些重要的知识可以引用Douglas Adams的《银河系漫游指南》(*Hitchhiker's Guide to the Galaxy*) [1986] 中的内容来进行总结：

要点B　不要恐慌。

因为这不值得。本书中有许多交叉引用、链接和脚注。如果你有问题的话，请按照这些来做。或者休息一下。

用C语言编程就是让计算机完成一些特定的任务。C程序通过发布命令来实现这一点，就像我们在许多人类语言中使用祈使时态来表达命令一样。因此，术语命令式编程就是指这种特殊的组织计算机程序的方式。要开始了解我们在讨论什么，请考虑清单1.1中的第一个程序：

清单 1.1 C 程序中的第一个例子

```
1  /* This may look like nonsense, but really is -*- mode: C -*- */
2  #include <stdlib.h>
3  #include <stdio.h>
4
5  /* The main thing that this program does. */
6  int main(void) {
7    // Declarations
8    double A[5] = {
9      [0] = 9.0,
10     [1] = 2.9,
11     [4] = 3.E+25,
12     [3] = .00007,
13   };
14
15   // Doing some work
16   for (size_t i = 0; i < 5; ++i) {
17      printf("element %zu is %g, \tits square is %g\n",
18             i,
19             A[i],
20             A[i]*A[i]);
21   }
22
23   return EXIT_SUCCESS;
24 }
```

1.1 命令式编程

你可能会看到这是一种语言，包含了一些奇怪的词，如 **main**、**include**、**for** 等，它们以一种特殊的方式排列，并与许多奇怪的字符、数字和文本（“ Doing some work”）混合在一起，看起来就像普通的英语。它被设计成在我们人类程序员和计算机之间提供一种联系，告诉它做什么：给它“下命令”。

要点 1.1 C 是一种命令式编程语言。

在本书中，我们不仅会遇到 C 编程语言，还会遇到一些 C jargon（行话），这是一种帮助我们谈论 C 的语言。

从第一个示例中你可能会猜到，这样的 C 程序具有不同的组件，它们形成了一些混合层。让我们试着从里到外理解它。此程序的运行结果在计算机的命令终端上输出 5 行文本。在我的计算机上，运行此程序的过程类似这样：

```
0   > ./getting-started
1   element 0 is 9,         its square is 81
2   element 1 is 2.9,       its square is 8.41
3   element 2 is 0,         its square is 0
4   element 3 is 7e-05,     its square is 4.9e-09
5   element 4 is 3e+25,     its square is 9e+50
```

我们可以很容易地在程序中识别出程序输出（用 C jargon 来说就是**打印** C㊀）的文本：第 17 行引号之间的部分。实际的动作发生在这一行和第 20 行之间。C 称之为**语句** C，这有点用词不当。其他语言会使用指令这个术语，它更好地描述了用途。这个特殊的语句是**调用** C 一个名为 `printf` 的**函数** C：

getting-started.c

```
17        printf("element %zu is %g, \tits square is %g\n",
18               i,
19               A[i],
20               A[i]*A[i]);
```

这里，`printf` 函数接收 4 个**参数** C，包含在一对**括号** C 中，即 `(...)`：

- 这一行看起来很有趣的文本（在引号之间）是所谓的**字符串文字** C，用作输出的**格式** C。文本中有 3 个标记（**格式说明符** C），它们表示输出中要插入数字的位置。这些标记以 `%` 字符开头。这种格式还包含一些以反斜杠开头的特殊**转义字符** C：`\t` 和 `\n`。
- 在逗号字符之后，我们找到单词 `i`。`i` 所代表的内容将被打印到第一个格式说明符 `%zu` 的位置。
- 另一个逗号分隔下一个参数 `A[i]`。它所代表的内容将被打印到第二个格式说明符（即第一个 `%g`）的位置。
- 最后同样用逗号分隔的 `A[i]*A[i]` 对应最后的 `%g`。

稍后我们将解释所有这些参数的含义。只需记住，我们确定了程序的主要目的（在终端上打印一些行），并且它“命令” `printf` 函数来实现这个目的。剩下的部分就是一些“**糖衣** C”，用来指定将打印哪些数字，以及打印多少。

1.2 编译和运行

如前一节所示，程序文本表示我们希望计算机做什么。同样，它只是我们写的另一段文本，并存储在硬盘的某处，但程序文本本身无法被你的计算机所理解。有一个特殊的程序，叫作编译器，它将 C 语言的文本翻译成机器可以理解的东西：**二进制代码** C 或**可执行文件** C。这个翻译程序是什么样子的以及如何进行翻译都太复杂了，以至于在这个阶段很难解释㊁。即使在整本书中都无法解释其中的大部分内容，那将是另一本书的主题。然而，就目前而言，我们不需要更深入地理解，因为有工具为我们做所有的工作。

要点 1.2 C 是一种需要编译的编程语言。

㊀ 这些来自 C jargon 的特殊术语用字母 C 来标记，后面也是如此。

㊁ 事实上，翻译本身是通过几个步骤完成的，从文本替换、适当的编译到连接。不过，将所有这些打包的工具传统上被称为编译器，而不是翻译器，因为这样会更准确。

编译器的名称及其命令行参数在很大程度上取决于运行程序的**平台**[C]。原因很简单：目标二进制代码**依赖于平台**[C]——它的形式和细节取决于要运行它的计算机。个人计算机和手机有不同的需求，冰箱和机顶盒所说的“语言”也不同。实际上，这就是C存在的原因之一：C为所有不同的机器特定语言（通常称为**汇编语言**[C]）提供了一个抽象级。

要点 1.3 正确的C程序在不同的平台之间是可移植的。

在本书中，我们将花大量的精力向你展示如何编写“正确的”C程序来确保可移植性。不幸的是，有些平台自称是“C”，但不符合最新的标准。还有一些兼容的平台，它们接受不正确的程序，或者为C标准提供扩展，但这些扩展并不具有广泛的可移植性。因此，在单一平台上运行和测试程序并不能总是保证可移植性。

编译器的工作是确保前面的程序在适当的平台上翻译后，能够在你的PC、手机、机顶盒甚至冰箱上正常运行。

也就是说，如果你有一个POSIX系统（比如Linux或macOS），那么很有可能存在一个名为`c99`的程序，而且它实际上是一个C编译器。你可以尝试使用以下命令编译示例程序：

```
0    > c99 -Wall -o getting-started getting-started.c -lm
```

编译器应该毫无怨言地完成它的工作，并在当前目录中输出一个名为`getting-started`的可执行文件[练习1]。在示例行中：

- `c99`是编译程序。
- `-Wall`告诉编译器，如果发现任何不寻常的事情，就向我们告警。
- `-o getting-started`告诉编译器将**编译结果**[C]存储在一个名为`getting-started`的文件中。
- `getting-started.c`指明**源文件**[C]，该文件包含我们编写的C代码。注意，文件名末尾的`.c`扩展名指的是C编程语言。
- `-lm`告诉编译器在必要时添加一些标准的数学函数，稍后我们会用到。

现在我们可以**执行**[C]新创建的**可执行文件**[C]了。输入

```
0    > ./getting-started
```

你会看到和我之前展示的完全一样的输出。这就是可移植的含义：无论你在哪里运行这个程序，其**行为**[C]都应该是一样的。

如果你运气不好，编译命令不起作用，那么你必须在系统文档中查找**编译器**[C]的名称。如果没有可用的编译器，你可能需要安装它㊀。编译器的名称各不相同。以下是一些常见的替代方案，可能会有效：

[练习1] 在终端中尝试编译命令。

㊀ 这对于使用微软操作系统的系统来说尤其必要。微软的本地编译器甚至还没有完全支持`C99`，我们在本书中讨论的许多特性都无法工作。关于备选方案的讨论，你可以看看Chris Wellons的博客“Four Ways to Compile C for Windows”（Windows编译C的四种方法）。

```
0    > clang -Wall -lm -o getting-started getting-started.c
1    > gcc -std=c99 -Wall -lm -o getting-started getting-started.c
2    > icc -std=c99 -Wall -lm -o getting-started getting-started.c
```

其中有一些，即使存在于你的计算机上，也可能无法毫无怨言地编译程序[练习 2]。

使用清单 1.1 中的程序，我们展示了一个理想的世界：一个在所有平台上都能工作并产生相同结果的程序。不幸的是，当你自己编程时，你经常会有一个只能部分工作的程序，可能会产生错误或不可靠的结果。因此，让我们看看清单 1.2 中的程序。它看起来和前一个很相似。

清单 1.2　一个有缺陷的 C 程序的例子

```
 1 /* This may look like nonsense, but really is -*- mode: C -*- */
 2
 3 /* The main thing that this program does. */
 4 void main() {
 5   // Declarations
 6   int i;
 7   double A[5] = {
 8     9.0,
 9     2.9,
10     3.E+25,
11     .00007,
12   };
13
14   // Doing some work
15   for (i = 0; i < 5; ++i) {
16      printf("element %d is %g, \tits square is %g\n",
17             i,
18             A[i],
19             A[i]*A[i]);
20   }
21
22   return 0;
23 }
```

如果你对这个程序运行编译器，它将会给出类似于如下内容的**诊断**[C]信息：

```
0    > c99 -Wall -o bad bad.c
1    bad.c:4:6: warning: return type of 'main' is not 'int' [-Wmain]
2    bad.c: In function 'main':
3    bad.c:16:6: warning: implicit declaration of function 'printf' [-Wimplicit-function...
4    bad.c:16:6: warning: incompatible implicit declaration of built-in function 'printf' ...
5    bad.c:22:3: warning: 'return' with a value, in function returning void [enabled by de...
```

在这里，我们有很多很长的“告警”行，这些行太长了，甚至不能完全显示在终端屏幕上。最后，编译器生成了一个可执行文件。不幸的是，我们运行程序时的输出是不同的。这是一个信号，我们必须小心，注意细节。

[练习 2]　写一篇关于本书代码测试的文本报告。记下哪个命令对你有用。

clang 甚至比 gcc 更讲究，它给出了更长的诊断行：

```
0   > clang -Wall -o getting-started-badly bad.c
1   bad.c:4:1: warning: return type of 'main' is not 'int' [-Wmain-return-type]
2   void main() {
3   ^
4   bad.c:16:6: warning: implicitly declaring library function 'printf' with type
5         'int (const char *, ...)'
6       printf("element %d is %g, \tits square is %g\n", /*@\label{printf-start-badly}*/
7       ^
8   bad.c:16:6: note: please include the header <stdio.h> or explicitly provide a declaration
9         for 'printf'
10  bad.c:22:3: error: void function 'main' should not return a value [-Wreturn-type]
11    return 0;
12    ^      ~
13  2 warnings and 1 error generated.
```

这是件好事！它的**诊断结果**[C]更丰富。特别是，它给了我们两个提示：它期望 **main** 有一个不同的返回类型，它期望我们有一行代码（就像清单 1.1 中的第 3 行那样）来指定 **printf** 函数来自哪里。注意 clang 与 gcc 不同，它不生成可执行文件。它认为第 22 行中的问题是致命的。将其视为一个特性。

根据平台的不同，可以强制编译器拒绝生成此类诊断的程序。对于 gcc，这样的命令行选项是 -Werror。

因此，我们已经看到了清单 1.1 和清单 1.2 的两个不同点，这两处改动将一个好的、符合标准的、可移植的程序变成了一个糟糕的程序。我们看到编译器也在帮助我们。它抓出了程序行中出现问题的行，如果有一点经验，你将能够理解它所告之的含义[练习 3][练习 4]。

要点 1.4 C 程序应该在没有告警的情况下干净地编译。

总结

- C 语言是用来给计算机下指令的。因此，它在我们（程序员）和计算机之间起到了中介作用。
- C 程序必须经过编译才能执行。编译器提供了我们所理解的语言（C）与特定平台的特定需求之间的转换。
- C 语言提供了一个提供可移植性的抽象级。一个 C 程序可以在许多不同的计算机架构上运行。
- C 编译器是来帮助你的。如果它对你程序中的某些东西进行了告警，请加以注意。

[练习 3] 逐步纠正清单 1.2 中的问题。从第一个诊断行开始，修复在那里提到的代码，重新编译，等等，直到你有了一个完美的程序。

[练习 4] 我们还没有提到这两个程序之间的第三个区别。找到它。

Chapter 2 第2章

程序的主要结构

本章涵盖了：

- ❏ C 的语法
- ❏ 声明标识符
- ❏ 定义对象
- ❏ 用语句指示编译器

与我们在前一章中的小示例相比，实际的程序将更加复杂，并且包含额外的构造，但是它们的结构非常相似。清单 1.1 已经包含了 C 程序的大部分结构元素。

在 C 程序中有两方面需要考虑：语法方面（我们如何指定程序以便编译器能理解它）和语义方面（我们指定什么以便程序执行我们希望它执行的操作）。在下面的部分中，我们将介绍句法（语法）和 3 个不同的语义：声明部分（事物是什么）、对象定义（事物在哪里）和语句（事物应该做什么）。

2.1 语法

从其整体结构来看，C 程序是由不同类型的文本元素组成的，这些文本元素按照某种语法组合在一起。这些元素是：

- ❏ **特殊词语**：在清单 1.1 中，我们使用了以下特殊的词语[⊖]：**#include**、**int**、**void**、**double**、**for** 和 **return**。在本书的程序文本中，它们通常会以粗体字表示。这些特殊的词语代表了 C 语言所强加的、不可改变的概念和特性。

⊖ 在 C jargon 中，这些是**指令**[C]、**关键字**[C]和**保留**[C]标识符。

- **标点符号**[C]：C 使用几种标点符号来构造程序文本。
  - 有 5 种括号：`{ ... }`，`( ... )`，`[ ... ]`，`/* ... */`，`< ... >`。括号将程序的某些部分组合在一起，并且总是成对出现。幸运的是，`<  ...  >`括号在 C 中很少见，就像在我们的示例中一样，仅在同一逻辑行文本中使用。其他 4 种不限于在一行中，它们的内容可能跨越多行，就像我们在前面使用 **printf** 时所做的那样。
  - 有两个不同的分隔符或终止符：逗号和分号。当我们使用 **printf** 时，我们看到逗号将函数的 4 个参数分隔开。在第 12 行，我们看到逗号也可以跟在元素列表的最后一个元素的后面。

getting-started.c

```
12      [3] = .00007,
```

对于初学 C 语言的人来说，困难之一是使用相同的标点符号来表达不同的概念。例如，在清单 1.1 中，`{}` 和 `[]` 对分别用于 3 个不同的目的[练习 1]。

要点 2.1　标点符号可以有几种不同的含义。

- **注释**[C]：我们前面看到的结构 `/*  ...  */` 告诉编译器，其中的所有内容都是注释。例如，参见第 5 行：

getting-started.c

```
5  /* The main thing that this program does. */
```

编译器会忽略注释。它是解释和记录代码的最佳场所。这样的文档可以（也应该）极大地提高代码的可读性和可理解性。另一种形式的注释是所谓的 C++ 风格的注释，如第 15 行所示。它们用 `//` 标记。C++ 风格的注释从 `//` 扩展到行尾。

- **字面量**[C]：我们的程序包含几个引用固定值的项，这些固定值是程序的一部分：`0`、`1`、`3`、`4`、`5`、`9.0`、`2.9`、`3.E+25`、`.00007` 和 `"element %zu is %g, \tits square is %g\n"`。这些被称为**字面量**[C]。
- **标识符**[C]：这些是我们（或 C 标准）给程序中的某些实体的“名称”。这里有 `A`、`i`、**main**、**printf**、**size_t** 和 **EXIT_SUCCESS**。

标识符可以在程序中扮演不同的角色，但它们也可能指向其他一些东西。

- **数据对象**[C]（如 `A` 和 `i`）。这些也被称为**变量**[C]。
- **类型**[C]别名，如 **size_t**，指定了一个新对象的“类别”，这里是 `i`。观察名称末尾的 **_t**。C 标准使用这种命名约定来提醒你，标识符指向一个类型。
- 函数，例如 **main** 和 **printf**。

[练习 1]　找出这两种括号的 3 种不同用法。

- 常量，例如 EXIT_SUCCESS。

❑ **函数**[C]：有两个标识符指向函数，分别是 main 和 printf。正如我们已经看到的，程序使用 printf 来生成一些输出。然后**定义**[C] main 函数，也就是说，**声明**[C] int main(void) 后面跟着一个包含在 { ... } 中的**块**[C]，它用来描述这个函数应该做什么。在我们的例子中，这个函数**定义**[C]的范围是第 6 行到第 24 行。main 在 C 程序中有一个特殊的角色，正如我们将看到的，它必须始终存在，因为它是程序执行的起点。

❑ **运算符**[C]：在众多 C 运算符中，我们的程序只使用了几个。

- = 用于**初始化**[C]和**赋值**[C]。
- < 用于比较。
- ++ 使变量递增（使其值增加 1）。
- * 使两个值相乘。

就像在自然语言中一样，我们在这里看到的 C 程序的词法元素和语法必须与这些结构所表达的实际含义区分开来。然而，与自然语言不同的是，这种意义是严格规定的，通常没有产生歧义的余地。在下面的小节中，我们将深入探讨 C 所区分的三个主要语义类别：声明、定义和语句。

2.2 声明

在程序中使用一个特定的标识符之前，我们必须给编译器一个**声明**[C]，指定该标识符应该代表什么。这是标识符与关键字的不同之处：关键字是由语言预定义的，不能声明或重新定义。

要点 2.2 程序中的所有标识符都必须声明。

我们使用的三个标识符在程序中得到了有效的声明：main、A 和 i。稍后，我们将看到其他标识符（printf、size_t 和 EXIT_SUCCESS）来自何处。我们已经提到了 main 函数的声明。这三个声明各自称为“仅仅是声明”，它们看起来是这样的：

```
int main(void);
double A[5];
size_t i;
```

这三个声明都遵循一种模式，每个都有一个标识符（main、A 或 i）和一个与该标识符相关的特定属性的规范：

❑ i 是 size_t **类型**[C]。

❑ main 后面是括号 (...)，因此声明了一个 int 类型的函数。

❑ A 后面是方括号 [...]，因此声明的是一个**数组**[C]。数组是同一类型的若干项的集合，这里它由 5 个 double 类型的项组成。这 5 项是按顺序排列的，可以通过数字引用，称为**索引**[C]，从 0 到 4。

这些声明中每个都以一个**类型**[C]开头，这里是 **int**、**double** 和 **size_t**。稍后我们会看到它代表什么。就目前而言，只要知道这一点就足够了，即当在语句上下文中使用这三个标识符时，它们都将充当某种“数字”。

i 和 A 声明了**变量**[C]，它们是允许我们存储**值**[C]的命名项。最好将它们想象成一种盒子，里面可能有某种特定类型的“东西”：

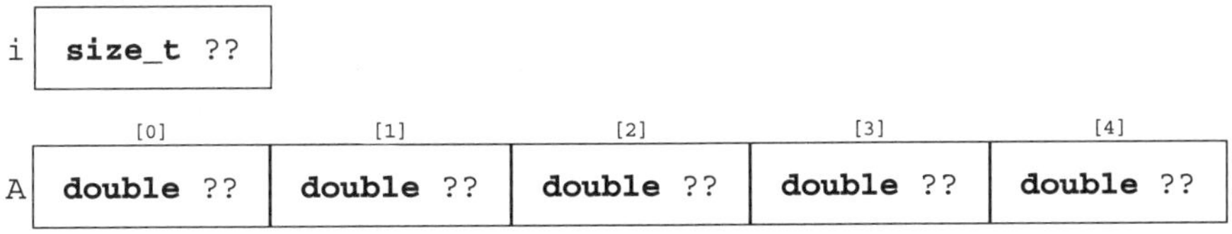

i	size_t ??

	[0]	[1]	[2]	[3]	[4]
A	double ??	double ??	double ??	double ??	double ??

从概念上讲，区分盒子本身（对象）、规范（类型）、盒子内容（值）和写在盒子上的名称或标签（标识符）是很重要的。在图表中，如果我们不知道某项的实际值，就将其标记为 **??**。

对于其他三个标识符 **printf**、**size_t** 和 **EXIT_SUCCESS**，我们没有看到任何声明。实际上，它们是预先声明的标识符，但是正如我们在编译清单 1.2 时所看到的，关于这些标识符的信息并不是凭空而来的。我们必须告诉编译器在哪里可以获得关于它们的信息。这是在程序开始时完成的，即第 2 行和第 3 行：**printf** 是由 stdio.h 提供的。而 **size_t** 和 **EXIT_SUCCESS** 则来自 stdlib.h。这些标识符的真正声明是在你的计算机上某个地方的 .h 文件中指定的，它们可能是这样的：

```
int printf(char const format[static 1], ...);
typedef unsigned long size_t;
#define EXIT_SUCCESS 0
```

因为这些预先声明的特性的细节不是很重要，所以这些信息通常隐藏在**包含文件**[C]或**头文件**[C]中。如果你需要了解它们的语义，那么在相应的文件中查找它们通常不是一个好主意，因为这些文件几乎是不可读的。相反，搜索平台附带的文档。对于那些勇敢的人，我总是建议他们看看当前的 C 标准，因为所有的信息都来源于此。对于缺乏勇气的人，以下命令可能会有所帮助：

```
0    > apropos printf
1    > man printf
2    > man 3 printf
```

声明只描述特性，而不创建它，因此重复声明不会造成太大危害，只会增加冗余。

要点 2.3　标识符可以有多个一致的声明。

显然，如果同一标识符在程序的同一部分中有几个相互矛盾的声明，（对于我们或编译器来说）就会变得非常混乱，所以通常我们不允许这样做。C 中“程序的同一部分”的含义是相当具体的：**作用域**[C]是程序的一部分，其中标识符是**可见的**[C]。

要点 2.4　声明被绑定到它们所出现的作用域。

这些标识符的作用域由语法清楚地描述。在清单 1.1 中，我们有不同作用域的声明：

- A 在 main 的定义中是可见的，从它在第 8 行的声明开始，到 24 行包含该声明的 { ... } 块的结尾 }。
- i 的可见性较低。它被绑定到声明它的 for 结构。它的可见性从第 16 行上的声明一直延伸到与第 21 行上的 for 相关联的 { ... } 块的末尾。
- main 不包含在 { ... } 块中，因此从其声明开始直到文件结束都是可见的。

使用一下术语，前两种类型的作用域称为**块作用域**[C]，因为该作用域由匹配 { ... } 的**块**[C]所限制。第三种类型用于 main，它不在 { ... } 中，称为**文件作用域**[C]。文件作用域中的标识符通常被称为全局变量。

2.3 定义

通常，声明只指定标识符所引用的对象的类型，而不是标识符的具体值，也不指定在何处可以找到它所引用的对象。这个重要的角色由一个**定义**[C]来填补。

要点 2.5 *声明指定标识符，而定义指定对象。*

稍后我们会看到，在现实生活中事情会更复杂一些，但是现在我们可以简化一下，我们总是初始化变量。*初始化*是一种语法结构，它扩大了声明并为对象提供一个初始值。例如：

```
size_t i = 0;
```

是 i 的声明，其初始值为 0。

在 C 语言中，这种带有初始化的声明也用相应的名称定义了对象，也就是说，指示编译器提供存储变量值的存储空间。

要点 2.6 *对象在初始化的同时被定义。*

我们的盒子可视化现在可以用一个值来完成，在这个例子中是 0：

i | **size_t** 0 |

A 稍微复杂一些，因为它有几个组成部分：

getting-started.c

```
 8    double A[5] = {
 9      [0] = 9.0,
10      [1] = 2.9,
11      [4] = 3.E+25,
12      [3] = .00007,
13    };
```

这将 A 中的 5 项分别初始化为 9.0、2.9、0.0、0.00007 和 3.0E+25，顺序如下：

	[0]	[1]	[2]	[3]	[4]
A	**double** 9.0	**double** 2.9	**double** 0.0	**double** 0.00007	**double** 3.0E+25

我们在这里看到的初始化形式称为**指定**[C]：一对带有整数的方括号，用来指定使用相应的值初始化数组中的哪一项。例如，`[4] = 3.E+25`将数组`A`的最后一项设置为值`3.E+25`。作为一个特殊规则，初始化中未列出的任何位置都设置为`0`。在我们的示例中，缺失的`[2]`用 `0.0` 填充[⊖]。

要点 2.7 初始化设定中缺少的元素的默认值为 0。

你可能已经注意到，对于第一个元素，数组位置（即**索引**[C]）不是以`1`开头，而是以`0`开头。将数组位置视为对应的数组元素与数组开始处的距离。

要点 2.8 对于一个有 n 个元素的数组，第一个元素的索引为 0，最后一个元素的索引为 n-1。

对于一个函数，如果它的声明后面跟着一个包含函数代码的大括号`{...}`，那么我们有一个定义（而不是只有一个声明）：

```
int main(void) {
  ...
}
```

到目前为止，在我们的示例中，我们已经看到了两个不同特性及其名称：**对象**[C]，`i`和`A`；**函数**[C]，`main`和`printf`。与对象或函数声明不同，对于同一标识符允许有多个对象或函数的声明，对象或函数的定义必须是唯一的。也就是说，对于一个可操作的C程序，所使用的任何对象或函数都必须有一个定义（否则执行时将不知道去哪里寻找它们），并且必须只有一个定义（否则执行可能变得不一致）。

要点 2.9 每个对象或函数必须只有一个定义。

2.4 语句

`main`函数的第二部分主要由语句组成。语句是告诉编译器如何处理已经声明的标识符的指令。我们有

getting-started.c

```
16    for (size_t i = 0; i < 5; ++i) {
17      printf("element %zu is %g, \tits square is %g\n",
18             i,
19             A[i],
20             A[i]*A[i]);
```

⊖ 稍后我们将看到这些带点（`.`）和指数（`E+25`）的数字是如何工作的。

```
21      }
22
23      return EXIT_SUCCESS;
```

我们已经讨论了与 **printf** 调用相对应的行。还有其他类型的语句：**for** 语句和 **return** 语句，以及由**操作符** [C]++ 表示的递增操作。下面我们将详细介绍三类语句：*循环*（多次执行某项操作）、*函数调用*（在其他地方委托执行）和*函数返回*（从调用函数的地方继续执行）。

2.4.1 循环

for 语句告诉编译器程序应该多次执行 **printf** 行。这是 C 所提供的**域循环** [C] 的最简单形式。它有四个不同的部分。

要重复的代码称为**循环体** [C]：它是跟在 **for(...)** 后面的 **{ ... }** 块。其他三个部分包含在 **(...)** 中，用分号分开：

1. **循环变量** [C]（i）的声明、定义和初始化，这些我们已经讨论过了。这个初始化在整个 **for** 语句的其余部分之前执行一次。

2. **循环条件** [C]（i<5），指定 **for** 循环应该持续多长时间。这告诉编译器只要 i 严格小于 5 就继续循环。循环条件在循环体每次执行之前被检查。

3. 另外一条语句（++i），在每次循环之后执行。在本例中，它每次将 i 的值增加 1。

如果把所有这些放在一起，我们要求程序执行块中的部分 5 次，在每次循环中将 i 的值分别设置为 0、1、2、3 和 4。事实上我们可以用 i 的一个特定值来标识每个循环，从而使其成为在**域** [C]0，...，4 上的循环。在 C 语言中有多种方法可以做到这一点，但是 **for** 是最简单、最简洁、最好用的工具。

要点 2.10 *域循环应该使用* **for** *语句进行编码。*

除了我们刚才看到的，**for** 语句还可以用其他几种方式编写。通常，人们将循环变量的定义放在 **for** 之前的某个地方，甚至将同一个变量用于多个循环。不要这样做：为了帮助偶尔的读者和编译器理解你的代码，重要的是要知道这个变量对于给定的 **for** 循环具有循环计数器的特殊意义。

要点 2.11 *循环变量应该在* **for** *的初始部分定义。*

2.4.2 函数调用

*函数调用*是一种特殊的语句，它们暂停当前函数的执行（在开始时，通常是 **main**），然后将控制权交给指定的函数。在我们的例子中：

getting-started.c

```
17          printf("element %zu is %g, \tits square is %g\n",
```

```
18                i,
19                A[i],
20                A[i]*A[i]);
```

调用的函数是 **printf**。函数调用通常不仅提供函数名，还提供参数。在这里，参数是一长串字符：**i**, **A[i]**, **A[i]*A[i]**。这些参数的值被传递给函数。在本例中，这些值是 **printf** 要打印的信息。这里的重点是“值”：虽然 **i** 是一个参数，但是 **printf** 永远不能改变 **i** 本身。这种机制称为*按值调用*。其他编程语言也有*按引用调用*，它是一种被调用的函数可以改变变量值的机制。C 没有实现按引用传递，但是它有另一种机制来将变量的控制传递给另一个函数：通过获取地址和发送指针。我们稍后会看到这些机制。

2.4.3 函数返回

main 中的最后一个语句是 **return**。它告诉 **main** 函数在完成后*返回*到调用它的语句。在这里，由于 **main** 的声明中有 **int**，所以 **return** *必须*将 **int** 类型的值发送回调用语句。在本例中，这个值是 **EXIT_SUCCESS**。

即使我们看不到它的定义，**printf** 函数也必须包含一个类似的 **return** 语句。我们在第 17 行调用函数时，**main** 中语句的执行被暂时挂起。程序在 **printf** 函数中继续执行，直到遇到 **return**。从 **printf** 返回后，**main** 中的语句将从停止的地方继续执行。

图 2.1 展示了小程序的执行过程：它的*控制流*。首先，平台提供的流程启动例程（左边）调用用户提供的函数 **main**（中间）。然后，调用右边的 **printf**，它是 C **库函数**[C] 的一部分。一旦遇到 **return**，控制返回到 **main**，当到达 **main** 中的 **return** 时，它返回到启动例程。从程序员的角度来看，后面的控制转移代表程序执行结束。

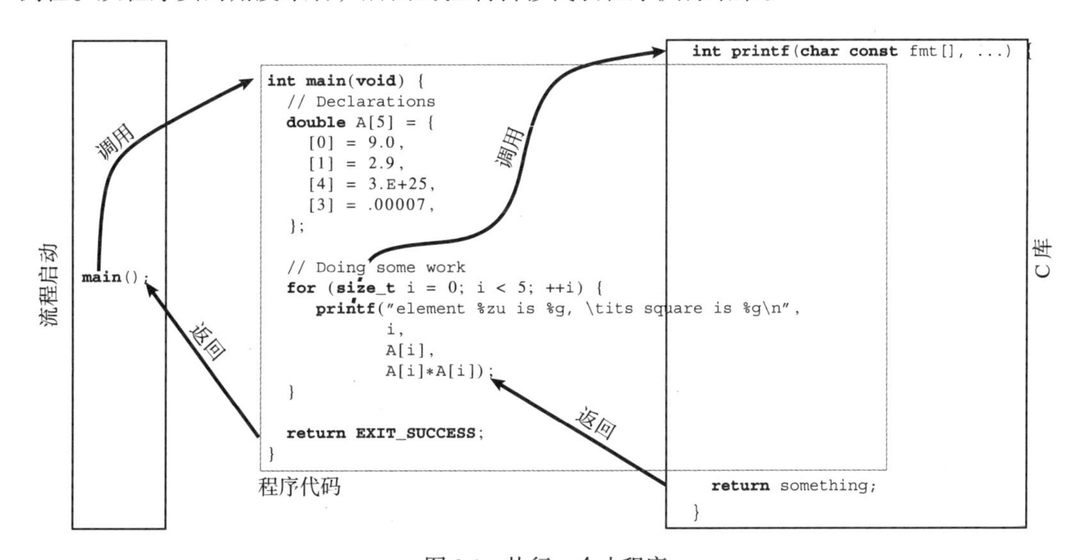

图 2.1 执行一个小程序

总结

- C区分程序的词法结构（标点符号、标识符和数字）、语法结构（句法）和语义（含义）。
- 必须声明所有标识符（名称），以便我们知道它们所表示的概念的特性。
- 所有的对象（我们处理的事物）和函数（我们用来处理事物的方法）都必须定义。也就是说，我们必须详细说明它们是如何产生的，以及它们在哪里。
- 语句指示事情将如何完成：循环（`for`）重复某些任务的变化，函数调用（`printf(...)`）将任务委托给函数，函数返回（`return something;`）返回调用它们的位置。

第1级 Level 1

相识

这一级的吉祥物是渡鸦，它是一种非常善于交际的鸟类，以其解决问题的能力而闻名。渡鸦成群结队，有人观察到，即使成年后它们也在一起玩耍。

这一级将使你熟悉C编程语言：它将为你提供足够的知识来编写和使用好的C程序。“好”在这里指的是对语言的现代的理解，避免了C语言早期方言的大部分陷阱，并为你提供了一些以前不存在的结构，这些结构可以跨大多数现代计算机体系结构移植（从手机到大型机）。通过阅读这些章节，你应该能够编写满足日常需要的简短代码：不是非常复杂，但是很有用且可移植。

系好安全带

在很多方面，C 语言是一种比较自由的语言。程序员有可能会犯错误，但 C 也不能阻止此类事件的发生。因此，就目前而言，我们将引入一些限制。我们将采取一定的措施来尽量避免在这一级发生问题。

C 语言中最危险的结构是所谓的**强制类型转换**[C]，因此我们将在这一级略过它们。然而，还有许多其他的陷阱不太容易排除。我们将以一种你可能不熟悉的方式来处理其中的一些陷阱，特别是如果你在上个千禧年学习了 C 的基础知识，或者你是在一个多年没有升级到当前 ISO C 的平台上接触到 C 的。

- *有经验的 C 程序员*：如果你已经有了一些 C 编程经验，下面的内容可能需要一些时间来适应，甚至会引起过敏反应。如果你在阅读这里的一些代码时碰巧出现了一些问题，请深呼吸并试着放松，但请*不要*跳过这些页。
- *没有经验的 C 程序员*：如果你不是一个有经验的 C 程序员，下面的讨论可能有点超出你的理解。例如，我们可能使用你甚至还没有听说过的术语。如果是这样的话，这对你来说是题外话，你可以跳到第 3 章的开头，当你觉得舒服一点的时候再回来。但是一定要在这一级结束前完成。

我们在这一级上的一些“习惯”方法可能涉及我们所展示的材料中的重点和顺序：

- 我们将主要关注整数类型的**无符号**[C] 版本。
- 我们将分步骤介绍指针：首先，将指针伪装成函数的参数（6.1.4 节），然后讨论它们的状态（是否合法，6.2 节），接下来在下一级（第 11 章）使用它们的全部潜能。
- 我们将尽可能地关注数组的使用。

你可能还会对下面将要讨论的一些样式方面的考虑感到惊讶。在下一级，我们将用一整章（第 9 章）来专门回答这些问题，所以请耐心等待，并先暂时接受它们。

1. *将类型修饰符和限定符绑定到左边*。我们希望从视觉上将标识符与它们的类型分开。我们通常会写成

```
char* name;
```

其中 `char*` 是类型，`name` 是标识符。我们还将左绑定规则应用于限定符，写成

```
char const* const path_name;
```

这里，第一个 `const` 将 `char` 限定至其左边，`*` 使其成为一个指针，第二个 `const` 再次将所指内容限定至其左边。

2. *不使用连续声明*。它们混淆了类型声明符的绑定。例如：

```
unsigned const*const a, b;
```

这里，`b` 的类型是 `unsigned const`。也就是说，第一个 `const` 指向类型，第二个

const 只指向 a 的声明。这样的规则非常混乱，你还有更重要的东西要学习。

3. 使用数组符号来表示指针参数。只要这些假设指针不能为空，我们就可以这样做。例如：

```
/* 这强调了参数不能为空。*/
size_t strlen(char const string[static 1]);
int main(int argc, char* argv[argc+1]);
/* 相同函数的兼容声明。*/
size_t strlen(const char *string);
int main(int argc, char **argv);
```

第一个声明强调 **strlen** 必须接收一个合法的（非空）指针，并且至少要访问 **string** 的一个元素。第二个声明总结了 **main** 接收一个指向 **char** 的指针数组的事实，数组包含程序名、**argc-1** 个程序参数和一个终止数组的空指针。

注意，前面的代码是合法的。第二组声明只是为编译器已知的特性添加了额外的等价声明。

4. 使用函数符号来表示函数指针参数。同样，只要我们知道函数指针不能为空，就可以这样做：

```
/* This emphasizes that the ��handler'' argument cannot be null. */
int atexit(void handler(void));
/* Compatible declaration for the same function.              */
int atexit(void (*handler)(void));
```

这里，**atexit** 的第一个声明强调，从语义上讲，它接收一个名为 **handler** 的函数作为参数，并且不允许使用空函数指针。从技术上讲，函数参数处理程序 **handler** 被“重写”为函数指针，就像数组参数被重写为对象指针一样，但是对于功能的描述来说，这并不重要。

再次注意，前面的代码是合法的，第二个声明只是为 **atexit** 添加了一个等价的声明。

5. 对变量的定义要尽可能靠近首次使用它们的位置。缺少变量初始化，特别是指针的初始化，是新手 C 程序员遇到的主要陷阱之一。这就是为什么我们应该尽可能地将变量的声明与变量的第一次赋值结合起来，C 为此提供的工具是定义，即声明和初始化。它给一个值命名，并在第一次使用该值的地方引入该名称。

这对于 **for** 循环特别方便。一个循环的循环变量与另一个循环中的循环变量在语义上是不同的对象，因此我们在 **for** 中声明该变量，以确保它保持在循环的范围内。

6. 对代码块使用前缀表示法。为了能够读取一个代码块，很重要的一点是要容易地捕获它的两个方面：用途和范围。因此：

- 所有 { 都作为前缀与引入它们的语句或声明位于同一行。
- 里面的代码缩进一级。
- 终止 } 在与引入块的语句的同一级上启用一个新行。

❑ 如果 } 之后有延续的块语句，则它们在同一行上延续。

例如：

```
int main(int argc, char* argv[argc+1]) {
  puts("Hello world!");
  if (argc > 1) {
    while (true) {
      puts("some programs never stop");
    }
  } else {
    do {
      puts("but this one does");
    } while (false);
  }
  return EXIT_SUCCESS;
}
```

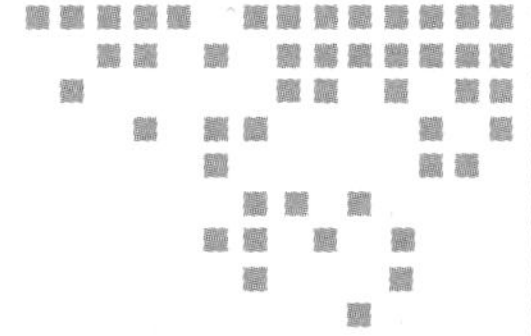

第3章 Chapter 3

一切都和控制有关

本章涵盖了：

- 使用 **if** 进行条件执行
- 在域上循环
- 进行多重选择

在介绍性的示例清单 1.1 中，我们看到了两个不同的结构，它们允许我们控制程序的执行流：函数和 **for** 循环。函数是无条件转移控制的一种方式。调用无条件地将控制转移给函数，而 **return** 语句无条件地将控制转移回调用者。我们将在第 7 章讨论函数。

for 语句的不同之处在于它有一个控制条件（示例中 `i < 5`），它控制依赖块或语句（`{ printf(...) }`）是否执行以及何时执行。C 语言有五个条件控制语句：**if**、**for**、**do**、**while** 和 **switch**。我们将在本章讨论这些语句：**if** 引入了一个依赖于布尔表达式的条件执行，**for**、**do**、**while** 是不同形式的循环，**switch** 是一个基于整数值的多重选择。

C 语言中还有一些其他条件，我们稍后将讨论：**三元运算符**[C]，以 `cond ? A: B`（4.4 节）的形式表示，编译时预处理条件 **#if/#ifdef/#ifndef/#elif/#else/#endif**（8.1.5 节），以及用关键字 **_Generic** 表示的泛类型表达式（16.6 节）。

3.1 条件执行

我们将看到的第一个结构由关键字 **if** 指定。看起来是这样的：

```
if (i > 25) {
  j = i - 25;
}
```

这里我们将 `i` 与值 `25` 进行比较。如果它大于 `25`，则 `j` 设置为 `i - 25`。在本例中，`i > 25` 被称为控制**表达式**[C]，`{ ... }` 中的部分被称为**依赖块**[C]。

表面上看，**`if`** 语句的这种形式类似于我们已经遇到的 **`for`** 语句。但它的工作方式不同：圆括号中只有一个部分，它决定了依赖语句或块是否只执行一次或根本不执行。

`if` 结构还有一种更普遍的形式：

```
if (i > 25) {
  j = i - 25;
} else {
  j = i;
}
```

它有第二个依赖语句或块，如果未满足控制条件，则执行它们。从语法上讲，这是通过引入另一个关键字 **`else`** 来实现的，**`else`** 将两个语句或块分隔开。

`if (...) ... else ...` 是一个**选择语句**[C]。它根据 `( ... )` 的内容从两个可能的**代码路径**[C]中选择一个。一般形式是

```
if (condition) statement0-or-block0
else statement1-or-block1
```

`condition`（控制表达式）的可能性很多。它们可以从简单的比较（如本例中所示）到非常复杂的嵌套表达式。我们将在 4.3.2 节中介绍所有可以使用的原始用语。

`if` 语句中最简单的 `condition` 规范可以在下面的示例中看到，它是清单 1.1 中 **`for`** 循环的一个变体：

```
for (size_t i = 0; i < 5; ++i) {
  if (i) {
    printf("element %zu is %g, \tits square is %g\n",
           i,
           A[i],
           A[i]*A[i]);
  }
}
```

这里决定 **`printf`** 是否执行的条件是 `i`：一个数值，其本身可以解释为一个条件。只有当 `i` 的值不为 0 时，才会打印文本[练习 1]。

计算数值 `condition` 有两个简单的规则：

要点 3.1 值 0 表示逻辑为假。

要点 3.2 任何不是 0 的值都表示逻辑为真。

运算符 `==` 和 `!=` 允许我们分别测试等式和不等式。如果 `a` 的值等于 `b` 的值，则 `a == b`

[练习 1] 将 `if (i)` 条件添加到程序中，并将输出与之前进行比较。

为真，否则为假。如果 a 等于 b，则 a != b 为假，否则为真。知道数值是如何作为条件计算的，我们可以避免冗余。例如，我们可以将

```
if (i != 0) {
  ...
}
```

重写为：

```
if (i) {
  ...
}
```

这两个版本中哪一个更具可读性是一个**编码风格**[C]的问题，可能会引起毫无结果的争论。虽然对于偶尔阅读 C 代码的人来说，前者可能更容易阅读，但在假定对 C 的类型系统有一定了解的情况，后者通常是首选。

在 stdbool.h 中指定的 bool 类型是我们要存储真值时应该使用的类型。它的值有 **false** 有 **true**。从技术上讲，**false** 是 0 的另一个名称，而 **true** 是 1 的另一个名称。重要的是，使用 **false** 和 **true**（而不是数字）来强调某个值被解释为一个条件。我们将在 5.7.4 节中了解更多关于 bool 类型的信息。

冗余比较很快就变得不可读，并使代码变得混乱。如果你有一个依赖于真值的条件，那么就直接使用这个真值作为条件。同样，我们可以通过重写来避免冗余，将

```
bool b = ...;
...
if ((b != false) == true) {
  ...
}
```

写为

```
bool b = ...;
...
if (b) {
  ...
}
```

一般情况下：

要点 3.3　不要与 0、**false** 或 **true** 进行比较。

直接使用真值使你的代码更清晰，这展示了 C 语言的一个基本概念：

要点 3.4　所有标量都有一个真值。

这里，**标量**[C]类型包括我们已经遇到的所有数值类型，如 **size_t**、**bool** 和 **int**，以及**指针**[C]类型。表 3.1 中列出了本书中经常使用的类型。我们将在 6.2 节中讨论它们。

表 3.1 本书中使用的标量类型

级别	名字	其他	分类	在哪里	printf
0	size_t		无符号	<stddef.h>	"%zu" "%zx"
0	double		浮点	内置	"%e" "%f" "%g" "%a"
0	signed	int	有符号	内置	"%d"
0	unsigned		无符号	内置	"%u" "%x"
0	bool	_Bool	无符号	<stdbool.h>	"%d" as 0 or 1
1	ptrdiff_t		有符号	<stddef.h>	"%td"
1	char const*		字符串	内置	"%s"
1	char		字符	内置	"%c"
1	void*		指针	内置	"%p"
2	unsigned char		无符号	内置	"%hhu" "%02hhx"

3.2 循环

在前面，我们遇到了遍历域的 **for** 语句，在我们的介绍性示例中，它声明了一个变量 `i`，该变量被设置为值 `0`、`1`、`2`、`3` 和 `4`。这个语句的一般形式是：

```
for (clause1; condition2; expression3) statement-or-block
```

这个语句其实很笼统。通常，`clause1` 是一个赋值表达式或变量定义。它用于声明循环域的初始值。`condition2` 测试循环是否应该继续。然后，`expression3` 修改 `clause1` 中使用的循环变量。它在每次循环结束时执行。以下是一些建议：

- 因为我们希望在 **for** 循环的上下文中严格定义循环变量（参见要点 2.11），所以在大多数情况下，`clause1` 应该是一个变量定义。
- 因为 **for** 有四个不同的部分，相对比较复杂，而且从直观上不容易理解，所以 `statement-or-block` 通常应该是 `{ ... }` 块。

让我们再来看几个例子：

```
for (size_t i = 10; i; --i) {
  something(i);
}
for (size_t i = 0, stop = upper_bound(); i < stop; ++i) {
  something_else(i);
}
for (size_t i = 9; i <= 9; --i) {
  something_else(i);
}
```

第一个 **for** 中 `i` 从 `10` 减到 `1`。条件仍然是计算变量 `i` 的值，不需要针对值 `0` 进行多余的测试。当 `i` 变为 `0` 时，它将被计算为 false，循环将停止。第二个 **for** 声明了两个变量 `i` 和 `stop`。和前面一样，`i` 是循环变量，`stop` 是我们在条件中比较的对象，当 `i` 大于或

等于 **stop** 时，循环终止。

第三个 **for** 看起来会一直走下去，但实际上是从 9 减到 0。事实上，在下一章中，我们将看到 C 中的“大小”(类型为 **size_t** 的数字)永远不会为负数[练习 2]。

注意，这三个 **for** 语句都声明了名为 **i** 的变量。只要它们的作用域不重叠，那么这三个同名的变量就可以很好地共存。

在 C 语言中还有两个循环语句，**while** 和 **do**：

```
while (condition) statement-or-block
do statement-or-block while(condition);
```

下面的示例展示了第一种方法的典型用法。它实现了所谓的 Heron 近似值来计算一个数 x 的倒数 1/x。

```
#include <tgmath.h>

double const eps = 1E-9;              // 所需精度
...
double const a = 34.0;
double x = 0.5;
while (fabs(1.0 - a*x) >= eps) {      // 循环直到关闭
  x *= (2.0 - a*x);                   // Heron 近似
}
```

只要给定条件的计算结果为 true，它就会循环。**do** 循环非常相似，只是它检查依赖块之后的条件：

```
do {                                  // 循环
  x *= (2.0 - a*x);                   // Heron 近似
} while (fabs(1.0 - a*x) >= eps);     // 循环直到关闭
```

这意味着如果条件的计算结果为 **false**，**while** 循环将根本不运行其依赖块，而 **do** 循环将在终止之前运行一次依赖块。

与 **for** 语句一样，在 **do** 和 **while** 中建议使用 **{ ... }** 块的变体。两者之间还有一个微妙的语法区别：**do** 始终需要一个 **;** 在 **while**（条件）之后终止语句。稍后，我们将看到这是一个语法特性，在多个嵌套语句的上下文中非常有用。参见 10.2.1 节。

通过使用 **break** 和 **continue** 语句，这三个循环语句变得更加灵活。**break** 语句不需要重新计算终止条件或者执行 **break** 语句后面的依赖块部分就停止循环：

```
while (true) {
  double prod = a*x;
  if (fabs(1.0 - prod) < eps) {       // 如果足够接近就停止
    break;
  }
  x *= (2.0 - prod);                  // Heron 近似
}
```

[练习 2] 试着想象一下，当 i 的值为 0 并且通过运算符 -- 递减时会发生什么。

这样我们就可以把 **a*x** 的计算，停止条件的计算，以及 **x** 的更新区分开来，**while** 条件就变得无关紧要了。也可以用 **for** 来完成同样的事情，在C程序员中有这样一个传统来将其写成：

```
for (;;) {
  double prod = a*x;
  if (fabs(1.0 - prod) < eps) {      // 如果足够接近就停止
    break;
  }
  x *= (2.0 - prod);                 // Heron 近似
}
```

for(;;) 在这里相当于 **while(true)**。事实上，**for** 的控制表达式（在 **;;** 中间的部分）可以省略，可被解释为“总是 **true**”，这只是C规则中的一个历史产物，没有其他特殊的用途。

continue 语句的使用频率较低。与 **break** 类似，它跳过依赖块其余部分的执行，因此在 **continue** 之后的块中的所有语句都不会在当前循环中执行。但是，如果条件为真，则重新计算条件并从依赖块的开始处继续执行：

```
for (size_t i =0; i < max_iterations; ++i) {
  if (x > 1.0) {   // 检查是否在1的正确一侧
    x = 1.0/x;
    continue;
  }
  double prod = a*x;
  if (fabs(1.0 - prod) < eps) {      // 如果足够接近就停止
    break;
  }
  x *= (2.0 - prod);                 // Heron 近似
}
```

在这些例子中，我们使用了一个标准的宏 **fabs**，它来自 **tgmath.h** 头文件[⊖]。它计算一个 **double** 类型的绝对值。清单3.1是一个完整的程序，它实现了同样的算法，其中 **fabs** 被几个与某些固定数字的显式比较所取代：例如，eps1m24 定义为 $1 - 2^{-24}$，或 eps1p24 定义为 $1 + 2^{-24}$。我们将在后面（5.3节）看到常量 0x1P-24 和类似定义的常量是如何工作的。

在第一阶段，将当前观察的数 a 与当前估计的数 x 的乘积分别与 1.5 和 0.5 进行比较，然后将 x 乘以 0.5 或 2，直到乘积接近 1。然后，在第二次循环中看是否接近代码中所示的Heron近似值，并以高精度来计算倒数。

程序的主要任务是计算在命令行上提供的所有数字的倒数。程序执行的样子如下：

```
0    > ./heron 0.07 5 6E+23
1    heron: a=7.00000e-02, x=1.42857e+01, a*x=0.999999999996
```

⊖ “tgmath”代表泛类型数学函数。

```
2    heron: a=5.00000e+00, x=2.00000e-01, a*x=0.999999999767
3    heron: a=6.00000e+23, x=1.66667e-24, a*x=0.999999997028
```

为了处理命令行上的数字，该程序使用 `stdlib.h` 中的另一个库函数 `strtod`[练习 3][练习 4][练习 5]。

挑战 1 顺序排序算法

你会使用合并排序（利用递归）和快速排序（利用递归）对具有双精度或字符串排序键的数组进行排序吗？

如果不知道程序是否正确，你将一无所获。因此，你能提供一个简单的测试程序来检查结果数组是否真的排序了吗？

这个测试程序应该只扫描一次数组，并且应该比排序算法快得多。

清单 3.1 计算数的乘法逆

```
1  #include <stdlib.h>
2  #include <stdio.h>
3
4  /* lower and upper iteration limits centered around 1.0 */
5  static double const eps1m01 = 1.0 - 0x1P-01;
6  static double const eps1p01 = 1.0 + 0x1P-01;
7  static double const eps1m24 = 1.0 - 0x1P-24;
8  static double const eps1p24 = 1.0 + 0x1P-24;
9
10 int main(int argc, char* argv[argc+1]) {
11   for (int i = 1; i < argc; ++i) {          // 进程参数
12     double const a = strtod(argv[i], 0);  // arg -> double
13     double x = 1.0;
14     for (;;) {                        // 2 的幂
15       double prod = a*x;
16       if (prod < eps1m01) {
17         x *= 2.0;
18       } else if  (eps1p01 < prod) {
19         x *= 0.5;
20       } else {
21         break;
22       }
23     }
24     for (;;) {                        // Heron 近似
25       double prod = a*x;
26       if ((prod < eps1m24) || (eps1p24 < prod)) {
27         x *= (2.0 - prod);
28       } else {
29         break;
```

[练习 3] 通过添加对中间值 `x` 的 `Printf` 调用来分析清单 3.1。

[练习 4] 描述清单 3.1 中参数 `argc` 与 `argv` 的作用。

[练习 5] 打印出 `eps1m01` 的值，然后观察当你对它们进行微调之后的输出。

```
30          }
31        }
32        printf("heron: a=%.5e,\tx=%.5e,\ta*x=%.12f\n",
33               a, x, a*x);
34      }
35      return EXIT_SUCCESS;
36  }
```

3.3 多重选择

C 所提供的最后一个控制语句是 **switch** 语句，它是另外一种**选择**[C] 语句，主要用于 **if-else** 结构的级联过于烦琐的情况：

```
if (arg == 'm') {
  puts("this is a magpie");
} else if (arg == 'r') {
  puts("this is a raven");
} else if (arg == 'j') {
  puts("this is a jay");
} else if (arg == 'c') {
  puts("this is a chough");
} else {
  puts("this is an unknown corvid");
}
```

在本例中，我们有一个比 **false-true** 更复杂的选择，它可以有多种结果。我们可以将其简化如下：

```
switch (arg) {
  case 'm': puts("this is a magpie");
            break;
  case 'r': puts("this is a raven");
            break;
  case 'j': puts("this is a jay");
            break;
  case 'c': puts("this is a chough");
            break;
  default: puts("this is an unknown corvid");
}
```

这里，我们根据 **arg** 变量的值选择一个 **puts** 调用。与 **printf** 一样，**puts** 函数也是由 **stdio.h** 提供的。它输出一行字符串，该字符串是传递给它的参数。我们为字符 **'m'**、**'r'**、**'j'** 和 **'c'** 提供了它们各自的情况（case），**备用**[C] 的情况标记为 **default**。如果 **arg** 不匹配任何 **case** 值，则触发 default case[练习 6]。

从语法上讲，**switch** 非常简单：

[练习 6] 在程序中测试所示的 **switch** 语句。看看如果去掉一些 **break** 语句会发生什么。

```
switch (expression) statement-or-block
```

其语义简单易懂：**case** 和 **default** 标签作为**跳转目标**[C]。根据表达式的值，控制在标签对应的语句处继续。如果碰到 **break** 语句，它后面的所有 **switch** 都会终止，控制转移到 **switch** 之后的下一条语句。

根据此规范，同 **if-else** 循环结构相比，**switch** 语句使用更广泛：

```
switch (count) {
  default:puts("++++ ..... +++");
  case 4: puts("++++");
  case 3: puts("+++");
  case 2: puts("++");
  case 1: puts("+");
  case 0:;
}
```

一旦跳到块中，执行就会继续，直到遇到 **break** 或块结束。在本例中，由于没有 **break** 语句，后面所有的 **puts** 语句都会运行。例如，当 count 值为 3 时，输出结果为一个三行的三角形：

```
0    +++
1    ++
2    +
```

switch 结构比 **if-else** 更灵活，但它在另一方面受到限制：

要点 3.5　**case** 值必须是整型常量表达式。

在 5.6.2 节中，我们将详细了解这些表达式。现在，只要知道这些值必须是我们直接在源代码中提供的固定值就足够了，比如前面示例中的 4、3、2、1、0。特别是，像 count 这样的变量只允许在 **switch** 部分使用，而不允许在各个 **case** 中使用。

switch 语句的良好灵活性也带来了代价：它更容易出错。特别是，我们可能会不小心跳过变量定义：

要点 3.6　**case** 标签不能超出变量定义的作用域。

挑战 2　数值导数

我们会经常用到数值算法的概念。亲自动手，看看你能否实现函数 **double F(double x)** 的数值导数 **double f(double x)**。

用 **F** 作为你在本练习中使用的函数来实现此操作。之所以选择 **F** 是因为它是一个已知导数的函数，比如 **sin**，**cos**，或者 **sqrt**。这允许你检查结果的正确性。

挑战 3　π

计算 π 的 N 个小数位。

总结

- ❑ 数值可以直接用作 **if** 语句的条件，0 表示“false”，所有其他值都为“true”。
- ❑ 有三种不同的循环语句：**for**、**do** 和 **while**。**for** 是用于域循环的首选工具。
- ❑ **switch** 语句执行多重选择。如果没有通过 **break** 来终止，执行完一个 **case** 就会进入下一个 **case**。

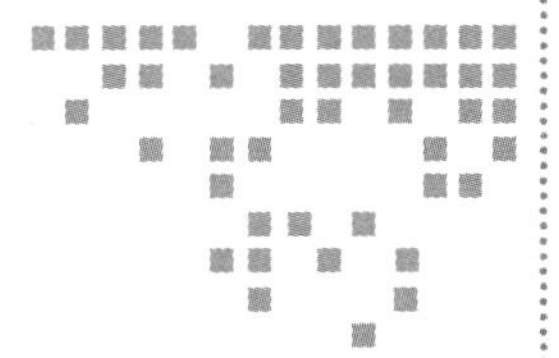

第 4 章 Chapter 4

表达式计算

本章涵盖了：

- 执行算术运算
- 修改对象
- 使用布尔值
- 使用三元运算符的条件编译
- 求值顺序

我们已经使用了一些简单的**表达式**[C]示例。这些是根据其他值来计算值的代码片段。最简单的表达式是算术表达式，它与我们在学校学到的类似。但是，还有其他一些运算，特别是比较运算，如我们之前看到的 == 和 != 运算。

在本章中，我们将要进行计算的值和对象主要是我们已经见过的类型 **size_t**。这些值对应于“大小”，因此它们是不能为负的数字。它们的取值范围从 0 开始。我们想要表示的是所有的非负整数，通常表示为 N、N0 或数学中的“自然数”。不幸的是，计算机是有限的，所以我们不能直接表示所有的自然数，但可以做一个合理的近似。有一个很大的上限 SIZE_MAX，它是我们可以在 size_t 中表示的上限。

要点 4.1 类型 **size_t** 表示范围 [0,**SIZE_MAX**] 内的值。

SIZE_MAX 的值非常大。根据平台的不同，它是下列其中之一

$$2^{16}-1=65535$$

$$2^{32}-1=4294967295$$

$$2^{64}-1=18446744073709551615$$

第一个值是最低要求。现在，这么小的值只会出现在一些嵌入式平台上。另外两个值

现在更常用：第二个值仍然可以在一些 PC 和笔记本电脑上找到，大多数较新的平台都有第三个值。这种值的选择对于不太复杂的计算来说已经足够大了。标准头文件 `stdint.h` 提供了 **`SIZE_MAX`**，这样你就不必自己找出那个值，相应地也就不必让你的程序那么专业。

我们在 **`size_t`** 中提到的“不能为负的数字”的概念对应于 C 所称的**无符号整数类型** [C]。像 `+` 和 `!=` 这样的符号和组合称为**运算符** [C]，它们所应用的对象称为**操作数** [C]。因此，在 `a + b` 中，`+` 是运算符，`a` 和 `b` 是操作数。

有关所有 C 运算符的概述，请参见下表：表 4.1 列出了对值进行操作的运算符，表 4.2 列出了对操作对象进行操作的运算符，表 4.3 列出了对操作类型进行操作的运算符。要使用它们，你可能需要从一个表跳到另一个表。例如，如果你想计算 `a + 5` 这样的表达式，其中 `a` 是类型为 **`unsigned`** 的变量，那么你首先到表 4.2 中的第三行查看，发现 `a` 是要求值的。然后，你可以使用表 4.1 中的第三行来推断出 `a` 和 `5` 的值是用一个算术运算组合起来的：`a +`。如果你不理解这些表格中的所有内容，不必感到沮丧。很多提到的概念还没有介绍，在这里把它们列出来是为了作为整本书的一个参考。

表 4.1 的形式列给出了操作的语法形式，其中 `@` 表示运算符，`a` 和 `b` 表示用作操作数的值。对于算术和位操作，结果类型是一种可以协调 `a` 和 `b` 类型的类型。对于一些运算符，别名列给出了预算符的另一种形式，或者列出了具有特殊意义的运算符的组合。大多数运算符和术语将在稍后讨论。

表 4.1 值运算符

<table>
<tr><th rowspan="2">运算符</th><th rowspan="2">别名</th><th rowspan="2">形式</th><th colspan="4">类型限制</th></tr>
<tr><th>a</th><th>b</th><th colspan="2">结果</th></tr>
<tr><td></td><td></td><td>a</td><td>窄</td><td></td><td>宽</td><td>提升</td></tr>
<tr><td>+ -</td><td></td><td>a@b</td><td>指针</td><td>整型</td><td>指针</td><td>算术</td></tr>
<tr><td>+ - * /</td><td></td><td>a@b</td><td>算术</td><td rowspan="2">算术</td><td>算术</td><td>算术</td></tr>
<tr><td>+ -</td><td></td><td>@a</td><td>算术</td><td>算术</td><td>算术</td></tr>
<tr><td>%</td><td></td><td>a@b</td><td>整型</td><td>整型</td><td>整型</td><td>算术</td></tr>
<tr><td>~</td><td>compl</td><td>@a</td><td>整型</td><td></td><td>整型</td><td>位</td></tr>
<tr><td>&</td><td>bitand</td><td>a@b</td><td>整型</td><td>整型</td><td>整型</td><td>位</td></tr>
<tr><td>|</td><td>bitor</td><td></td><td></td><td></td><td></td><td></td></tr>
<tr><td>^</td><td>xor</td><td></td><td></td><td></td><td></td><td></td></tr>
<tr><td><< >></td><td></td><td>a@b</td><td>整型</td><td>正数</td><td>整型</td><td>位</td></tr>
<tr><td>== < > <= >=</td><td></td><td>a@b</td><td>标量</td><td>标量</td><td>0,1</td><td>比较</td></tr>
<tr><td>!=</td><td>not_eq</td><td>a@b</td><td>标量</td><td>标量</td><td>0,1</td><td>比较</td></tr>
<tr><td></td><td>!!a</td><td>a</td><td>标量</td><td></td><td>0,1</td><td>逻辑</td></tr>
<tr><td>!a</td><td>not</td><td>@a</td><td>标量</td><td></td><td>0,1</td><td>逻辑</td></tr>
<tr><td>&& ||</td><td>and or</td><td>a@b</td><td>标量</td><td>标量</td><td>0,1</td><td>逻辑</td></tr>
<tr><td>.</td><td></td><td>a@m</td><td>struct</td><td></td><td>值</td><td>成员</td></tr>
<tr><td>*</td><td></td><td>@a</td><td>指针</td><td></td><td>对象</td><td>参考</td></tr>
<tr><td>[]</td><td></td><td>a[b]</td><td>指针</td><td rowspan="2">整形</td><td>对象</td><td>成员</td></tr>
<tr><td>-></td><td></td><td>a@m</td><td>struct 指针</td><td>对象</td><td>成员</td></tr>
</table>

（续）

运算符	别名	形式	类型限制			
			a	b	结果	
()		a(b ...)	函数指针		值	调用
sizeof		@ a	None		size_t	Size, ICE
_Alignof	alignof	@(a)	None		size_	Alignment, ICE

表 4.2 的形式列给出了操作的语法形式，其中 @ 表示运算符，o 表示对象，a 表示作为操作数的适当附加值（如果有的话）。类型列中额外的 * 要求对象 o 是可寻址的。

表 4.2　对象运算符

运算符	别名	形式	类型	结果	
		o	数组 *	指针	数组衰变
		o	函数	指针	函数衰变
		o	其他	值	求值
=		o@a	非数组	值	赋值
+= -= *= /=		o@a	算术	值	算术
+= -=		o@a	指针	值	算术
%=		o@a	整型	值	算术
++ --		@o o@	算术或指针	值	算术
&=	and_eq	o@a	整型	值	位
|=	or_eq				
^=	xor_eq				
<<= >>=			整型	值	位
.		o@m	struct	对象	成员
[]		o[a]	数组 *	对象	成员
&		@o	任何 *	指针	地址
sizeof		@ o	数据对象，非 VLA	size_t	Size, ICE
sizeof		@ o	VLA	size_t	size
_Alignof	alignof	@(o)	非函数	size_t	Alignment, ICE

表 4.3 的这些运算符返回一个类型为 **size_t** 的整数常量（ICE）。它们具有类似函数的语法，操作数在括号中。

表 4.3　类型运算符

运算符	别名	形式	T 的类型	
sizeof		sizeof(T)	任何	Size
_Alignof	Alignof	_Alignof(T)	任何	对齐
	offsetof	offsetof(T,m)	struct	成员偏移

4.1　算术

运算符表 4.1 中的算术运算符对值进行运算。

4.1.1 +、- 和 *

算术运算符 +、- 和 * 主要是用于分别计算两个值的和、差和乘积：

```
size_t a = 45;
size_t b = 7;
size_t c = (a - b)*2;
size_t d = a - b*2;
```

这里，c 等于 76，d 等于 31。从这个小示例中可以看到，子表达式可以与括号组合在一起，以实现对运算符的优先绑定。

此外，运算符 + 和 - 有一元变体。-b 给出 b 的负值：值 a 可以使 b + a 等于 0。+a 只是提供了 a 的值，下面的结果也是 76：

```
size_t c = (+a + -b)*2;
```

即使我们使用无符号类型来进行计算，通过运算符 - 来求反和求差也是**不错的定义**[C]。也就是说，不管我们输入到这样的减法中的值是多少，我们的计算总是会得到一个有效的结果。事实上，size_t 的一个神奇的属性是，+-* 运算总是可以在它所在的地方正常工作。只要最终的数学结果在 [0,SIZE_MAX] 范围内，那么这个结果就是表达式的值。

要点 4.2 无符号算术总是定义良好的。

要点 4.3 如果可以表示为 size_t，则对 size_t 执行 +、- 和 * 操作可以提供正确的数学结果。

当结果不在该范围内，因此不能表示为 size_t 值时，我们称之为算术**溢出**[C]。例如，如果我们将两个非常大的值相乘，使它们的数学乘积大于 SIZE_MAX，就会发生溢出。我们将在下一章中看到 C 是如何处理溢出的。

4.1.2 除法和余数

运算符 / 和 % 稍微复杂一些，因为它们对应整数除法和余数运算。你可能对它们不像对其他三个算术运算符那样熟悉。a / b 计算 a 相对 b 的倍数，a%b 是刨去 a 相对 b 的最大倍数后的余数。运算符 / 和 % 成对出现：如果 z = a / b，余数 a % b 可以计算为 a - z*b：

要点 4.4 对于无符号值，a==(a/b)*b+(a%b)。

% 运算符的一个常见例子是时钟上的小时。假设我们有一个 12 小时制的时钟：8 点后 6 小时是 2 点。大多数人都能在 12 小时制或 24 小时制的时钟上计算时间差。此计算对应于 a%12：在我们的例子中，(8 + 6)% 12 == 2[练习 1]。% 的另一个类似用法是使用分钟来计算小时，形式为 a % 60。

[练习 1] 使用 24 小时制时钟进行一些计算，比如 10:00 点后 3 小时和 20:00 点后 8 小时。

只有一个值不允许用于这两个操作：0。禁止除以 0。

要点 4.5 只有当第二个操作数不为 0 时，无符号 / 和 % 才是定义良好的。

% 运算符还可以更好地解释无符号类型的加法运算和乘法运算。如前所述，当给无符号类型赋予超出其范围的值时，这称为**溢出** [C]。在这种情况下，结果会减少，就像使用了 % 运算符一样。结果值“围绕”类型的范围。在 **size_t** 的情况，范围是 0 到 **SIZE_MAX**，因此

要点 4.6 对 **size_t** 的运算隐含的意思是计算 %(**SIZE_MAX**+1)。

要点 4.7 在溢出的情况下，无符号运算会围绕。

这意味着对于 **size_t** 值，**SIZE_MAX** + 1 等于 0，而 0 - 1 等于 **SIZE_MAX**。

这种“围绕”是使 - 运算符适用于无符号类型的魔力。例如，被解释为 **size_t** 的值 -1 等于 **SIZE_MAX**，因此，将 -1 添加到值 a 时，就等于 a + **SIZE_MAX**，该值被包装为

a + **SIZE_MAX** - (**SIZE_MAX**+1) = a - 1。

运算符 / 和 % 有一个很好的属性，其结果总是小于或等于它们的操作数：

要点 4.8 无符号 / 和 % 的结果总是比操作数小。

因此

要点 4.9 无符号 / 和 % 不能溢出。

4.2 修改对象的运算符

我们已经看到的另一个重要的操作是赋值：a = 42。从这个例子中可以看出，这个操作符不是对称的：它右边有一个值，左边有一个对象。反常的语言滥用中，C jargon 通常将右侧称为 **rvalue** [C]（右值），将左侧的对象称为 **lvalue** [C]（左值）。只要有可能，我们就尽量避免使用这种词汇：谈论一个值和一个对象就足够了。

C 还有其他的赋值运算符。对于任何二进制操作符 @，我们看到的 5 个都有语法

```
an_object @= some_expression;
```

它们只是把算术运算符 @ 和赋值结合起来的方便缩写，见表 4.2。一个大致相当的形式是

```
an_object = (an_object @ (some_expression));
```

换句话说，有 +=、-=、*=、/= 和 %= 运算符。例如，在 **for** 循环中，可以使用运算符 +=：

```
for (size_t i = 0; i < 25; i += 7) {
  ...
}
```

这些运算符的语法有些挑剔。在不同字符之间不允许有空格：例如，用 `i + = 7` 代替 `i += 7` 是语法错误。

要点 4.10 运算符必须将所有字符直接连接在一起。

我们已经看到了另外两个修改对象的运算符：**递增运算符**[C]`++` 和**递减运算符**[C]`--`：

- `++i` 等于 `i += 1`。
- `--i` 等于 `i -= 1`。

所有这些赋值运算符都是实数运算符。它们返回一个值（而不是一个对象！）：修改后对象的值。如果你够疯狂的话，可以写成这样

```
a = b = c += ++d;
a = (b = (c += (++d))); // 一样的
```

但是这种一次对多个对象进行修改的组合通常是不受欢迎的。不要这样做，除非你想让你的代码混乱。对表达式中涉及的对象所做的此类修改称为**副作用**[C]。

要点 4.11 值表达式中的副作用是有害的。

要点 4.12 不要在一个语句中修改多个对象。

对于递增和递减运算符，甚至还有两种其他形式：**后缀递增**[C]和**后缀递减**[C]。它们与我们所见过的不同之处在于，它们为所围绕的表达提供了结果。这些运算符的前缀版本（`++a` 和 `--a`）先执行操作，然后返回结果，与相应的赋值运算符（`a+=1` 和 `a-=1`）非常相似。后缀操作在操作之前返回值，然后对之后的对象进行修改。对于其中任何一种形式，对变量的影响都是相同的：递增或递减的值。

所有这些都表明，对有副作用的表达式进行计算可能比较困难。不要这样做。

4.3 布尔情景

根据某些条件是否得到了验证，一些运算符会产生值 `0` 或 `1`。见表 4.1。它们可以分为两类：比较和逻辑计算。

4.3.1 比较

在我们的示例中，我们已经看到了比较运算符 `==`、`!=`、`<` 和 `>`。后两个在其操作数之间执行严格的比较，而 `<=` 和 `>=` 分别执行“小于或等于”和“大于或等于”比较。正如我们已经看到的，所有这些运算符都可以用于控制语句，但是它们实际上比这个更强大。

要点 4.13 比较运算符返回值 `false` 或 `true`。

请记住，`false` 和 `true` 只是分别表示 `0` 和 `1` 的花哨的名称。因此，它们可以用于算术或数组索引。在下面的代码中，`c` 始终为 `1`，如果 `a` 和 `b` 相等，则 `d` 为 `1`，否则为 `0`：

```
size_t c = (a < b) + (a == b) + (a > b);
size_t d = (a <= b) + (a >= b) - 1;
```

在下一个示例中，数组元素 `sign[false]` 将保存 `largeA` 中大于或等于 `1.0` 的值的个数，而 `sign[true]` 则保存小于 `1.0` 的值的个数：

```
double largeA[N] = { 0 };
...
/*  Fill largeA somehow */

size_t sign[2] = { 0, 0 };
for (size_t i = 0; i < N; ++i) {
    sign[(largeA[i] < 1.0)] += 1;
}
```

	[false]	[true]
sign	size_t	size_t

最后，还有一个标识符 `not_eq`，可以用来代替 `!=`。这个特性很少使用。它可以追溯到一些字符不能在所有计算机平台上正确显示的时代。要想使用它，必须包含文件 `iso646.h`。

4.3.2　逻辑

逻辑运算符对已经表示为 `false` 或 `true` 的值进行操作。如果它们不存在，则首先应用条件执行的规则（要点 3.1）。运算符 `!`（非）在逻辑上对操作数进行非操作，运算符 `&&`（与）是逻辑与，而运算符 `||`（或）是逻辑或。表 4.4 汇总了这些运算符的结果。

表 4.4　逻辑运算符

a	not a	a and b	false	true	a or b	false	true
false	true	false	false	false	false	false	true
true	false	true	false	true	true	true	true

类似于比较运算符。

要点 4.14　*逻辑运算符返回值 `false` 或 `true`。*

同样，请记住这些值仅仅是 0 和 1，因此可以用作索引：

```
double largeA[N] = { 0 };
...
/*  Fill largeA somehow */

size_t isset[2] = { 0, 0 };
for (size_t i = 0; i < N; ++i) {
  isset[!!largeA[i]] += 1;
}
```

这里，表达 `!!largeA[i]` 使用了 `!` 运算符两次，从而确保 `largeA[i]` 被赋值为 `truth` 值（要点 3.4）。因此，数组元素 `isset[0]` 和 `isset[1]` 将分别保存等于 `0.0` 和不等于的值的个数。

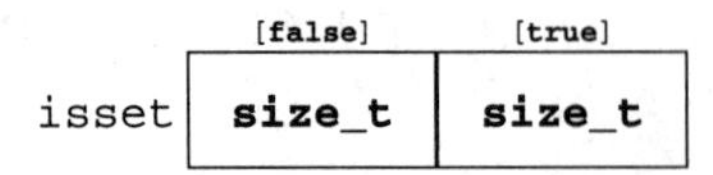

运算符 && 和 || 有一个特殊的特性，称为**短路计算**[C]。这个野蛮的术语表示这样一个事实，如果第二个操作数对操作结果不是必需的，那么对它的计算可以省略：

```
// 这永远不会除 0。
if (b != 0 && ((a/b) > 1)) {
  ++x;
}
```

这里，在执行过程中有条件地省略 a/b 的计算，可以永远不会发生除 0 的情况。等效的代码是

```
if (b) {
  // 这永远不会除 0。
  if (a/b > 1) {
    ++x;
  }
}
```

4.4 三元或条件运算符

三元运算符类似于 if 语句，但它是一个返回所选分支值的表达式：

```
size_t size_min(size_t a, size_t b) {
  return (a < b) ? a : b;
}
```

与运算符 && 和 || 类似，第二个和第三个操作数仅在真正需要时才计算。tgmath.h 中的宏 sqrt 计算非负值的平方根。用负值调用它会引起**域错误**[C]：

```
#include <tgmath.h>

#ifdef __STDC_NO_COMPLEX__
# error "we need complex arithmetic"
#endif

double complex sqrt_real(double x) {
  return (x < 0) ? CMPLX(0, sqrt(-x)) : CMPLX(sqrt(x), 0);
}
```

在这个函数中，只调用 sqrt 一次，调用的参数从不为负。因此，sqrt_real 总是表现良好，没有错误的值被传递给 sqrt。

复杂的算术及其使用的工具需要头文件 complex.h，tgmath.h 间接包含它。稍后将在 5.7.7 节中介绍它们。

在前面的示例中，我们还看到了使用**预处理程序指令**[C]实现的条件编译。只有在定义了宏 **__STDC_NO_COMPLEX__** 的情况下，**#ifdef** 结构才能确保我们达到 **#error** 条件。

4.5 求值顺序

到目前为止，我们已经看到了 &&、||、| 和 ?: 制约一些操作数的求值。这特别意味着，对于这些运算符，操作数有一个求值顺序：第一个操作数，因为它是其余操作数的条件，总是被先求值：

要点 4.15 &&，||，?: 和 ，首先计算它们的第一个操作数。

逗号（,）是唯一一个我们还没有介绍的运算符。它按顺序计算操作数，结果是右操作数的值。例如，(f(a)， f(b)) 首先求 f(a) 的值，然后求 f(b) 的值，结果是 f(b) 的值。注意，逗号在 C 语言中扮演其他语法角色，即它们在求值时不使用相同的约定。例如，分隔初始化的逗号与分隔函数参数的逗号不具有相同的属性。

逗号运算符在简洁的代码中没有什么用处，对初学者来说它是一个陷阱：a [i， j] 不是矩阵 A 的二维索引，而是结果在 A[j] 中。

要点 4.16 不要使用 , 运算符。

其他操作符没有求值限制。例如，在 f(a)+g(b) 这样的表达式中，没有预先确定的顺序来指定是先计算 f(a) 还是先计算 g(b)。如果函数 f 或 g 有副作用（例如，如果 f 在幕后修改 b），表达式的结果将取决于所选择的顺序。

要点 4.17 大多数运算符不会对它们的操作数进行排序。

这个顺序可能取决于编译器、编译器的特定版本、编译时选项，或者仅仅取决于围绕表达式的代码。不要依赖于任何特定的排序：它会刺痛你。

函数参数也是如此。例如：

```
printf("%g and %g\n", f(a), f(b));
```

我们不知道最后两个参数中哪一个先求值。

要点 4.18 函数调用不会对它们的参数表达式进行排序。

不依赖算术表达式的求值顺序的唯一可靠方法是禁止副作用：

要点 4.19 在表达式内部调用的函数不应该有副作用。

挑战 4 Union-Find（联合 - 查找）

Union-Find 问题涉及基本集上分区的表示。我们将使用数字 0，1，... 来识别基本集的元素，并将使用森林数据结构表示分区，其中每个元素都有一个“父元素”，它是同一分区内的另一个元素。这样一个分区中的每个集合都由一个指定的元素来标识，这个元素称为集合的根。

我们想要执行两个主要操作：

❑ Find 操作接收基础集的一个元素，并返回相应集合的根。

❑ Union[⊖]操作接收两个元素，并将这些元素所属的两个集合合并为一个。

能否在名为父的基础类型 **size_t** 索引表中实现森林数据结构？这里，表 **SIZE_MAX** 中的一个值代表其中一棵树的根的位置，另一个数字表示相应树的父树的位置。开始实现的重要特性之一是初始化函数，它使父分区成为单例分区：即每个元素都是其私有集的根的分区。

使用这个索引表，可以实现 Find 函数吗？也就是对于给定的索引，查找它的树的根。

你能否实现一个 FindReplace 函数，其将根路径上的所有父项改为一个特定值的根（包括根）？

你能否实现一个 FindCompress 函数，将所有父项改为已找到的根？

你能否实现一个 Union 函数，也就是，对于两个给定的元素，将它们的树合并为一个？一边使用 FindCompress，另一边使用 FindReplace。

总结

❑ 算术运算符做数学运算。它们对值进行操作。

❑ 赋值运算符修改对象。

❑ 比较运算符比较值并返回 0 或 1。

❑ 函数调用和大多数运算符按非特定顺序计算其操作数。只有 &&、|| 和 ?: 对其操作数的求值强制排序。

⊖ C 还有一个概念叫作 **union**，我们稍后会看到，它与我们现在讨论的操作完全不同。因为 **union** 是一个关键字，所以我们在这里使用大写字母来命名操作。

第 5 章 Chapter 5

基本值和数据

本章涵盖了：

- 理解抽象状态机
- 使用类型和值
- 初始化变量
- 使用命名常量
- 类型的二进制表示

现在，我们将把重点从“如何做事情”（语句和表达式）转移到 C 程序操作的内容：**值**[C]和**数据**[C]。一个实例中的具体程序必须表示值。人类有一个类似的策略：现在我们使用十进制在纸上写数字，使用的是阿拉伯数字系统。但是我们有其他系统来写数字：例如，罗马数字（i、ii、iii、iv 等等）或文本符号。要知道，单词“12”表示值“12”是一个非常重要的步骤，这提醒我们，欧洲语言不仅用十进制表示数字，而且还用其他系统来表示。英语和德语以 12 为基数混合，法语以 16 和 20 为基数。对于像我这样的法语是非母语的人士来说，很难将 quatre vingt quinze（4 乘以 20 加上 15）与数值 95 联系起来。

类似地，计算机上值的表示也可能因体系结构的不同而“在文化上”不同，或者由程序员赋给值的类型来决定的。因此，如果我们想要编写可移植的代码，我们应该主要考虑值而不是表示。

如果你已经在 C 语言以及字节和位操作方面有了一些经验，那么你需在本章大部分的学习过程中努力“忘记”以前的知识。在电脑上思考值的具体表示将会妨碍你而不是帮助你。

要点 5.1 C 程序主要考虑的是值，而不是它们的表示形式。

在大多数情况下，你不必关心某个特定值的表示，编译器负责安排值和表示之间的来回转换。

本章中，我们将看到这个转换的不同部分是如何工作的。通常在程序中“争论”的理想世界是 C 的抽象状态机（5.1 节）。它给出了程序执行的一个视图，该视图在很大程度上独立于程序运行的平台。这个机器状态的组成部分（即对象）都有一个固定的解释（它们的类型）和一个随时间变化的值。C 的基本类型在 5.2 节中进行了描述，接着描述了我们如何表示这些基本类型的特定值（5.3 节），如何在表达式中组合类型（5.4 节），如何确保我们的对象一开始就具有所需的值（5.5 节），如何为递归值命名（5.6 节），以及这些值如何在抽象状态机中表示（5.7 节）。

5.1 抽象状态机

C 程序可以被看作是一种处理值的机器：程序的变量在给定的时间具有的特定值，以及表达式计算结果的中间值。让我们考虑一个基本的例子：

```
double x = 5.0;
double y = 3.0;
...
x = (x * 1.5) - y;
printf("x is \%g\n", x);
```

这里有两个变量，x 和 y，它们的初始值分别是 5.0 和 3.0。第三行计算一些表达式：子表达式

```
x
```

计算 x，并提供值 5.0；

```
(5.0 * 1.5)
```

结果是 7.5；

```
y
```

计算 y，并提供值 3.0；

```
7.5 - 3.0
```

结果是 4.5；

```
x = 4.5
```

将 x 的值改为 4.5；

```
x
```

再次计算 **x**，现在得到的值是 **4.5**；

```
printf("x is \%g\n", 4.5)
```

它在终端上输出一文本行。

并不是所有的操作和它们的结果值都可以从程序中观察到。只有当它们存储在可寻址内存或写入输出设备时才可见。在本例中，**printf** 语句在一定程度上通过计算变量 **x** 并将该值的字符串表示形式写入终端来“观察”前一行所做的操作。但是其他的子表达式及其结果（比如乘法和减法）是无法观测的，因为我们从来没有定义一个变量来保存这些值。

只有在确保实现最终结果的情况下，才允许 C 编译器在名为**优化**[C]的过程中缩短任何步骤。在我们的例子中，基本上有两种可能性。首先，变量 **x** 在程序的后面不使用，它获取的值只与 **printf** 语句相关。在这种情况下，我们的代码段的唯一作用就是输出到终端，编译器可能会（而且将会！）将整个代码片段用等效的来替换。

```
printf("x is 4.5\n");
```

也就是说，它将在编译时执行所有的计算，生成的可执行文件将只打印一个固定的字符串。剩下的所有代码甚至变量的定义都消失了。

另一种可能性是 **x** 可能会在以后使用。一个好的编译器要么做一些类似的事情

```
double x = 4.5;
printf("x is 4.5\n");
```

要么做

```
printf("x is 4.5\n");
double x = 4.5;
```

因为要在以后使用 **x**，赋值是在 **printf** 之前还是之后都没有关系。

要使优化有效，C 编译器生成一个可执行文件来再现**可观察状态**[C]是非常重要的。它们包括一些变量的内容（以及我们将在后面看到的类似实体），以及在程序执行过程中产生的输出。这种整个变化机制称为**抽象状态机**[C]。

为了解释抽象的状态机，我们首先必须了解值（我们处于什么状态）、类型（这个状态代表什么）和表示（如何区分状态）的概念。正如抽象一词所暗示的，C 的机制允许不同的平台根据它们的需要和能力来实现给定程序的抽象状态机。这种许可性是 C 实现优化潜力的关键之一。

5.1.1　值

C 中的值是一种抽象实体，通常存在于程序、程序的特定实现以及程序特定运行期间

的值表示之外。作为一个例子，0 的值和概念在所有 C 平台上应该而且永远都具有相同的效果：将该值添加到另一个值 `x` 将还是 `x`，在控制表达式中计算值 0 将始终触发控制语句的 **`false`** 分支。

到目前为止，我们大多数的数值例子都是一些数字。这不是偶然的，而是与 C 的一个主要概念有关。

要点 5.2 所有值都是数字或转换为数字。

这个属性实际上关注 C 程序所涉及的所有值，不论这些值是我们打印的字符还是文本、真值、我们所采取的措施，还是我们所研究的关系。我们将这些数字看作是独立于程序及其具体实现的数学实体。

程序执行的*数据*由给定时刻所有对象的所有集合值组成。程序执行的*状态*由以下因素决定：

- 可执行文件
- 当前执行点
- 数据
- 外部干预，例如来自用户的 IO

如果我们从最后一点进行抽象，则使用来自同一执行点的相同数据运行的可执行文件必须给出相同的结果。但是，由于 C 程序在系统之间应该是可移植的，所以我们需要的不止这些。我们不希望计算结果依赖于可执行文件（这是特定于平台的），但是希望在理想情况下只依赖于程序规范本身。实现这种平台独立性的一个重要步骤是**类型** [C] 的概念。

5.1.2 类型

类型是 C 与值关联的附加属性。到目前为止，我们已经看到了几种这样的类型，最突出的有 **`size_t`**，但还有 **`double`** 和 `bool`。

要点 5.3 所有值都具有一个静态确定的类型。

要点 5.4 对值的可能的操作由其类型决定。

要点 5.5 值的类型决定所有操作的结果。

5.1.3 二进制表示和抽象状态机

不幸的是，由于计算机平台的多样性，C 标准不能完全将操作的结果强加于给定的类型。例如，有符号类型的符号是如何表示的（*符号表示*），以及 **`double`** 浮点操作执行的精度（*浮点表示*），这些都是标准中没有完全指定的[⊖]。C 只对表示施加属性，以便运算结果可以从两个不同的来源进行先验推导：

- 操作数的值

⊖ 其他国际标准对这些表述有更多的限制。例如，POSIX[2009] 标准强制使用特定的符号表示，ISO/IEC/IEEE 60559[2011] 规范了浮点表示。

❑ 描述特定平台的一些特征值

例如，除了操作数之外，在检查 **SIZE_MAX** 的值时，可以完全确定类型 **size_t** 上的操作。我们将在给定平台上表示给定类型值的模型称为类型的**二进制表示** [C]。

要点 5.6　类型的二进制表示决定所有操作的结果。

一般来说，确定模型所需的所有信息都在任何 C 程序可以访问的范围内：C 的库函数头文件通过命名值（如 **SIZE_MAX**）、运算符和函数调用提供必要的信息。

要点 5.7　类型的二进制表示是可观察的。

这种二进制表示仍然是一种模型，因此是一种抽象表示，因为它不能完全确定值是如何存储在计算机内存、磁盘或其他永久存储设备上的。这个表示就是对象表示。与二进制表示不同，对象表示通常与我们没有太大关系，只要我们不想将主内存中的对象值拼凑在一起，或者必须要在具有不同平台模型的计算机之间进行通信。稍后，在 12.1 节中，我们将看到，如果对象存储在内存中并且我们知道它的地址，我们甚至可以观察对象的表示。

因此，通过程序中指定的值、类型及其二进制表示，所有计算都是固定的。程序文本描述了一个**抽象状态机** [C]，该状态机控制程序如何从一种状态切换到另一种状态。这些转换仅由值、类型和二进制表示决定。

要点 5.8　（as-if）程序**就像**跟随抽象状态机一样执行。

5.1.4　优化

具体的可执行文件如何遵循抽象状态机的描述，由编译器创建者决定。大多数现代的 C 编译器生成的代码都不遵循精确的代码规定：它们尽可能地进行欺骗，只尊重抽象状态机的可观察状态。例如，具有常数值的加法序列，如

```
x += 5;
/* Do something else without x in the meantime. */
x += 7;
```

在许多情况下，可以将其指定为

```
/* Do something without x. */
x += 12;
```

或者

```
x += 12;
/* Do something without x. */
```

只要结果没有明显的差异，编译器就可以对执行顺序执行这些更改：例如，只要我们不打印 **x** 的中间值，并且在其他计算中不使用该中间值。

但是这种优化也可能被禁止，因为编译器无法证明某个操作不会强制终止程序。在我们的例子中，很大程度上取决于 **x** 的类型。如果 **x** 的当前值接近类型的上限，那么看起来

无害的操作 `x += 7` 可能会产生溢出。根据类型以不同的方式处理此类溢出。正如我们所看到的，无符号类型的溢出不是问题，压缩操作的结果将始终与两个独立的操作一致。对于其他类型，如带符号整数类型（**signed**）和浮点类型（**double**），溢出可能引发异常并终止程序。在这种情况下，无法执行优化。

正如我们已经提到的，这种在程序描述和抽象状态机之间允许的松弛是一个非常有价值的特性，通常称为优化。结合其语言描述的相对简单性，这实际上是 C 语言优于其他编程语言的主要特性之一，因为其他编程语言不具备这方面的优势。本次讨论的一个重要结果可以总结如下：

要点 5.9 *类型决定优化机会。*

5.2 基本类型

C 有一系列的基本类型和构造**派生类型**[C] 的方法，我们将在第 6 章中描述它们。

主要是由于历史的原因，基本类型的系统有点复杂，而且指定这些类型的语法也不是很直观。第一级规范完全由语言的关键字完成，比如 **signed**、**int** 和 **double**。第一级主要根据 C 语言的内部结构来组织的。在此之上是通过头文件实现的第二级规范，我们已经看到了一些示例：**size_t** 和 bool。第二级是按类型语义组织的，指定特定类型给程序员带来了什么属性。

我们将从这些类型的第一级规范开始。正如我们前面所讨论的（要点 5.2），C 语言中的所有基本值都是数字，但有不同种类的数字。作为一个主要的区别，我们有两类不同的数字，每一类都有两个子类：**无符号整数**[C]、**有符号整数**[C]、**实浮点数**[C] 和**复浮点数**[C]。这四个类中的每个都包含几个类型。根据**表 5.1 按四个主要类型分类的基类型**，它们是不同的。灰色背景的类型不支持算术运算，它们在做算术之前需要被提升。**char** 类型很特殊，因为它可以是无符号的，也可以是有符号的，这取决于平台。该表中的所有类型都被视为不同的类型，即使它们具有同样的类和精度。

它们的**精度**[C] 决定了特定类型允许的值的合法范围[⊖]。表 5.1 概述了 18 种基类型。

从表中可以看到，有六种类型不能直接用于算术运算，即所谓的**窄类型**[C]。在算术表达式中使用它们之前，需要将它们**提升**[C] 到更广泛的类型之一。如今，在任何实际的平台上，这种提升是把同一值的 **signed int** 作为窄类型，而不管窄类型是否是有符号的。

要点 5.10 *在进行算术运算之前，窄整数类型被提升为* **signed int**。

注意，在窄整数类型中，我们有两个重要的成员：**char** 和 bool。第一个是 C 的类型，它处理文本的可打印字符，第二个保存真值，**false** 和 **true**。正如我们之前所说，对于 C 来说，这些只是某种数字。

⊖ 这里使用的术语精度是受限制的，因为 C 标准定义了它。它不同于浮点计算的精度。

表 5.1　按四个主要类型分类的基类型

类		系统名称	其他名称	等级
整型	无符号	_Bool	Bool	0
		unsigned char		1
		unsigned short		2
		unsigned int	unsigned	3
		unsigned long		4
		unsigned long long		5
	[无]符号	Char		1
	有符号	signed char		1
		signed short	short	2
		signed int	signed 或 int	3
		signed long	long	4
		signed long long	long long	5
浮点	实数	float		
		double		
		long double		
	复数	float _Complex	float complex	
		double _Complex	double complex	
		long double _Complex	long double complex	

剩下的 12 个未提升的类型被分成了 4 类。

要点 5.11　四个基类型的每一个都有三个不同的未提升类型。

与许多人认为的相反，C 标准并没有规定这 12 种类型的精度：它只是限制了它们。它们依赖于许多由**实现定义**[C]的因素。

该标准规定的一件事情是，有符号类型值的范围必须根据其等级相互包括：

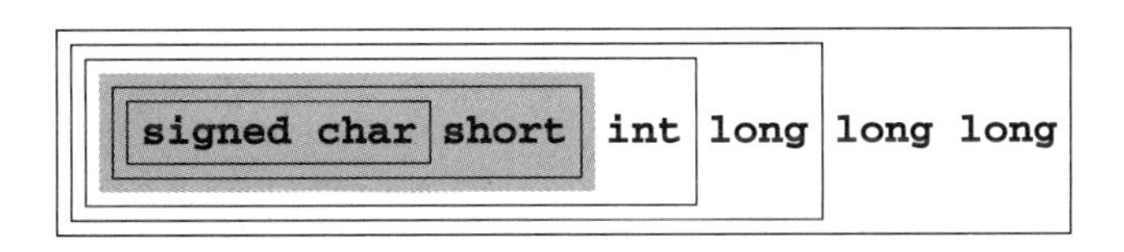

但这一包含并不需要很严格。例如，在许多平台上，int 和 long 的值集合是相同的，尽管类型被认为是不同的。类似的包含有六种无符号类型：

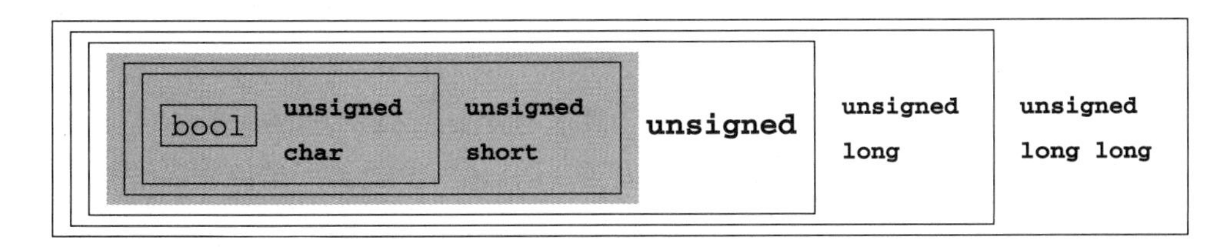

但是请记住，对于任何算术或比较运算，窄无符号类型都会提升为 **signed int**，而不是 **unsigned int**，如图所示。

比较有符号类型和无符号类型的范围比较困难。显然，无符号类型永远不能包含有符号类型的负值。对于非负值，我们有以下包含相应等级的类型的值：

Non-negative signed values	Unsigned values

也就是说，对于给定的等级，有符号类型的非负值适合无符号类型。在任何现代平台上，这种包含都是严格的：无符号类型有不适合有符号类型的值。例如，一个常见的最大值对是 $2^{31}-1$ =2147483 647（对于 **signed int**）和 $2^{32}-1$ = 4294967295（对于 **unsigned int**）。

由于整型类型之间的相互关系依赖于平台，因此以一种可移植的方式为给定的目的选择“最佳”类型可能是一项烦琐的任务。幸运的是，我们可以从编译器实现中获得一些帮助，它为我们提供了 **typedef**，比如表示某些特性的 **size_t**。

要点 5.12　对大小、基数或序数使用 **size_t**。

请记住，无符号类型是最方便的类型，因为它们是唯一具有与数学属性定义一致的算术类型：模运算。它们不能在溢出时发出信号，但可以进行最佳优化。在 5.7.1 节中对它们有更详细的描述。

要点 5.13　对不能为负的比较小的数使用 **unsigned**。

如果你的程序确实需要正值和负值，但是不能有分数值，那么就使用有符号类型（参见 5.7.5 节）。

要点 5.14　对带有符号的比较小的数使用 **signed**。

要点 5.15　对带有符号的比较大的差数使用 **ptrdiff_t**。

如果你想使用诸如 `0.5` 或 `3.77189E+89` 这样的值进行小数计算，请使用浮点类型（参见 5.7.7 节）。

要点 5.16　对浮点计算使用 **double**。

要点 5.17　对复杂计算使用 **double complex**。

C 标准定义了许多其他类型，其中包括其他对特殊用例建模的算术类型，表 5.2 列出了其中一些。第二对表示平台支持的最大宽度类型。这也是预处理器执行各种算术或比较的类型。

time_t 和 **clock_t** 这两种类型用于处理时间。它们是语义类型，因为不同平台的时间计算精度不同。以秒为单位的时间可以用于算术的方法是 **difftime** 函数：它计算两个时间戳的差。**clock_t** 值表示平台的处理器时钟周期模型，因此时间单位通常远小于一秒。可以使用 **CLOCKS_PER_SEC** 将这些值转换为秒。

表 5.2　一些用于特定用例的语义算术类型

类型	头文件	定义的上下文	含义
`size_t`	`stddef.h`		“大小”和基数的类型
`ptrdiff_t`	`stddef.h`		大小差异类型
`uintmax_t`	`stdint.h`		无符号整型，预处理器的最大宽度
`intmax_t`	`stdint.h`		有符号整型，预处理器的最大宽度
`time_t`	`time.h`	`time(0)`, `difftime(t1, t0)`	纪元以来按秒来计算的历法时间
`clock_t`	`time.h`	`clock()`	处理器时间

5.3　指定值

我们已经看到了几种可以指定数值常量（**文面量**[C]）的方法。

`123` **十进制整型常量**[C]。对我们大多数人来说，这是最自然的选择。

`077` **八进制整型常量**[C]。这是由一系列数字指定的，第一个数是 `0`，后面的数介于 `0` 和 `7` 之间。例如，`077` 的值是 `63`。这种类型仅仅具有历史价值，现在很少使用。通常只使用一个八进制字面量：`0` 本身。

`0xFFFF` **十六进制整型常量**[C]。这是通过以 `0x` 开头，后跟 `0`，`...`，`9` 之间，以及 `a...f` 之间的数字序列来指定的。例如，`0xbeaf` 的值是 48815。`a..f` 和 `x` 也可以用大写字母写为 `0XBEAF`。

`1.7E-13` **十进制浮点常量**[C]。很熟悉有小数点的版本。但是也有一个带指数的“科学”表示法。指数表示法。一般情况下，`mEe` 被解释为 $m \cdot 10^e$。

`0x1.7aP-13` **十六进制浮点常量**[C]。通常用于以一种易于指定具有精确表示的值的形式来描述浮点值。通用形式 `0XhPe` 被解释为 $h \cdot 2^e$。这里，h 被指定为十六进制分数。指数 e 仍然被指定为十进制数。

`'a'` **整型字符常量**[C]。这些字符放在单引号 `'` 之间，例如 `'a'` 或 `'?'`。它们的值仅由 C 标准暗中固定下来。例如，`'a'` 对应于拉丁字母中字母 `a` 的整数代码。在字符常量中，`\` 字符有特殊的含义。例如，我们已经看到的换行符 `'\n'`。

`"hello"` **字符串文字**[C]。它们指定文本，例如 `printf` 和 `puts` 函数所需的文本。同样，与字符常量一样，`\` 字符也是有特殊意义的[㊀]。

除了最后一个，其余的都是数字常量：它们指定数字[㊁]。字符串文字是一个例外，可以用来指定在编译时已知的文本。如果不允许我们将字符串文本分割成块，那么将大文本集成到代码中既冗长又乏味：

㊀ 如果在 `printf` 函数的上下文中使用，别的字符也会变为具有“特殊意义的” `%` 字符。如果要用 `printf` 打印文字 `%`，必须将其写 2 遍。

㊁ 你可能已经注意到复数并不包括在这个列表中。我们将在 5.3.1 节中详细说明。

```
puts("first line\n"
     "another line\n"
     "first and "
     "second part of the third line");
```

要点 5.18 连续的字符串字面量被连接起来。

数字规则要复杂一点。

要点 5.19 数字字面量从不为负值。

也就是说，如果我们写类似 `-34` 或者 `-1.5E-23` 这样的数字，前面的符号不是数字的一部分而是后面数字的非运算符。我们很快就会看到这一点的重要性。听起来可能很奇怪，指数中的负号被认为是浮点字面量的一部分。

我们已经看到（要点 5.3），所有的字面量不仅要有一个值，还要有一个类型。不要把一个有正值的常量与其类型相混淆，这个类型可以是 **signed**。

要点 5.20 十进制整型常量是有符号的。

这是一个重要的特性：我们可能希望表达式 `-1` 是一个带符号的负值。

为了确定整型字面量的确切类型，我们始终有一个首先匹配（first fit）规则。

要点 5.21 十进制整型常量有三种适合它的有符号类型中的第一种。

这条规则会产生惊人的效果。假设在一个平台上，最小的 **signed** 类型值为 $-2^{15} = -32768$，最大值为 $2^{15} - 1 = 32767$。**signed** 类型容纳不了常量 `32768`，所以使用 **signed long**。因此，表达式 `-32768` 拥有类型 **signed long**。因此，在这种平台上 **signed** 类型的最小值不能写成字面常量[练习 1]。

要点 5.22 同一个值可以有不同的类型。

推导八进制或十六进制常量的类型要稍微复杂一些。如果值不适用有符号类型，则可以使用无符号类型。在前面的示例中，十六进制常量 `0x7FFF` 的值为 32767，因此是 **signed** 类型。除了十进制常量之外，常量 `0x8000`（值 32768 的十六进制写法）是 **unsigned** 类型，表达式 `-0x8000` 也是 **unsigned** 类型[练习 2]。

要点 5.23 不要使用八进制或十六进制常量来表示负值。

因此，对于负值只有一个选择。

要点 5.24 使用十进制常量来表示负值。

整型常量可以被强制为无符号，或者是具有最小宽度的类型。这是通过在文字后面附加 U、L 或 LL 来实现的。例如，`1U` 的值为 `1`，类型为 **unsigned**，`1L` 是 **signed long** 类型，`1ULL` 的值同样为 1，但是类型为 **unsigned long long**[练习 3]。注意，我们用打字机字体来表示像 `1ULL` 这样的 C 常量，并将它们与普通字体中的数值 1 区分开来。

[练习 1] 表示如果 **signed long long** 的最小值和最大值具有类似的属性，则不能将平台的最小整型值写成一个减号与字面量的组合。

[练习 2] 表示如果最大的 **unsigned** 值是 $2^{16} - 1$，那么 `-0x8000` 也拥有值 32768。

[练习 3] 表示表达式 `-1U`、`-1UL` 和 `-1ULL` 使最大值和类型分别作为三种未提升的无符号类型。

一个常见的错误是试图将一个十六进制常量赋给一个 **signed** 类型，期望用它来表示一个负值。考虑一个像 **int x =0xFFFFFFFF** 这样的声明。这是基于假设十六进制值与有符号值 **- 1** 具有相同的二进制表示。在大多数 32 位 **signed** 的架构上，这是可以的（但并不是在所有架构上），但无法保证其合法值。

+4294967295 被转换为值 −1。表 5.3 提供了一些有趣的常量、它们的值及类型的例子。

表 5.3　常量及其类型的示例。这是假设 signed 和 unsigned 与 32 位类型具有常用的表示

常量 x	值	类型	−x 的值
2147483647	+2147483647	**signed**	−2147483647
2147483648	+2147483648	**signed long**	−2147483648
4294967295	+4294967295	**signed long**	−4294967295
0x7FFFFFFF	+2147483647	**signed**	−2147483647
0x80000000	+2147483648	**unsigned**	+2147483648
0xFFFFFFFF	+4294967295	**unsigned**	+1
1	+1	**signed**	−1
1U	+1	**unsigned**	+4294967295

记住，值 0 很重要。尤为重要的是，它有很多等价的拼法：0,0 x0, 和 '\0' 都是相同的值，0 是 **signed int** 类型。0 没有十进制整型拼法：0.0 是值 0 的十进制拼法，但被视为一个类型为 **double** 的浮点值。

要点 5.25　不同的字面量可以具有相同的值。

对于整数，这个规则看起来很简单，但是对于浮点常量就不那么明显了。浮点值只是它们字面上表示的值的近似值，因为小数部分的二进制数字可能会被截断或四舍五入。

要点 5.26　十进制浮点常量的有效值可能与其字面值不同。

例如，在我的机器上，常量 0.2 的值是 0.2000000000000000111，因此常量 0.2 和 0.2000000000000000111 的值是相同的。

十六进制浮点常量已经被设计出来，因为它们更好地对应于浮点值的二进制表示。事实上，在大多数现代体系架构中，这样的常量（没有太多的数字）将与字面值完全对应。不幸的是，它们对于人类来说几乎是不可读的。例如，考虑两个常量 0x1.99999AP-3 和 0xC.CCCCCCCCCCCCCDP-6。第一个对应 $1.60000002384*2^{-3}$，第二个对应 $12.8000000000000000002*2^{-6}$。用十进制浮点数表示，它们的值分别近似为 0.2000000298 和 0.200000000000000000003。因此，这两个常量的值非常接近，而十六进制浮点常量的表示似乎使它们相距甚远。

最后，浮点常量后面可以加 f 或 F 来表示 **float** 数，也可以加 l 或 L 来表示 **long double** 数。否则，它们是 **double** 类型。请注意，不同类型的常量通常会导致同一字面的不同值。下面是一个典型的例子：

	float	double	long double
字面值	0.2F	0.2	0.2L
值	0x1.99999AP-3F	0x1.999999999999AP-3	0xC.CCCCCCCCCCCCCDP-6L

要点 5.27 字面有值、类型和二进制表示。

复数常量

所有C平台不一定都支持复数类型。可以通过检查 `__STDC_NO_COMPLEX__` 来检验。要完全支持复数类型，应该包括头文件 `complex.h`。如果对数学函数使用 `tgmath.h`，这已经隐含地完成了复数类型。

不幸的是，C语言没有提供指定复数类型常量的字面量。它只有几个宏[⊖]可以简化对这些类型的操作。

指定复数值的第一种方式是使用宏 **`CMPLX`**，它在一个复数值中包含两个浮点值，实数和虚数部分。例如，**`CMPLX(0.5, 0.5)`** 是一个 **`double complex`**，其实数和虚数部分一半一半。类似地，有用于 **`float complex`** 的 **`CMPLXF`** 和用于 **`long double complex`** 的 **`CMPLXL`**。

另一种更方便的方式是由宏 `I` 提供的，它表示类型为 **`float complex`** 的常量值，这样 `I*I` 的值为 -1。大写的单字符宏名通常用于整个程序中固定的数字。就其本身而言，这不是一个好主意（提供单字符名称是有限的），但你一定不要管 `I`。

要点 5.28 `I` 是保留给虚数单位的。

`I` 可以被用来指定类似于常用数学符号的复数类型的常量。例如，`0.5 + 0.5*I` 的类型是 **`double complex`**，而 `0.5 F + 0.5 F *I` 的类型是 **`float complex`**。如果我们把它们混合使用，编译器会隐含地将结果**转换**[C]为较宽的类型，例如，对于实数和虚数部分使用 **`float`** 和 **`double`** 常量。

> **挑战 5 复数**
>
> 你能否将导数（挑战 2）扩展到复数域：即接收和返回 **`double complex`** 值的函数？

5.4 隐式转换

正如我们在示例中所看到的，操作数的类型会影响运算符表达式的类型，如 `1` 或 `-1U`：而第一个是 **`signed int`**，第二个是 **`unsigned int`**。对于初学者来说，后者可能尤其令人惊讶，因为 **`unsigned int`** 没有负值，所以 `-1U` 是一个很大的正整数。

⊖ 我们将在 5.6.3 节中看到宏的真正含义。现在，只需将它们作为编译器所关联的某些特定属性的名称。

要点 5.29 一元 - 和 + 有它们提升的参数的类型。

因此，这些运算符是类型通常不变的示例。在它们确实发生变化的情况下，我们必须依赖C语言的策略来执行隐式转换，也就是说，将具有特定类型的值变成另一个所需类型的值。再来考虑一下下面的例子，同样，我们假设 −2147483648 和 2147483647 分别是一个 **signed int** 数的最小值和最大值：

```
double         a =  1;            // 无害；值适合类型
signed short   b = -1;            // 无害；值适合类型
signed int     c =  0x80000000;   // 危险；值对于类型来说太大了
signed int     d = -0x80000000;   // 危险；值对于类型来说太大了
signed int     e = -2147483648;   // 无害；值适合类型
unsigned short g =  0x80000000;   // 丢失信息；值为 0
```

这里，a 和 b 的初始化是无害的。相应的值完全在所需类型的范围内，因此C编译器可以悄悄地转换它们。

下面两个 c 和 d 的转换是有问题的。正如我们所看到的，0x80000000 是 **unsigned int** 类型，不适合 **signed int**，所以 c 接收一个由实现定义的值，我们必须知道我们的平台在这种情况下决定要做什么。它可以重用右边值的位模式，也可以终止程序。对于所有实现定义的特性，应该根据平台的文档说明来选择哪种解决方案，但是要注意，这可能会随着编译器的新版本而改变，或者可能会由编译器参数来进行切换。

对于 d 的情况，情况更加复杂：0x80000000 的值是 2147483648，我们可能会认为 -0x80000000 就是 −2147483648。但是由于实际上 -0x80000000 又是 2147483648，所以对于 c 来说出现了同样的问题[练习 4]。

那么，e 也是无害的。这是因为我们使用了一个负的十进制字面量 -2147483648，它的类型为 **signed long**，其值实际上是 −2147483648（如前面所示）。因为这个值适合 **signed int** 类型，所以可以毫无问题地完成转换。

最后一个例子 g 的结果是含糊不清的。对于无符号类型来说太大的值将根据模数进行转换。特别地，如果我们假定 **unsigned short** 的最大值是 $2^{16}-1$，那么结果值为 0。这种“缩小”的转换是否是期望的结果往往很难判断。

要点 5.30 避免缩小转换。

要点 5.31 不要在运算中使用窄类型。

对于像加法和乘法这样有两个操作数的运算符，类型规则会变得更加复杂，因为它们可能具有不同的类型。下面是一些涉及浮点类型运算的示例：这里，前两个示例是无害的：整型常量 1 的值非常适合 **double** 类型或 **complex float** 类型。实际上，对于大多数这样的混合运算，只要一种类型的范围适合另一种类型的范围，结果类型就具有更大的范围。

[练习 4] 假设 **unsigned int** 的最大值是 0xFFFFFFFF 的情况下，证明 -0x80000000 == 0x80000000。

```
1        + 0.0  // 无害; double
1        + I    // 无害; complex float
INT_MAX + 0.0F // 可能会丢失精度; float
INT_MAX + I    // 可能会丢失精度; complex float
INT_MAX + 0.0  // 通常无害; double
```

后面两个是有问题的，因为 **signed int** 的最大值 **INT_MAX**，通常不适用于 **float** 或 **complex float**。例如，在我的机器上，**INT_MAX + 0.0F** 与 **INT_MAX + 1.0F** 相同，其值为 2147483648。最后一行显示的是使用 **double** 的运算，这在大多数平台上都可以正常运行。然而，在现有或将来的平台上，如果 **int** 是 64 位的，可能会出现类似的精度问题。

因为对于整型没有严格的包含值范围，所以推断混合了有符号值和无符号值的运算类型会很麻烦：

```
-1   < 0    // 真，无害，同样有符号
-1L  < 0    // 真，无害，同样有符号
-1U  < 0U   // 假，无害，同样有符号
-1   < 0U   // 假，危险，混合有符号
-1U  < 0    // 假，危险，混合有符号
-1L  < 0U   // 看情况而定，危险，同样或混合有符号
-1LL < 0UL  // 看情况而定，危险，同样或混合有符号
```

前三个比较是无害的，因为即使它们混合了不同类型的操作数，它们也不会混合有符号。因为在这些情况下，可能值的范围很好地相互包含，C 只是将一种类型转换为更宽的类型，并在那里进行比较。

接下来的两种情况是明确的，但可能不是一个新手程序员所期望的。事实上，对于这两种情况，所有的操作数都被转换为 **unsigned int**，因此，两个负值都被转换成很大的无符号值，比较的结果为 **false**。

最后两个比较甚至更有问题。在 **UINT_MAX** ≤ **LONG_MAX** 的平台上，0U 被转换为 0L，因此第一个结果为 **true**。在其他 **LONG_MAX** < **UINT_MAX** 的平台上，**-1L** 被转换为 **-1U**（即 **UINT_MAX**），因此第一个比较是 **false**。类似的观察结果适用于后两者的第二次比较，但是要注意，这两种方法的结果很可能不一样。

类似于最后两个比较的例子可能会分别引起支持或反对有符号类型或无符号类型的无休止的争论。但是它们只显示了一件事：混合有符号和无符号操作数的语义并不总是清晰的。在某些情况下，任何一种可能的隐式转换的选择都是有问题的。

要点 5.32 避免使用不同符号类型的操作数进行操作。

要点 5.33 尽可能使用无符号类型。

要点 5.34 选择那些隐式转换无害的算术类型。

5.5 初始值设定

我们已经看到（2.3 节）初始值设定是对象定义的一个重要组成部分。初始值设定帮助我们确保程序执行始终处于定义的状态：我们无论何时访问一个对象，它都有一个众所周知的值来决定抽象机的状态。

要点 5.35 所有的变量都应该初始化。

这条规则只有几个例外：可变长数组（VLA），参见 6.1.3 节，它不允许初始值设定，另外是必须高度优化的代码。后者主要发生在使用指针的情况下，因此这与我们还不相关。对于目前我们可以编写的大多数代码，现代编译器将能够跟踪一个值的源头，直到它最后一次赋值或初始化。多余的初始化或赋值将被优化掉。

对于诸如整型和浮点之类的标量类型，初始值设定只包含可以转换为该类型的表达式。我们见过很多这样的例子。另外一种选择，这样的初始值设定表达式可以用 `{}` 包围。下面是一些例子：

```
double a = 7.8;
double b = 2 * a;
double c = { 7.8 };
double d = { 0 };
```

其他类型的初始值设定必须有这些 `{}`。例如，数组的初始值设定包含对不同元素的初始化，每个初始值后面跟一个逗号：

```
double A[] = { 7.8, };
double B[3] = { 2 * A[0], 7, 33, };
double C[] = { [0] = 6, [3] = 1, };
```

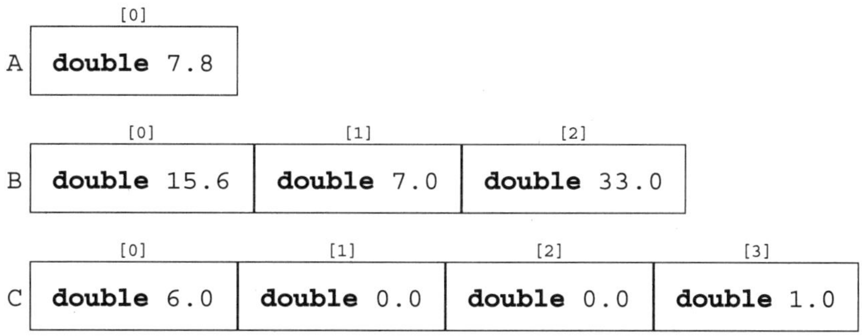

	[0]	[1]	[2]	[3]
A	double 7.8			
B	double 15.6	double 7.0	double 33.0	
C	double 6.0	double 0.0	double 0.0	double 1.0

正如我们所看到的，由于没有长度规范，所以具有**不完整类型**[C]的数组通过初始化指定长度来完成。这里，`A` 只有一个元素，而 `C` 有四个。对于前两个初始值设定，应用了标量初始化的元素是从列表中标量的位置推断出来的：例如，`B[1]` 初始化为 `7`。像 `C` 这样的指定的初始值设定要好得多，因为相对声明中的一些小改变，它们可以使代码更加健壮。

要点 5.36 为所有聚合数据类型使用指定的初始值设定。

如果你不知道如何初始化一个类型为 `T` 的变量，那么几乎[⊖]总是可以使用**默认的初始值设定**[C] `T a ={0}` 来做。

要点 5.37 对于所有不是 VLA 的对象类型，`{0}` 是合法的初始值。

有几件事可以确保这一点。第一，如果我们省略指定（`struct` 的 `.membername`，参见 6.3 节；或数组的 `[n]`，参见 6.1 节），初始化只是按照**声明顺序**[C] 完成的：也就是说，默认初始值设定中的 `0` 指定了声明的第一个成员，然后所有其他成员也默认初始化为 `0`。那么，标量的 `{}` 形式的初始值设定确保 `{0}` 也是合法的。

也许你的编译器会有这方面的警告。令人恼火的是，一些编译器的实现者不知道这个特殊的规则。它被明确地设计为 C 标准中的一个全面初始化值设定，因此这是我会关闭编译器警告的罕见情况之一。

在初始值设定中，我们通常必须为程序指定具有特定意义的值。

5.6 命名常量

即使在小程序中，一个常见的问题是，它们为达到某些目标使用特殊的值，而这些目标在文本中到处经常重复。如果由于这样或那样的原因这个值改变了，程序就会崩溃。举一个假设的例子，我们有字符串数组[⊖]，我们想对其执行一些操作：

这里我们在几个地方使用了常量 `3`，它们有三个不同的“含义”。例如，向 corvid 中添加内容需要修改两个单独的代码。在实际的设置中，代码中可能有更多的地方依赖于这个特定的值，而在大型代码库中，维护这个值可能非常烦琐。

要点 5.38 所有具有特定含义的常量都必须命名。

区分相等的常量同样重要，但相等只是一种巧合。

要点 5.39 必须区分所有具有不同含义的常量。

令人惊讶的是，C 几乎没有规定命名常量的方法，而且它的术语甚至会导致很多混淆，不知道哪些结构可以有效地生成编译时的常量。因此，在研究 C 所提供的唯一恰当命名的常量之前，我们首先必须弄清楚术语（5.6.1 节）：枚举常量（5.6.2 节）。后者将帮助我们用更具解释性的内容替换示例中 3 的不同版本。第二，通用机制使用简单的文本替换来补充此功能：宏（5.6.3 节）。正如我们所看到的，宏只有在其替换是由基类型的字面量组成时，才会产生编译时的常量。如果我们想为更复杂的数据类型提供一些接近常量的东西，我们必须将它们作为临时对象提供（5.6.4 节）。

```
char const*const bird[3] = {
  "raven",
  "magpie",
```

⊖ 例外情况是可变长度数组，参见 6.1.3 节。

⊖ 它使用 `char const*const` 类型的指针来指向字符串。稍后我们将看到这种特殊的技术是如何工作的。

```
  "jay",
};
char const*const pronoun[3] = {
  "we",
  "you",
  "they",
};
char const*const ordinal[3] = {
  "first",
  "second",
  "third",
};
...
for (unsigned i = 0; i < 3; ++i)
    printf("Corvid %u is the %s\n", i, bird[i]);
...
for (unsigned i = 0; i < 3; ++i)
    printf("%s plural pronoun is %s\n", ordinal[i], pronoun[i]);
```

5.6.1 只读对象

不要将术语常量（其在C语言中有非常特殊的含义）与不能修改的对象混淆。例如，在前面的代码中，根据我们的术语 `bird`、`pronoun` 和 `ordinal` 不是常量，它们是**常量**限定的对象。这个**限定符**[C] 规定我们无权更改此对象。对于 `bird`，无论是数组项还是实际的字符串都不能被修改，如果你尝试这样做，编译器应该会为你提供诊断：

要点 5.40 **常量**限定类型的对象是只读的。

这并不意味着编译器或运行时系统可能不会更改这样一个对象的值：程序的其他部分可能在没有限定条件的情况下看到该对象并更改它。你不能直接写银行账户的摘要（但只能读），但这并不意味着它会随着时间的推移而一直保持不变。

不幸的是，还有另一类只读对象，其没有受到其类型的保护而不被修改：字符串文字。

要点 5.41 字符串字面量是只读的。

如果今天引入，字符串字面量的类型肯定是 `char const[]`，一个**常量**限定字符组成的数组。不幸的是，C语言引入 `const` 关键字的时间比字符串字面量要晚得多，因此为了向后兼容，对它予以保留[⊖]。

像 `bird` 等数组还使用另一种技术来处理字符串字面量。它们使用**指针**[C] 类型 `char const*const` 来“指向”字符串字面量。这种数组的可视化如下所示：

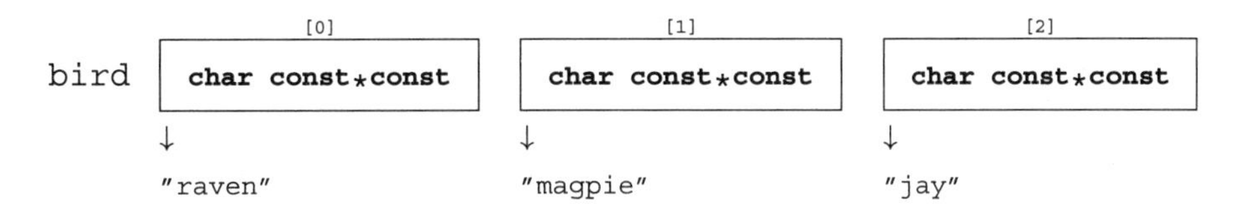

⊖ 存在第三种只读对象：临时对象。我们稍后将在13.2.2节中看到它们。

也就是说，字符串字面量本身并不存储在数组 bird 中，而是存储在其他地方，而 bird 只是指向这些地方。我们将在后面的 6.2 节和第 11 章中看到这个机制是如何工作的。

5.6.2 枚举

C 语言有一个简单的机制来命名诸如我们在示例中需要的小整数，这称为**枚举**[C]。

```
enum corvid { magpie, raven, jay, corvid_num, };
char const*const bird[corvid_num] = {
  [raven]  = "raven",
  [magpie] = "magpie",
  [jay]    = "jay",
};
...
for (unsigned i = 0; i < corvid_num; ++i)
    printf("Corvid %u is the %s\n", i, bird[i]);
```

这个声明了一个新的整型类型 enum corvid，我们知道它有四个不同的值。

要点 5.42 *枚举常量要么有明确值，要么有位置值。*

你可能已经猜到，位置值从 0 开始，所以在我们的示例中，raven 的位置值为 0，magpie 的位置值为 1，jay 的位置值为 2，corvid_num 的位置值为 3。最后这个 3 显然是我们感兴趣的 3。

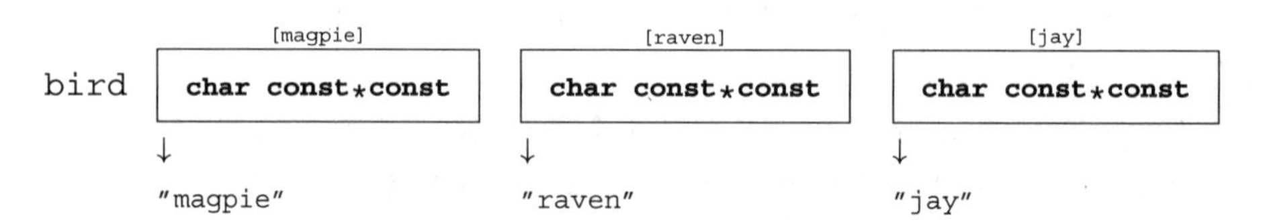

注意，这对数组项使用了与以前不同的顺序，这是使用枚举方法的优点之一：我们不必手动跟踪在数组中使用的顺序。枚举类型中固定的顺序会自动执行此操作。

现在，如果我们想在 corvid 中添加新内容，只需把它放在列表中，放在 corvid_num 之前的任何地方：

清单 5.1 枚举类型和相关的字符串数组

```
enum corvid { magpie, raven, jay, chough, corvid_num, };
char const*const bird[corvid_num] = {
  [chough] = "chough",
  [raven]  = "raven",
  [magpie] = "magpie",
  [jay]    = "jay",
};
```

对大多数其他窄类型来说，声明枚举类型的变量没有太多利害关系。无论如何，对于索引和算术运算，它们将被转换成一个更大的整数。甚至枚举常量本身也不是枚举类型：

要点 5.43 枚举常量的类型为 **signed int**。

所以真正感兴趣的是常量，而不是新创建的类型。因此，我们可以命名任何需要的 **signed int** 型常量，甚至不需要为类型名提供**标记** C：

```
enum { p0 = 1, p1 = 2*p0, p2 = 2*p1, p3 = 2*p2, };
```

要定义这些常量，我们可以使用**整型常量表达式** C（ICE）。这样的 ICE 提供了一个编译时整型值，并且受到很大的限制。它的值不仅在编译时必须确定（不允许函数调用），而且对象的计算也不能作为值的操作数参与：

```
signed const o42 = 42;
enum {
  b42 = 42,       // 正确：42 是文字。
  c52 = o42 + 10, // 错误：o42 是一个对象。
  b52 = b42 + 10, // 正确：b42 不是一个对象。
};
```

这里，**o42** 是一个对象，但仍然是常量限定的，所以 **c52** 的表达式不是“整型常量表达式”。

要点 5.44 整型常量表达式不计算任何对象的值。

因此，ICE 主要由带有整型字面量、枚举常量、**_Alignof** 和 **offsetof** 子表达式，和一些 **sizeof** 子表达式的任何操作数组成[⊖]。

但是，即使该值是一个 ICE，为了能够使用它来定义枚举常量，你也必须确保该值适合 **signed** 类型。

5.6.3 宏

不幸的是，除了 C 语言严格意义上的 **signed int** 之外，没有其他机制可以声明其他类型的常量。相反，C 提出了另一种强大的机制来引入程序代码的文本替换：**宏** C。宏由**预处理程序** C **#define** 引入：

```
# define M_PI 3.14159265358979323846
```

这个宏定义的作用是，标识符 **M_PI** 在下面的程序代码中被 **double** 常量代替。这样一个宏观定义包括五个不同的部分：

1. 开头的 **#** 字符必须是行中的第一个非空字符
2. 关键字 **define**
3. 要声明的标识符，这里是 **M_PI**
4. 替换文本，这里是 **3.14159265358979323846**
5. 换行符

⊖ 我们将在 12.7 节和 12.1 节中处理后两个概念。

利用这个技巧，我们可以声明 **unsigned**、**size_t** 和 **double** 常量的文本替换。实际上，已经定义了 **size_t**，**size_MAX** 的实现限制，以及我们已经看到的许多其他系统特性：**EXIT_SUCCESS**、**false**、**true**、**not_eq**、**bool**、**complex** 等在这本书的彩色电子版中，这样的 C 标准宏都是用深红色打印的。

C 标准中这些示例的写法不能代表在大多数软件项目中通常使用的规范。它们中的大多数都有相当严格的规则，使得宏在视觉上相比周围环境显得更突出。

要点 5.45 *宏名全部大写。*

只有当你有充分的理由，特别是在你达到第 3 级之后，才可以偏离这条规则。

5.6.4 复合字面量

对于没有描述其常量的字面量的类型，事情会变得更加复杂。我们必须在宏的替换端使用**复合字面量**[C]。这样的复合字面量具有这种形式

```
(T){ INIT }
```

也就是说，类型在括号内，后跟初始值设定。这里有一个例子：

```
# define CORVID_NAME /**/           \
(char const*const[corvid_num]){    \
  [chough] = "chough",             \
  [raven] = "raven",               \
  [magpie] = "magpie",             \
  [jay] = "jay",                   \
}
```

这样，我们就可以省去 **bird** 数组并重写 **for** 循环：

```
for (unsigned i = 0; i < corvid_num; ++i)
    printf("Corvid %u is the %s\n", i, CORVID_NAME[i]);
```

虽然宏定义中的复合字面量可以帮助我们声明某些东西，其行为类似于所选类型的常量，但在狭义的 C 语言中，它不是一个常量。

要点 5.46 *复合字面量定义一个对象。*

总的来说，这种形式的宏有一些缺陷：

- 复合字面量不适合 ICE。
- 在这里，为了声明命名常量，类型 **T** 应该是**常量限定**[C]的。这将确保优化器有更多的空闲时间来为这样的宏替换生成好的二进制代码。
- 宏名和复合字面量的 **()** 之间必须有空格，这里用 **/**/** 注释表示。否则，这将被解释为类似函数的宏定义的开始。我们稍后会看到这些。
- 行尾的退格字符 **** 可用于将宏定义延续到下一行。
- 在宏定义的最后不能有 **;**。记住，这只是文本替换。

要点 5.47　不要在宏中隐藏结束的分号。

另外，为了宏的可读性，请考虑到偶尔才会读你代码的人：

要点 5.48　宏的右缩进延续标记到同一列。

正如你在示例中所看到的，这有助于轻松地可视化宏定义的整个扩展。

5.7　二进制表示

类型的二进制表示是一个模型，它描述该类型的可能值。它与内存中的对象表示不同，后者描述了给定类型值的或多或少的物理存储。

要点 5.49　同一个值可能有不同的二进制表示。

5.7.1　无符号整型

我们已经看到，无符号整型是这样的算术类型，标准算术运算对其具有良好的、封闭的数学描述。它们在算术运算下是封闭的：

要点 5.50　无符号算术类型包装得很好。

在数学术语中，它们实现了一个环，$\mathbb{Z}_N$，一个整数集对某个数 N 取模。可以表示的值是 0,. . . , N − 1。最大值 N − 1 可以完全决定这是无符号整数类型，并可以通过宏来提供，该宏名以 `_MAX` 结尾。对于基本的无符号整数类型，它们是 **`UINT_MAX`**、**`ULONG_MAX`** 和 **`ULLONG_MAX`**，它们是通过 `limits.h` 提供的。正如我们所看到的，**`size_t`** 是通过 `stdint.h.` 中的 **`SIZE_MAX`** 提供的。

非负整型值的二进制表示始终与术语所表示的完全一致：这样的数由称为**位**[C]的二进制数 b_0，b_1，...，b_{p-1} 来表示。每个位的值都是 0 或 1。这样一个数的值使用这个公式来计算

$$\sum_{i=0}^{p-1} b_i 2^i \tag{5.1}$$

该二进制表示中的值 p 称为基础类型的**精度**[C]。b_0 位称为**最低有效位**[C]（*LSB*），b_{p-1} 称为**最高有效位**[C]（*MSB*）。

在 1 位的 b_i 中，具有最小索引 i 的那个称为**最低有效位集**[C]，具有最高索引的那个称为**最高有效位集**[C]。例如，对于无符号类型 p = 16，值 240 将具有 $b_4 = 1$、$b_5 = 1$、$b_6 = 1$ 和 $b_7 = 1$。二进制表示的所有其他位都是 0，最低有效位集 i 是 b_4，最高有效位集是 b_7。从（5.1）中，我们立即看到 2^p 是第一个不能用类型表示的值。因此 $N = 2^p$，并且

要点 5.51　任何整型最大值的形式为 2^p-1。

注意，在讨论非负值的表示时，我们没有讨论类型的符号。这些规则对于有符号和无符号类型同样适用。只有对于无符号类型，我们才算是幸运的，到目前为止我们所讲的内容完全能够描述这种无符号类型。

要点 5.52　无符号整型的算术运算由其精度决定。

最后，表 5.4 展示了本书中一些常用标量的范围。

表 5.4 本书中所使用的标量类型的范围

名称	[最小值，最大值]	出自哪里	典型例子
`size_t`	`[0, SIZE_MAX]`	`<stdint.h>`	$[0, 2^w - 1]$, $w = 32, 64$
`double`	`[±DBL_MIN, ±DBL_MAX]`	`<float.h>`	$[\pm 2^{-w-2}, \pm 2^w]$, $w = 1024$
`signed`	`[INT_MIN, INT_MAX]`	`<limits.h>`	$[-2^w, 2^w - 1]$, $w = 31$
`unsigned`	`[0, UINT_MAX]`	`<limits.h>`	$[0, 2^w - 1]$, $w = 32$
`bool`	`[false, true]`	`<stdbool.h>`	[0, 1]
`ptrdiff_t`	`[PTRDIFF_MIN, PTRDIFF_MAX]`	`<stdint.h>`	$[-2^w, 2^w - 1]$, $w = 31, 63$
`char`	`[CHAR_MIN, CHAR_MAX]`	`<limits.h>`	$[0, 2^w - 1]$, $w = 7, 8$
`unsigned char`	`[0, UCHAR_MAX]`	`<limits.h>`	[0, 255]

5.7.2 位集和按位运算符

这种无符号类型的简单二进制表示允许我们将它们用于与算术不直接相关的另一个目的：作为位集。位集是对无符号值的另一种解释，我们假设它表示基本集 V ={0, …, p-1} 的子集，如果位 b_i 存在，则取元素 i 作为集合的一员。

有三种二进制运算符可以对位集进行操作：`|`、`&` 和 `^`。分别代表集合合集 A ∪ B，集合交集 A ∩ B，对称差分 A Δ B。

例如，我们选择 A = 240，代表 {4,5,6,7}，B = 287，位集 {0,1,2,3,4,8}。见表 5.5。对于这些操作的结果，不需要基本集的总大小，因此也不需要精度 *p*。对于算术运算符，分别有相应的赋值运算符 `&=`、`|=` 和 `^=`[练习 5][练习 6][练习 7][练习 8]。

表 5.5 按位运算符的效果

位操作	值	十六进制	b_{15} … b_0	集合操作	集合
V	65535	0xFFFF	1111111111111111		{0, 1, 2, 3, 4, 5, 6, 7, 8, 9, 10,11, 12, 13, 14, 15}
A	240	0x00F0	0000000011110000		{4, 5, 6, 7}
~A	65295	0xFF0F	1111111100001111	V \ A	{0, 1, 2, 3, 8, 9, 10,11, 12, 13, 14, 15}
-A	65296	0xFF10	1111111100010000		{4, 8, 9, 10,11, 12, 13, 14, 15}
B	287	0x011F	0000000100011111		{0, 1, 2, 3, 4, 8}
A|B	511	0x01FF	0000000111111111	A ∪ B	{0, 1, 2, 3, 4, 5, 6, 7, 8}
A&B	16	0x0010	0000000000010000	A ∩ B	{4}
A^B	495	0x01EF	0000000111101111	A Δ B	{0, 1, 2, 3, 5, 6, 7, 8}

还有另一个运算符对值的位进行操作：补码操作符 `~`。补码 `~A` 的值为 65295，对应于

[练习 5] 表示 `A \ B` 可以用 `A - (A&B)` 来计算。

[练习 6] 表示 `V + 1 = 0`。

[练习 7] 表示 `A^B` 等于 `(A - (A&B)) + (B - (A&B))` 和 `A + B - 2*(A&B)`。

[练习 8] 表示 `A|B` 等于 `A + B - (A&B)`。

集合 {0,1,2,3,8,9,10,11,12,13,14,15}。这个位补码总是依赖于类型的精度 p[练习 9][练习 10]。

所有这些运算符都可以用标识符来写：**bitor**、**bitand**、**xor**、**or_eq**、**and_eq**、**xor_eq** 和 **compl**（如果包含了头文件 iso646.h）。

位集的一个典型用法是用于控制程序某些设置的标志、变量：

```
enum corvid { magpie, raven, jay, chough, corvid_num, };
#define FLOCK_MAGPIE   1U
#define FLOCK_RAVEN 2U
#define FLOCK_JAY      4U
#define FLOCK_CHOUGH   8U
#define FLOCK_EMPTY    0U
#define FLOCK_FULL    15U

int main(void) {
  unsigned flock = FLOCK_EMPTY;

  ...

  if (something) flock |= FLOCK_JAY;
  ...

 if (flock&FLOCK_CHOUGH)
   do_something_chough_specific(flock);

}
```

这里，每个 corvid 类型的常量都是 2 的幂，因此它们的二进制表示中只有一个位集。flock 中的成员关系可以通过以下运算符处理：|= 向 flock 中添加 corvid，& 使用其中一个常量测试是否存在某个特定的 corvid。

观察运算符 & 和 && 或 | 和 || 之间的相似性：如果我们将无符号 b_i 的每一位看作一个真值，& 对其参数的所有位同时执行逻辑与。这是一个很好的类比，可以帮助你记住这些运算符的特殊拼写。另一方面，要记住运算符 || 和 && 具有短路求值，所以一定要把它们与位操作符区分清楚。

5.7.3　位移运算符

下一组运算符在将无符号值解释为数字和位集之间架起了一座桥梁。左位移操作 << 对应于数值乘以 2 的相应幂。例如，对于 A = 240，集合 {4,5,6,7}，A << 2 是 $240 \cdot 2^2 = 240 \cdot 4 = 960$，它表示集合 {6,7,8,9}。不适合该类型的二进制表示的结果位被简单地省略。在我们的例子中，A << 9 对应于集合 {13,14,15,16}（值为 122880），但是由于没有位 16，结果集合是 {13,14,15}，值是 57344。

因此，对于这种位移运算，精度 p 同样重要。不匹配的位不仅会被删除，而且还会限

[练习 9]　表示 ~B 可以用 V - B 来计算。

[练习 10]　表示 -B = ~B + 1。

制右边操作数的可能值：

要点 5.53 位移运算的第二个操作数必须小于精度。

还有一个类似的右位移运算 >>，它将二进制表示移向低有效位。类似地，这相当于一个整数除以 2 的幂。在小于或等于位移值位置上的位在结果中被省略。请注意，对于这个操作，类型的精度并不重要[练习 11]。

同样，也有相应的赋值运算符 <<= 和 >>=。

左位移运算符 << 的主要用途是指定 2 的幂。在那个例子中，我们现在可以替换 **#define**：

```
#define FLOCK_MAGPIE  (1U << magpie)
#define FLOCK_RAVEN (1U << raven)
#define FLOCK_JAY     (1U << jay)
#define FLOCK_CHOUGH  (1U << chough)
#define FLOCK_EMPTY    0U
#define FLOCK_FULL   ((1U << corvid_num)-1)
```

这使得该示例相比对枚举的修改更加健壮。

5.7.4 布尔值

C 中的布尔数据类型也被认为是无符号类型。记住它只有值 0 和 1，所以没有负值。为了向后兼容以前的程序，基本类型称为 _Bool。bool 这个名称以及 **false** 和 **true** 常量都是通过 stdbool.h 来实现的。除非你必须维护一个非常旧的代码库，否则应该使用后者。

将 bool 视为无符号类型是概念的延伸。赋值给该类型的变量不遵循要点 4.6 的模数规则，而是遵循布尔值的特殊规则（要点 3.1）。

你可能很少需要 bool 变量。它们只有在你打算确保赋值总是为 **false** 或 **true** 时才有用。早期的 C 语言版本没有布尔类型，许多有经验的 C 程序员仍然不使用它。

5.7.5 有符号整型

有符号类型比无符号类型稍微复杂一点。一个 C 实现必须决定以下两点：

- ❑ 算术溢出时发生了什么？
- ❑ 有符号类型的符号是如何表示的？

有符号类型和无符号类型根据它们的整数等级成对出现，表 5.1 中有两个明显的例外：**char** 和 bool。有符号类型的二进制表示受到我们在上面看到的包含关系图的约束。

要点 5.54 正值的表示与符号无关。

或者，换句话说，有符号类型的正值与对应的无符号类型具有相同的表示形式。这就是为什么任何整数类型的最大值都可以如此容易地表示（要点 5.51）：有符号类型还有一个精度 p，它决定了类型的最大值。

[练习 11] 表示在运算 x>>n 中“丢失”的位对应于余数 x % (1ULL << n)。

标准规定的下一件事是，有符号类型有一个额外的位，即**符号位**[C]。如果它是0，则是一个正值。如果是1，则是一个负值。不幸的是，对于如何使用这样的符号位获得负数有不同的概念。C允许三种不同的**符号表示**[C]：

- **符号和量级**[C]
- **1的补码**[C]
- **2的补码**[C]

前两个可能只具有历史或外来的相关性：对于符号和量级，量级被视为正值，符号位只是简单地指定有一个负号。1的补码取对应的正值，对所有位进行补码。这两种表示都有一个缺点，即两个值的计算都是0：一个是正的0，一个是负的0⊖。

现代平台上常用的是2的补码表示。它执行的算术运算与我们在无符号类型中看到的完全相同，但是无符号值的上半部分（那些高阶位为1的值）被解释为负数。以下两个函数基本上就是将无符号值解释为有符号值所需的全部内容：

```
bool is_negative(unsigned a) {
  unsigned const int_max = UINT_MAX/2;
  return a > int_max;
}
bool is_signed_less(unsigned a, unsigned b) {
  if (is_negative(b) && !is_negative(a)) return false;
  else return a < b;
}
```

表5.6给出了一个示例，说明如何构造我们的示例值`240`的负值。对于无符号类型，`-A`可以计算为`~A + 1`[练习 12][练习 13][练习 14]。2的补码表示对有符号类型和无符号类型执行完全相同的位操作。它只将高阶位的表示解释为负值。

表5.6　16位无符号整型的求反

运算	值	b_{15} … b_0
A	240	0000000011110000
~A	65295	1111111100001111
+1	65295	0000000000000001
-A	65296	1111111100010000

这样做的话，有符号的整型运算将会表现得略好一些。不幸的是，有一个陷阱使得有符号算术运算的结果难以预测：溢出。如果强制使用无符号值，则有符号溢出的行为是**未定义的**[C]。下面的两个循环看起来非常相似：

⊖ 由于这两个在现代体系结构中已经完全不再使用，所以人们正在努力将它们从C标准的下一个修订中移除。

[练习 12] 证明对于无符号算术运算，`A + ~A`是最大值。

[练习 13] 证明对于无符号算术运算，`A + ~A`是`-1`。

[练习 14] 证明对于无符号算术运算，`A + (~A + 1) == 0`。

```
for (unsigned i = 1; i; ++i) do_something();
for (  signed i = 1; i; ++i) do_something();
```

我们知道第一个循环会发生什么：计数器递增到 **UINT_MAX**，然后循环到 0。所有这一切可能需要一些时间，但是在 **UINT_MAX-1** 循环之后，循环将停止，因为 i 将为 0。

对于第二个循环，一切看起来都很相似。但是因为这里的溢出行为是未定义的，所以编译器可以假装它永远不会发生。因为它知道开始时的值是正的，所以它可能假设只要程序定义了行为，i 就永远不会是负的或 0。as-if 规则（要点 5.8）允许它将第二个循环优化成

```
while (true) do_something();
```

没错，无限循环。

要点 5.55 一旦抽象状态机达到了未定义的状态，就不能对执行的延续做进一步的假设。

不仅如此，编译器还可以做它想做的任何操作（"未定义？因此，让我们来定义它"），但它也可以假设它永远不会达到这样的状态，并从中得出结论。

通常，一个达到未定义状态的程序被称为"具有"或"显示"未定义行为。这种措辞有些不恰当，在许多这样的情况下，程序不会"显示"任何明显的奇怪迹象。相反，你甚至很长一段时间都不会注意到糟糕的事情将会发生。

要点 5.56 你有责任避免所有操作的未定义行为。

更糟糕的是，在一些带有标准编译器选项的平台上，编译看起来是正确的。由于行为是未定义的，因此在这样的平台上，有符号整型运算可能与无符号运算基本相同。但是改变平台、编译器或某些选项可以改变这一点。突然间，你运行多年的程序不知从哪里就崩溃了。

基本上，我们在本章之前讨论的内容都是具有定义良好的行为，因此抽象状态机总是处于定义良好的状态。有符号算术运算改变了这一点，因此只要你不需要它，就避免使用它。如果一个程序在正常结束之前突然终止，我们就说它执行了一个**陷阱**[C]（或者仅仅是陷阱）。

要点 5.57 有符号的算术运算可能会陷入严重的困境。

有符号类型可能溢出的一种情况是求反。我们已经看到 **INT_MAX** 除了符号位之外，其他位都设置为 1。那么 **INT_MIN** 有了"下一个"表示：符号位设置为 1，所有其他值设置为 0。对应的值不是 **-INT_MAX**[练习 15]。

要点 5.58 在 2 的补码表示中，INT_MIN < -INT_MAX。

或者，换句话说，在 2 的补码表示中，正值 **-INT_MIN** 超出了范围，因为运算值大于 **INT_MAX**。

要点 5.59 有符号算术运算的求反可能会溢出。

对于有符号类型，位操作使用二进制表示。所以位运算的值特别依赖于符号表示。事实上，位操作甚至允许我们检测符号表示：

[练习 15] 表示 **INT_MIN+INT_MAX** 为 − 1。

```
char const* sign_rep[4] =
  {
    [1] = "sign and magnitude",
    [2] = "ones' complement",
    [3] = "two's complement",
    [0] = "weird",
  };
enum { sign_magic = -1&3, };
...
printf("Sign representation: %s.\n", sign_rep[sign_magic]);
```

位移操作变得非常混乱。对于负值，这种操作的语义是不清楚的。

要点 5.60　对位操作使用无符号类型。

5.7.6　固定宽度整型

到目前为止，我们所看到的整类的精度可以通过使用 `limits.h` 中的宏来间接检查。比如 **`UINT_MAX`** 和 **`LONG_MIN`**。C 标准只给我们提供了最小精度。对于无符号类型，它们的最小精度如下表所示：

类型	最小精度
`bool`	1
`unsigned char`	8
`unsigned short`	16
`unsigned`	16
`unsigned long`	32
`unsigned long long`	64

在通常情况下，这些保证应该为你提供足够的信息。但是在某些技术限制下，这些保证可能不够，或者你可能希望强调特定的精度。如果希望使用一个无符号量来表示已知最大大小的位集，可能会出现这种情况。如果你知道 32 位对于你的集合已经足够了，根据你的平台，你可能希望选择 **`unsigned`** 或 **`unsigned long`** 来表示它。

C 标准在 `stdint.h` 中提供了精确宽度整型的名称。正如名称所示，它们具有精确指定的“宽度”，对于提供的无符号类型，该宽度保证与它们的精度相同。

要点 5.61　如果提供了类型 `uintN_t`，则它是一个无符号整型，宽度和精度正好为 N 位。

要点 5.62　如果提供了 `intN_t` 类型，那么它是有符号的，用 2 的补码表示，宽度正好为 N 位，精度为 N−1。

这些类型都不能保证存在，但是为了方便设置 2 的幂，如果存在具有相应属性的类型，则必须提供 **`typedef`**。

要点 5.63　对于值 N = 8、16、32 和 64，如果具有所需属性的类型存在，则必须分别提供 `uintN_t` 和 `intN_t` 类型。

目前，平台通常提供 **`uint8_t`**、**`uint16_t`**、**`uint32_t`** 和 **`uint64_t`** 无符号类型，以及 **`int8_t`**、**`int16_t`**、**`int32_t`** 和 **`int64_t`** 有符号类型。它们的存在和范围可

以用宏来测试，**UINT8_MAX, ...** ，**UINT64_MAX** 用于无符号类型，**INT8_MIN, INT8_MAX**，**...**，**INT64_MIN** 和 **INT64_MAX** 用于有符号类型[练习 16]。

要对所请求类型的字面量进行编码，可以分别使用宏 **UINT8_C**，**...**，**UINT64_C**，和 **INT8_C**，**...**，**INT64_C**。例如，在 **uint64_t** 为 **unsigned long** 的平台上，**INT64_C(1)** 扩展为 1UL。

要点 5.64 对于提供的任何固定宽度类型，也提供了 **_MIN**（只用于有符号类型）、最大 **_MAX** 和字面量 **_C** 宏。

由于我们不知道这种固定宽度类型背后的类型，因此很难猜测 **printf** 和 **friends** 使用的正确格式说明符。头文件 **inttypes.h** 为此提供了宏。例如，对于 N = 64，为 **printf** 格式"%d"、"%i"、"%o"、"%u"、"%x" 和"%X" 分别提供了 **PRId64**、**PRIi64**、**PRIo64**、**PRIu64**、**PRIx64** 和 **PRIX64**。

```
uint32_t n = 78;
int64_t max = (-UINT64_C(1))>>1;     // 与 INT64_MAX 的值相同
printf("n is %" PRIu32 ", and max is %" PRId64 "\n", n, max);
```

如你所见，这些宏扩展为字符串字面量，这些字面量与其他字符串字面量组合成格式字符串。这肯定不是 C 编码选美比赛的最佳候选人。

5.7.7 浮点数据

虽然整数接近 ℕ（无符号）或 ℤ（有符号）这些数学概念，但浮点类型接近 ℝ（非复数）或 ℂ（复数）。它们与这些数学概念的区别有两个方面。首先，对于可以呈现什么有一个大小的限制。这类似于我们所看到的整型。例如，包含文件 **float.h** 拥有常量 **DBL_MIN** 和 **DBL_MAX**，它们为 **double** 提供最小值和最大值。但是请注意，这里 **DBL_MIN** 是严格大于 **0.0** 的最小数，最小的负 **double** 值是 **-DBL_MAX**。

但是实数（ℝ）在物理系统上表示时还有一个困难：它们可以无限扩张，比如值 1/3，在十进制表示中无限重复数字 3；或值 π，它是"杰出的"，因此可以在任何表示中无限扩展，而且不重复。

C 和其他编程语言通过切断扩展来处理这些困难。扩展被切断的位置是"浮动的"（顾名思义），并取决于所涉及数字的量级。

在一个稍微简化的视图中，浮点值通过以下值计算：

s Sign（±1）

e 指数，是个整数

$f_1, \ldots, f_p$ 值为 0 或 1, 尾数位

对于指数，我们有 $e_{min} \leqslant e \leqslant e_{max}$。$p$，尾数中的位数，叫作精度。浮点值由下公式给出：

[练习 16] 如果存在，所有这些宏的值都是由类型的属性规定的。可以考虑对这些值使用 N 中的封闭公式。

$$s \cdot 2^e \cdot \sum_{k=1}^{p} f_k 2^{-k}$$

值 p、emin 和 emax 依赖于类型，因此没有在每个数中明确地表示。它们可以通过诸如 **DBL_MANT_DIG**（对于 p，通常为 53）、**DBL_MIN_EXP**（e_{min}，-1021）和 **DBL_MAX_EXP**（e_{max}，1024）等宏来获得。

例如，如果我们有一个 $s = -1, e = -2, f_1 = 1, f_2 = 0, f_2 = 1$ 的数，它的值是

$$-1 \cdot 2^{-2} \cdot \left(f_1 2^{-1} + f_2 2^{-2} + f_2 2^{-3}\right) = -1 \cdot \frac{1}{4} \cdot \left(\frac{1}{2} + \frac{1}{8}\right) = -1 \cdot \frac{1}{4} \cdot \frac{4+1}{8} = \frac{-5}{32}$$

它对应于十进制值 `-0.15625`。从这个计算中，我们也可以看到浮点值总是可以表示为分母中有 2 的幂的分数 [练习 17]。

对于这种浮点表示法，需要记住的重要一点是，值可以在中间计算期间被截断。

要点 5.65 *浮点运算既不是结合运算，也不是交换运算，更不是分配运算。*

所以基本上，它们失去了我们做纯数学时惯用的所有好的代数特性。如果我们使用具有不同数量级的值进行操作，那么由此产生的问题特别明显 [练习 18]。例如，将指数小于 -p 的非常小的浮点值 x 与值 y>1 相加，只会再次返回 y。

因此，如果没有做进一步的调查，很难断言两个计算结果是否“相同”。这样的调查往往是前沿的研究问题，因此我们不能断言是否相等。我们只能说结果“很接近”。

要点 5.66 *永远不要比较浮点值是否相等。*

复数类型的表示非常简单，并且与对应的两个实数浮点类型的元素组成的数组相同。要访问复数的实数和虚数部分，头文件 `tgmath.h` 还附带了两个泛类型宏：**creal** 和 **cimag**。对于这三种复数类型中的任何 z，我们有 `z == creal(z) + cimag(z)*I` ⊖。

总结

- C 程序运行在一个抽象状态机中，该状态机一般与启动它的特定计算机无关。
- 所有基本的 C 类型都是各种数字，但不是所有的都可以直接用于算术运算。
- 值具有类型和二进制表示。
- 必要时，将值的类型进行隐式转换，以满足使用它们的特定位置的需要。
- 变量在首次使用前必须明确地初始化。
- 只要没有溢出，整数计算就会给出精确的值。
- 浮点计算只给出近似结果，这个结果是在一定数量的二进制数之后截取的。

[练习 17] 表示所有具有 e > p 的可表示浮点值都是 2^{e-p} 的倍数。

[练习 18] 打印如下表达式的结果：`1.0E -13 + 1.0 E-13` 和 `(1.0E -13 + (1.0E-13 + 1.0)) - 1.0`。

⊖ 我们将在 8.1.2 节中学习类似函数的宏。

Chapter 6 第6章

派生数据类型

本章涵盖了：

- ❑ 将对象分组到数组中
- ❑ 将指针用作不透明类型
- ❑ 将对象组合成结构
- ❑ 使用 **typedef** 为类型提供新的名称

C语言中的所有其他数据类型都是从我们现在知道的基本类型派生出来的。派生数据类型有四种策略。其中两个称为*聚合数据类型*，因为它们组合了一个或几个其他数据类型的多个实例：

- ❑ *数组*：这些组合项都具有相同的基类型（6.1节）。
- ❑ *结构*：这些组合项可能具有不同的基类型（6.3节）。

派生数据类型的其他两种策略涉及：

- ❑ *指针*：指向内存中对象的实体。

指针是目前为止最复杂的概念，我们将把对它们的详细讨论推迟到第11章。在6.2节中，我们将只把它们作为不透明数据类型来讨论，甚至没有提到它们达到的真正目的。

- ❑ *联合*：这些项是覆盖在相同内存位置的不同基类型的项。联合需要对C语言的内存模型有更深入的理解，在程序员的日常生活中用处不大，所以它们只在后面的12.2节中简单介绍。

第五种策略引入了类型的新名称：**typedef**（6.4节）。与前面四个不同，这并不在C语言的类型系统中创建新类型，而是为现有类型创建新名称。这样，它类似于使用 **#define** 定义宏，因此可以为该特性选择关键字。

6.1　数组

数组允许我们将相同类型的对象分组到一个封装对象中。我们稍后将看到指针类型（第11章），但是许多使用C语言的人对数组和指针比较困惑。这是完全正常的：数组和指针在C语言中是密切相关的，为了解释它们，我们面临着一个“先有鸡还是先有蛋”的问题，数组在很多上下文中看起来像指针，指针指向的是数组对象。我们选择了一种可能不同寻常的介绍顺序：我们将首先从数组开始，并在介绍指针之前尽可能长时间地使用它们。这对有些人来说可能是“错误的”，但是请记住，这里所陈述的一切都必须基于as-if规则（要点5.8）来看待：我们将首先以一种与C语言关于抽象状态机的假设一致的方式来描述数组。

要点6.1　数组不是指针。

稍后，我们将看到这两个概念是如何联系在一起的，但目前重要的是不带成见地阅读有关数组的这一章。否则，你更好地理解C语言的时机将延后。

6.1.1　数组声明

我们已经了解了如何声明数组：在另一个声明之后放置类似`[N]`这样的内容。例如：

```
double a[4];
signed b[N];
```

这里，a包含4个**double**类型的子对象，b包含N个**signed**类型的子对象。我们使用如下图表来可视化数组，其中包含一系列基类型的方框：

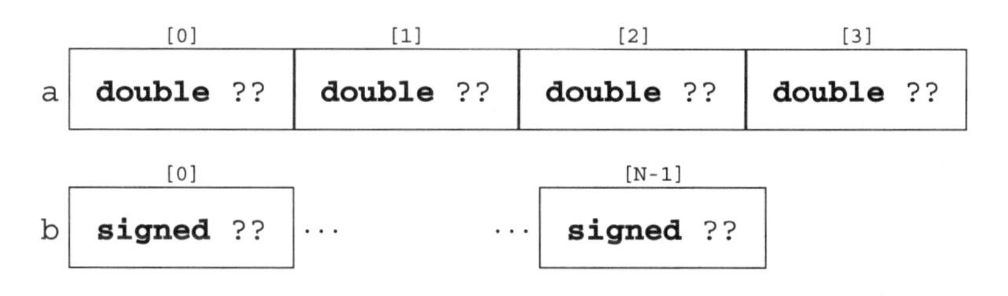

这里的点···表示在两个方框之间可能有未知数量的相似项。

组成数组的类型本身也可以是数组，从而形成**多维数组**[C]。因为`[]`与左边绑定，所以这些声明读起来有点困难。下面两个声明声明了类型完全相同的变量：

```
double C[M][N];
double (D[M])[N];
```

C和D都是数组类型**double**`[N]`的M的对象。这意味着我们必须按照从内到外的顺序读嵌套的数组声明来描述其结构：

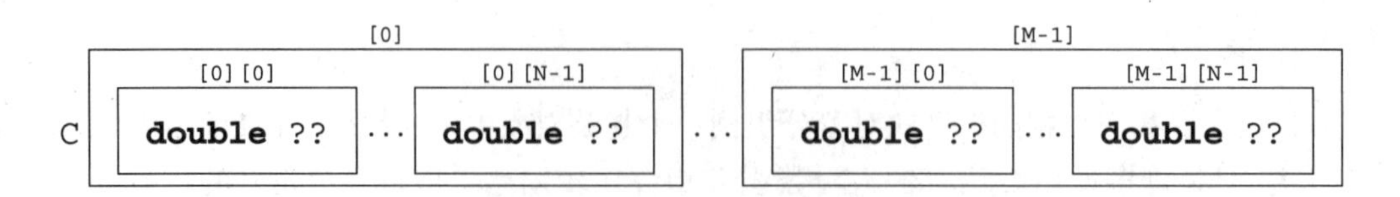

我们也看到了如何使用 `[]` 对数组元素进行访问和初始化。在前面的例子中，[0] 是一个 **double** 类型的对象，可以在任何我们想使用的地方使用，例如，一个简单的变量。正如我们所看到的，`C[0]` 本身就是一个数组，所以 `C[0][0]`，与 `(C[0])[0]` 一样，也是 **double** 类型的对象。

初始值设定可以使用*指定的初始化项*（也可使用 `[]` 符号）来选择进行初始化的特定位置。清单 5.1 中的示例代码包含了这样的初始值设定。在开发过程中，指定的初始化项相对于数组大小或位置的微小变化更有助于使我们的代码变得更加健壮。

6.1.2 数组操作

数组实际上只是不同类型的对象。

要点 6.2 *条件中的数组计算结果为* **true**。

这一事实来自*数组的衰减运算*，我们稍后会看到。另一个重要的属性是我们不能像计算其他对象那样计算数组。

要点 6.3 *有数组对象，但没有数组值。*

因此，数组不能是表 4.1 中值运算符的操作数，数组本身没有声明算术运算。

要点 6.4 *不能对数组进行比较。*

数组也不能位于表 4.2 中对象运算符的值的一侧。同样，大多数对象运算符不能将数组作为对象操作数，这要么是因为它们假定了算术运算，要么是因为它们有第二个值操作数，这个操作数也必须是一个数组。

要点 6.5 *不能分配数组。*

从表 4.2 中我们还知道只有 4 个运算符可以作为对象运算符在数组上使用。我们已经了解运算符 `[]`[⊖]。*数组衰减运算*、地址运算符 `&` 和 **sizeof** 运算符将在后面介绍。

6.1.3 数组长度

数组分为两类：**固定长度数组**[C]（FLA）和**可变长度数组**[C]（VLA）。第一个概念从一开始就出现在 C 语言中，这个特性与许多其他编程语言共享。第二个是在 C99 中引入的，相对于 C 来说比较独特，并且它在使用上有一些限制。

要点 6.6 *VLA 不能有初始化设定。*

⊖ 关于数组和 `[]` 的真正的 C jargon 故事要复杂一些。让我们用 **as-if** 规则（要点 5.8）来解释。所有 C 程序的行为就像 `[]` 直接应用于数组对象一样。

要点 6.7 VLA 不能在函数外声明。

让我们从另一个侧面来看看哪些数组实际上是 FLA，这样它们就不会受到这些限制。

要点 6.8 FLA 的长度由整型常量表达式（ICE）或初始化设定项决定。

第一个选项，在编译时通过 ICE(在 5.6.2 节中介绍过）知道了长度。ICE 没有类型限制：任何整型都可以。

要点 6.9 数组长度规定必须是正的。

另一个重要的特殊情况会导致 FLA：根本就没有长度规定。如果 `[]` 是空的，数组的长度是由它的初始化项决定的，如果有的话：

```
double E[] = { [3] = 42.0,  [2] = 37.0, };
double F[] = { 22.0,  17.0, 1, 0.5, };
```

这里，`E` 和 `F` 都是 `double[4]` 类型。因为这样的初始化项的结构总是可以在编译时确定，而不必知道项的值，因此数组仍然是 FLA。

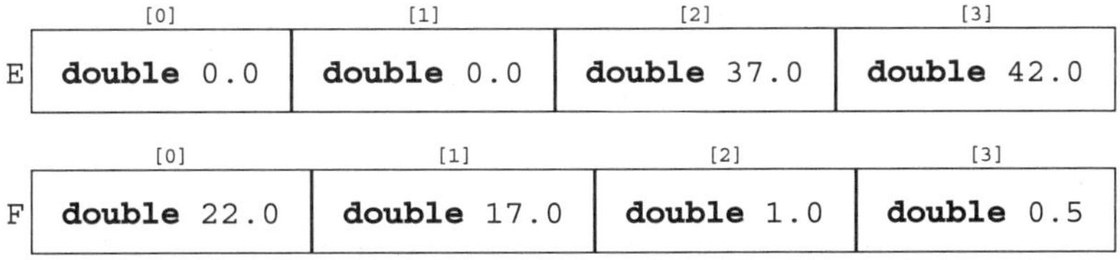

	[0]	[1]	[2]	[3]
E	**double** 0.0	**double** 0.0	**double** 37.0	**double** 42.0

	[0]	[1]	[2]	[3]
F	**double** 22.0	**double** 17.0	**double** 1.0	**double** 0.5

所有其他数组变量声明都指向 VLA。

要点 6.10 长度不是整型常量表达式的数组是 VLA。

数组的长度可以用 `sizeof` 运算符来计算[1]。该运算符提供了任意对象的大小，所以数组的长度可以用简单的除法来计算[2]。

要点 6.11 数组 A 的长度是（`sizeof A`）/（`sizeof A[0]`）。

也就是说，它是数组对象的总大小，除以任何数组元素的大小。

6.1.4 数组作为参数

另一种特殊情况是数组作为函数的参数。正如我们在 `printf` 原型中看到的，这些参数可能是空的 `[]`。由于这样的参数不可能有初始值设定，因此无法确定数组的维度。

要点 6.12 函数的数组参数的最内层维度丢失。

要点 6.13 不要对函数的数组参数使用 `sizeof` 运算符。

数组参数甚至更奇怪，因为我们不能生成数组值（要点 6.3），数组参数不能通过值传递，因此数组参数本身没有多大意义。

[1] 稍后我们将看到这种大小的度量单位是什么。

[2] 还要注意，`sizeof` 运算符有两种不同的语法形式。如果应用于对象，就像在这里看到的，它不需要圆括号，但如果应用于类型，则需要圆括号。

要点 6.14 数组参数的行为就好像数组是通过**引用传递**[C]的一样。

以清单 6.1 所示的例子为例。

清单 6.1 带有数组参数的函数

```
#include <stdio.h>

void swap_double(double a[static 2]) {
  double tmp = a[0];
  a[0] = a[1];
  a[1] = tmp;
}
int main(void) {
  double A[2] = { 1.0, 2.0, };
  swap_double(A);
  printf("A[0] = %g, A[1] = %g\n", A[0], A[1]);
}
```

这里，`swap_double(A)`将直接作用于数组`A`，而不是副本。因此，程序将交换`A`中两个元素的值。

> **挑战 6 线性代数**
>
> 使用数组的一些最重要的问题源于线性代数。
>
> 你能写出向量对向量的乘积或者矩阵对向量的乘积的函数吗？
>
> 你能写出矩阵求逆的 Gauß 排除或迭代算法吗？

6.1.5 字符串是特殊的

有一种特殊的数组我们已经遇到过好几次了，与其他数组相比，它甚至有字面值：**字符串**[C]。

要点 6.15 字符串是一个以 0 结尾的`char`数组。

也就是说，像“`hello`”这样的字符串总是比可看到的要多一个元素，其中包含值 0，所以这个数组的长度为 6。

与所有数组一样，不能给字符串赋值，但可以通过字符串字面值进行初始化。

```
char jay0[] = "jay";
char jay1[] = { "jay" };
char jay2[] = { 'j', 'a', 'y', 0, };
char jay3[4] = { 'j', 'a', 'y', };
```

这些都是等效的声明。请注意，并不是所有的`char`数组都是字符串，比如

```
char jay4[3] = { 'j', 'a', 'y', };
char jay5[3] = "jay";
```

这两个都是在 **'y'** 字符之后截断的，因此不是以 0 结尾的。

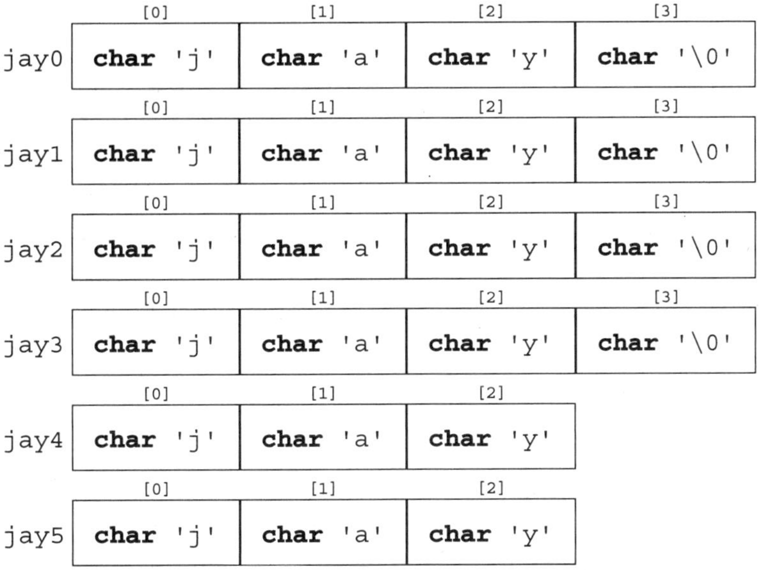

	[0]	[1]	[2]	[3]
jay0	**char** 'j'	**char** 'a'	**char** 'y'	**char** '\0'
jay1	**char** 'j'	**char** 'a'	**char** 'y'	**char** '\0'
jay2	**char** 'j'	**char** 'a'	**char** 'y'	**char** '\0'
jay3	**char** 'j'	**char** 'a'	**char** 'y'	**char** '\0'
jay4	**char** 'j'	**char** 'a'	**char** 'y'	
jay5	**char** 'j'	**char** 'a'	**char** 'y'	

我们刚刚看到了整型中字符串的基类型 **char**。它是一种窄整型，可用于对**基本字符集**[C]的所有字符进行编码。这个字符集包含了我们在 C 语言中用于编码的所有拉丁字母、阿拉伯数字和标点符号。它通常不包含特殊字符（例如 ä 和 á），以及来自完全不同的书写系统的字符。

现在绝大多数平台都使用美国标准信息交换码（ASCII）来对 **char** 类型的字符进行编码。只要置于基本字符集中，我们就不必知道特定的编码是如何工作的：所有工作都是在 C 及其标准库中完成的，它们透明地使用这种编码。

为了处理 **char** 数组和字符串，在头文件 string.h 附带的标准库中有一堆函数。那些只需要一个数组参数的函数名以 mem 开头，而另外一些则需要它们的参数以 str 开头。清单 6.2 使用了下面介绍的一些函数。

清单 6.2 使用一些字符串函数

```
1  #include <string.h>
2  #include <stdio.h>
3  int main(int argc, char* argv[argc+1]) {
4    size_t const len = strlen(argv[0]); // 计算长度
5    char name[len+1];                   // 创建一个 VLA
6                                        // 确保有一个位置为 0
7    memcpy(name, argv[0], len);         // 复制 name
8    name[len] = 0;                      // 确保有一个 0 字符
9    if (!strcmp(name, argv[0])) {
10     printf("program name \"%s\" successfully copied\n",
11            name);
```

```
12    } else {
13      printf("copying %s leads to different string %s\n",
14             argv[0], name);
15    }
16  }
```

可以对 **char** 数组进行操作的函数如下：

- **memcpy(target, source, len)** 可用于将一个数组复制到另一个数组。必须知道这些数组是不同的数组。要复制的字符个数必须作为第三个参数 **len** 给出。
- **memcmp(s0, s1, len)** 按字典顺序比较两个数组。也就是说，它首先扫描两个数组中恰好相等的初始段，然后返回两个数组中第一个不同字符之间的差异。如果在 **len** 之前没有发现不同的元素，则返回 0。
- **memchr(s, c, len)** 在数组 **s** 中搜索字符 **c** 是否出现。

接下来是字符串函数：

- **strlen(s)** 返回字符串 **s** 的长度。这只是第一个 0 字符的位置，而不是数组的长度。你有责任确保 **s** 确实是一个字符串：它是以 0 结尾的。
- **strcpy(target, source)** 的工作原理与 **memcpy** 类似。它只复制到 **source** 的字符串长度，因此不需要 **len** 参数。同样，**source** 必须是 0 结尾的。此外，**target** 必须足够大，以容纳复制的内容。
- **strcmp(s0, s1)** 按字典顺序比较两个数组，类似于 **memcmp**，但可能不用考虑某些语言特性。比较在 **s0** 或 **s1** 中遇到的第一个 0 字符处停止。同样，两个参数都必须以 0 结尾。
- **strcoll(s0, s1)** 根据特定于语言的环境设置，按字典顺序比较两个数组。我们将在 8.6 节中学习如何进行正确的设置。
- **strchr(s, c)** 与 **memchr** 相似，只是字符串 **s** 必须以 0 结尾。
- **strspn(s0, s1)** 返回 **s0** 中初始段的长度，该初始段所包含的字符也同样在 **s1** 中出现。
- **strcspn(s0, s1)** 返回 **s0** 中初始段的长度，该初始段所包含的字符并不在 **s1** 中出现。

要点 6.16 对非字符串使用字符串函数会有未定义的行为。

在现实生活中，这种误用的常见现象可能是：

- **strlen** 或类似的扫描函数需要很长时间，因为它们没有遇到 0 字符。
- 段违规，因为这类函数试图访问数组对象范围外的元素。
- 数据看起来是随机损坏的，因为函数将数据写在了不该写的地方。

换句话说，要小心，要确保所有的字符串确实是字符串。如果你知道字符数组的长度，但不知道它是否以 0 结尾，那么 **memchr** 和指针运算（见第 11 章）可以作为 **strlen** 的安全替代品。类似地，如果不知道字符数组是否是字符串，则最好使用 **memcpy** 复制它[练习1]。

在到目前为止的讨论中，我一直在向你隐藏一个重要的细节：函数的原型。对于字符串函数，它们可以写成

```
size_t strlen(char const s[static 1]);
char*  strcpy(char target[static 1], char const source[static 1]);
signed strcmp(char const s0[static 1], char const s1[static 1]);
signed strcoll(char const s0[static 1], char const s1[static 1]);
char* strchr(const char s[static 1], int c);
size_t strspn(const char s1[static 1], const char s2[static 1]);
size_t strcspn(const char s1[static 1], const char s2[static 1]);
```

除了 **strcpy** 和 **strchr** 的奇怪的返回类型，这看起来是合理的。参数数组是长度未知的数组，因此 `[static 1]` 对应于至少一个 **char** 类型的数组。**strlen**、**strspn** 和 **strcspn** 将返回大小，而 **strcmp** 将根据参数的排序顺序返回一个负值、0 或正值。

当我们看到数组函数的声明时，图片变暗了：

```
void* memcpy(void* target, void const* source, size_t len);
signed memcmp(void const* s0, void const* s1, size_t len);
void* memchr(const void *s, int c, size_t n);
```

你缺少关于指定为 **void*** 的项的知识。这些是指向未知类型对象的指针。只有在第 2 级的第 11 章中，我们才会了解指针和 **void** 类型这些新概念产生的原因和方式。

挑战 7　邻接矩阵

图 G 的邻接矩阵是一个矩阵 **A**，如果从节点 **i** 到节点 **j** 有一条弧，则该矩阵 **A** 在元素 **A[i][j]** 中保存一个值 **true** 或 **false**。

此时，你能使用邻接矩阵在图 G 中进行宽度优先搜索吗？你能找到连接的组件吗？你能找到一棵生成树吗？

挑战 8　最短路径

将图 G 的邻接矩阵的概念扩展到距离矩阵 **D**，该距离矩阵保存从点 **i** 到点 **j** 的距离。用一个非常大的值来标记缺失的直弧，例如 **SIZE_MAX**。

你能找到作为输入的两个节点 **x** 和 **y** 之间的最短路径吗？

6.2 指针作为不透明类型

我们现在已经看到指针的概念在几个地方出现了，特别是作为 **void*** 参数和返回类

[练习1] 使用 **memchr** 和 **memcmp** 实现 **strcmp** 版本的边界检查。

型，以及作为 **char const*const** 来操作对字符串字面值的引用。它们的主要特性是不直接包含我们感兴趣的信息，而是引用或指向数据。C 的指针语法总是有一个特殊的 * 号：

```
char const*const p2string = "some text";
```

可以将其想象为这样：

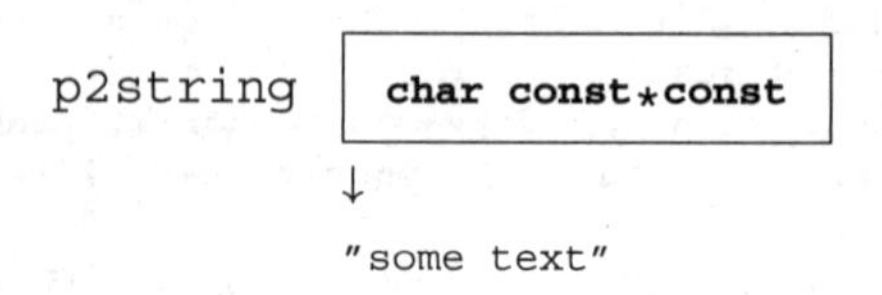

将其与之前的数组 **jay0** 进行比较，后者本身包含我们希望它表示的字符串的所有字符：

```
char jay0[] = "jay";
```

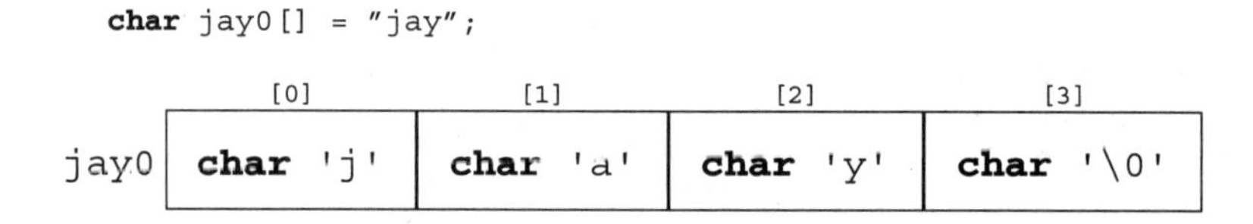

在第一次探索中，我们只需要知道指针的一些简单属性。指针的二进制表示完全取决于平台，与我们无关。

要点 6.17 指针是不透明的对象。

这意味着我们只能通过 C 语言允许的操作来处理指针。正如我所说，这些操作中的大部分将在以后介绍。在第一次尝试中，我们只需要初始化、赋值和计算。

指针区别于其他变量的一个特殊属性是其状态。

要点 6.18 指针是合法的、空的或未指定的。

例如，变量 **p2string** 总是合法的，因为它指向字符串字面量 **"some text"**，而且，由于第二个 **const**，这种关联永远不能更改。

任何指针类型的空状态都对应于我们的老朋友 **0**，有时它的假名是 **false**。

要点 6.19 用 0 初始化或赋值使指针为空。

以下面为例：

```
char const*const p2nothing = 0;
```

我们把这种特殊情况想象成这样：

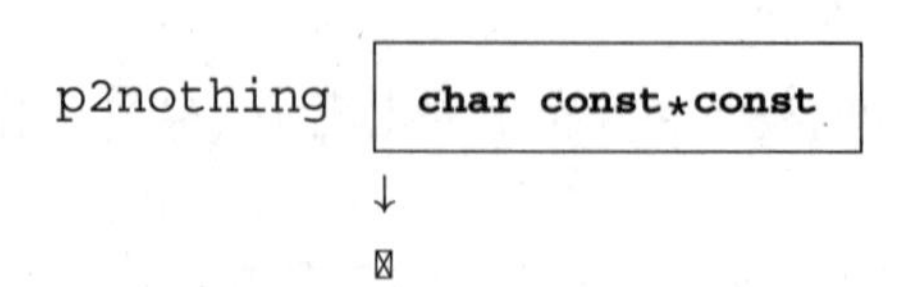

注意，这与指向空字符串不同：

```
char const*const p2empty = "";
```

```
p2empty  [char const*const]
                ↓
                ""
```

通常，我们将处于空状态的指针称为**空指针**[C]。令人惊讶的是，处理空指针实际上是一个特性。

要点 6.20　在逻辑表达式中，如果指针为空，则其值为 **false**。

注意，这样的测试无法区分有效指针和未指定指针。因此，指针真正的“坏”状态是未指定，因为这种状态是不可观察的。

要点 6.21　未指定的指针会导致未定义的行为。

一个未指定指针的例子如下：

```
char const*const p2invalid;
```

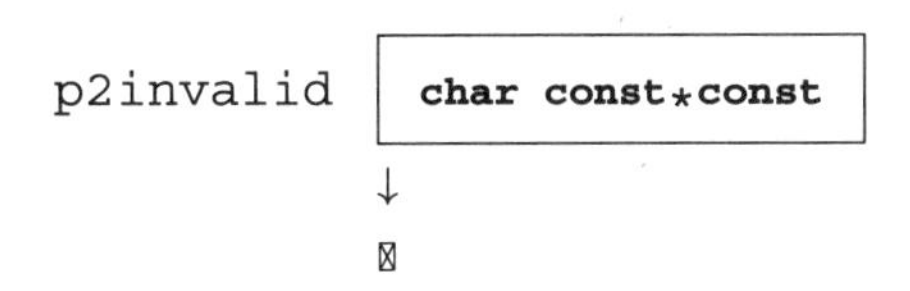

因为它未初始化，所以它的状态是未指定，任何对它的使用都会对你造成伤害，并使你的程序处于未定义的状态（要点 5.55）。因此，如果不能确保指针是合法的，我们必须至少确保它被设置为空。

要点 6.22　总是要初始化指针。

6.3　结构

正如我们所看到的，数组将几个基类型相同的对象组合成一个更大的对象。如果第一个、第二个……元素是可接受的，我们想把它们所代表的信息结合起来，这样做是完全有意义的。如果不是，或者如果我们必须要组合不同类型的对象，那么结构，由关键字 **struct** 引入的结构就要发挥作用了。

作为第一个例子，让我们回顾一下 5.6.2 节中的 corvids。在那里，我们使用了枚举类型的技巧来跟踪对数组的各个元素的解释。通过给在一个集合体中所谓的成员（或字段）命名，C 结构提供了一种更系统的方法：

```
struct birdStruct {
  char const* jay;
  char const* magpie;
  char const* raven;
  char const* chough;
};
struct birdStruct const aName = {
  .chough = "Henry",
  .raven = "Lissy",
  .magpie = "Frau",
  .jay = "Joe",
};
```

也就是说，从第 1 行到第 6 行，我们有一个新类型的声明，用 **struct birdStruct** 表示。这个结构有四个**成员**[C]，它们的声明看起来与普通的变量声明完全一样。因此，这里不是声明绑定在数组中的四个元素，而是命名不同的成员并给它们声明类型。这种结构类型的声明只解释了该类型，它（还）不是那种类型对象的声明，更不是这种对象的定义。

然后，从第 7 行开始，我们声明并定义了一个新类型的变量（称为 **aName**）。在初始值设定和以后的使用中，各个成员是使用点（.）符号来指定的。与 5.6.1 节中的 **bird[raven]** 不同，对于数组，我们使用 **aName.raven** 作为结构：

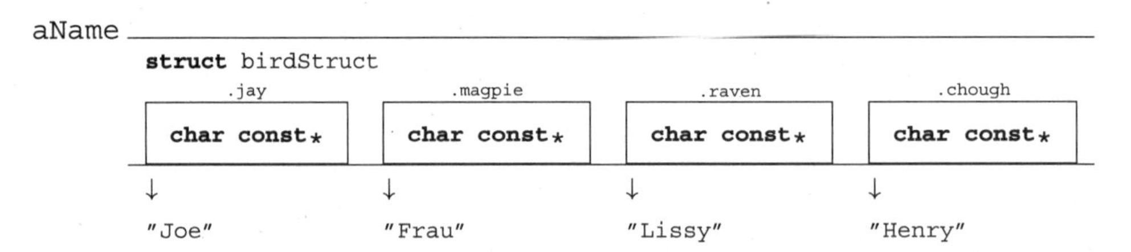

请注意，在本例中，各个成员同样只指向字符串。例如，成员 **aName.magpie** 指的是位于方框外且不被视为 **struct** 自身一部分的实体 **"Frau"**。

现在，作为第二个示例，让我们看一种组织时间戳的方法。日历时间是一种复杂的计数方式，以年、月、日、分、秒为单位。不同的时间段（如月份或年份）可以有不同的长度，等等。组织此类数据的一种可能的方法是数组：

```
typedef int calArray[9];
```

	[0]	[1]	[3]	[4]		[8]
calArray	**int** ??	**int** ??	**int** ??	**int** ??	···	**int** ??

这种数组类型的使用可能产生歧义：我们是将年份存储在元素 **[0]** 还是 **[5]** 中？为了避免歧义，我们可以再次使用 **enum** 技巧。但是 C 标准选择了一种不同的方式。在 **time.h** 中，它使用了 **struct**，如下所示：

```
struct tm {
  int tm_sec;   // 分钟后的秒数              [0, 60]
  int tm_min;   // 小时后的分钟数            [0, 59]
  int tm_hour;  // 子夜后的小时数            [0, 23]
  int tm_mday;  // 月的天数                  [1, 31]
  int tm_mon;   // 从一月份算起的月数        [0, 11]
  int tm_year;  // 从 1900 年算起的年数
  int tm_wday;  // 从星期日算起的天数        [0, 6]
  int tm_yday;  // 从一月份算起的天数        [0, 365]
  int tm_isdst;// 夏令时标志
};
```

这个 **struct** 已经命名了成员，例如 **tm_sec** 表示秒，**tm_year** 表示年。对日期进行编码，例如

```
0     > LC_TIME=C date -u
1    Wed Apr  3 10:00:47 UTC 2019
```

相对简单：

yday.c

```
29    struct tm today = {
30      .tm_year = 2019-1900,
31      .tm_mon  = 4-1,
32      .tm_mday = 3,
33      .tm_hour = 10,
34      .tm_min  = 0,
35      .tm_sec  = 47,
36    };
```

这将创建 **struct tm** 类型的变量，并使用适当的值初始化其成员。结构中成员的顺序或位置通常并不重要：在成员名称前面加上点就足以指定相应数据的位置。

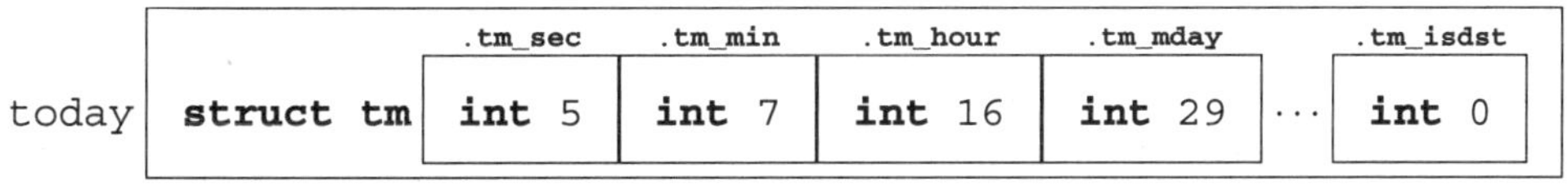

```
                     .tm_sec   .tm_min   .tm_hour   .tm_mday       .tm_isdst
today  struct tm  | int 5 | int 7 | int 16 | int 29 | ··· | int 0 |
```

请注意，与 calArray 相比，today 的可视化有一个额外的“方框”。实际上，适当的 **struct** 类型创建了额外的抽象级。这个 **struct tm** 是 C 类型系统中的一个合适的类型。

访问结构的成员同样简单，使用类似的 . 语法：

yday.c

```
37    printf("this year is %d, next year will be %d\n",
38           today.tm_year+1900, today.tm_year+1900+1);
```

对成员的引用，如 `today.tm_year`，可以像相同基类型的任何变量那样出现在表达式中。

struct tm 中还有三个成员在初始化值列表中甚至没有提及：**tm_wday**、**tm_yday** 和 **tm_isdst**。因为我们没有提到它们，所以它们被自动设置为 0。

要点 6.23 *省略的 **struct** 初始值设定强制对应的成员为 0。*

这甚至可以发展到一种极端情况，即除了一个成员外，其他所有成员都被初始化了。

要点 6.24 ***struct** 的初始值设定必须至少初始化一个成员。*

在前面（要点 5.37），我们看到有一个默认的初始值设定适用于所有数据类型：`{0}`。

因此，当我们像这样初始化 **struct tm** 时，数据结构是不一致的。**tm_wday** 和 **tm_yday** 成员没有与其他成员的值相对应的值。将此成员设置为与其他成员一致的值的函数类似于这样：

yday.c

```
19 struct tm time_set_yday(struct tm t) {
20   // tm_mdays 从 1 开始。
21   t.tm_yday += DAYS_BEFORE[t.tm_mon] + t.tm_mday - 1;
22   // 请注意闰年
23   if ((t.tm_mon > 1) && leapyear(t.tm_year+1900))
24     ++t.tm_yday;
25   return t;
26 }
```

它使用当前成员 **tm_day** 之前的月份的天数，以及闰年的最终修正值来计算一年中的天数。这个函数的一个特殊性对我们当前的级别来说很重要：它只修改函数参数的成员 **t**，而不修改原始对象的成员。

要点 6.25 ***struct** 参数是通过值来传递的。*

为了跟踪变化，我们必须将函数的结果重新分配给原始值：

yday.c

```
39   today = time_set_yday(today);
```

稍后，使用指针类型，我们将看到如何克服函数的这种限制，但是我们现在还没有做到。这里我们看到对于所有结构类型，赋值运算符 = 被很好地定义了。不幸的是，比较运算符并没有定义。

要点 6.26 *可以使用 = 对结构进行赋值，但不能使用 == 或 != 进行比较。*

清单 6.3 显示了使用 **struct tm** 的完整示例代码。它不包含 **struct tm** 的声明，因为这通过标准头文件 **time.h** 提供了。现在，对每个成员所选择的类型可能不同。但是在 C 语言中，很多时候我们必须坚持多年前做出的设计决策。

清单 6.3 处理 struct tm 的示例程序

```
1  #include <time.h>
2  #include <stdbool.h>
3  #include <stdio.h>
4
5  bool leapyear(unsigned year) {
6    /* 所有能被 4 整除的年份都是闰年，
7       除非它们开启了新世纪，
8       并且不能被 400 整除。
9    return !(year % 4) && ((year % 100) || !(year % 400));
10 }
11
12 #define DAYS_BEFORE                                    \
13 (int const[12]){                                       \
14   [0] = 0, [1] = 31, [2] = 59, [3] = 90,             \
15   [4] = 120, [5] = 151, [6] = 181, [7] = 212,        \
16   [8] = 243, [9] = 273, [10] = 304, [11] = 334,      \
17 }
18
19 struct tm time_set_yday(struct tm t) {
20   // tm_mdays 从 1 开始。
21   t.tm_yday += DAYS_BEFORE[t.tm_mon] + t.tm_mday - 1;
22   // 请注意闰年
23   if ((t.tm_mon > 1) && leapyear(t.tm_year+1900))
24     ++t.tm_yday;
25   return t;
26 }
27
28 int main(void) {
29   struct tm today = {
30     .tm_year = 2019-1900,
31     .tm_mon  = 4-1,
32     .tm_mday = 3,
33     .tm_hour = 10,
34     .tm_min  = 0,
35     .tm_sec  = 47,
36   };
37   printf("this year is %d, next year will be %d\n",
38          today.tm_year+1900, today.tm_year+1900+1);
39   today = time_set_yday(today);
40   printf("day of the year is %d\n", today.tm_yday);
41 }
```

要点 6.27 结构布局是一项重要的设计决策。

几年之后，当所有使用结构的现有代码几乎不可能适应新的形势时，你可能会对自己的设计感到后悔。

struct 的另一个用途是将不同类型的对象分组到一个更大的封闭对象中。同样，对于以纳秒粒度处理时间，C 标准已经做出了这样的选择：

```
struct timespec {
  time_t tv_sec; // 整秒≥ 0
```

```
    long  tv_nsec; // 纳秒   [0, 999999999]
};
```

struct timespec	.tv_sec time_t ??	.tv_nsec long ??

这里我们看到表 5.2 中的不透明类型 **time_t** 表示秒，**long** 表示纳秒⊖。再次强调，做出这一选择是有历史原因的。现在选择的类型可能会有点不同。要计算两个 **struct timespec** 时间之间的差值，我们可以很容易地定义一个函数。

虽然函数 **difftime** 是 C 标准的一部分，但是在这里的功能非常简单，并不基于特定平台的属性。因此，任何需要的人都可以很容易地实现它[练习 2]。

除了 VLA 之外的任何数据类型都可以作为结构中的成员。因此结构也可以嵌套，一个 **struct** 的成员可以是（另一个）**struct** 类型，小的封闭结构甚至可以在大的结构里声明：

```
struct person {
  char name[256];
  struct stardate {
    struct tm date;
    struct timespec precision;
  } bdate;
};
```

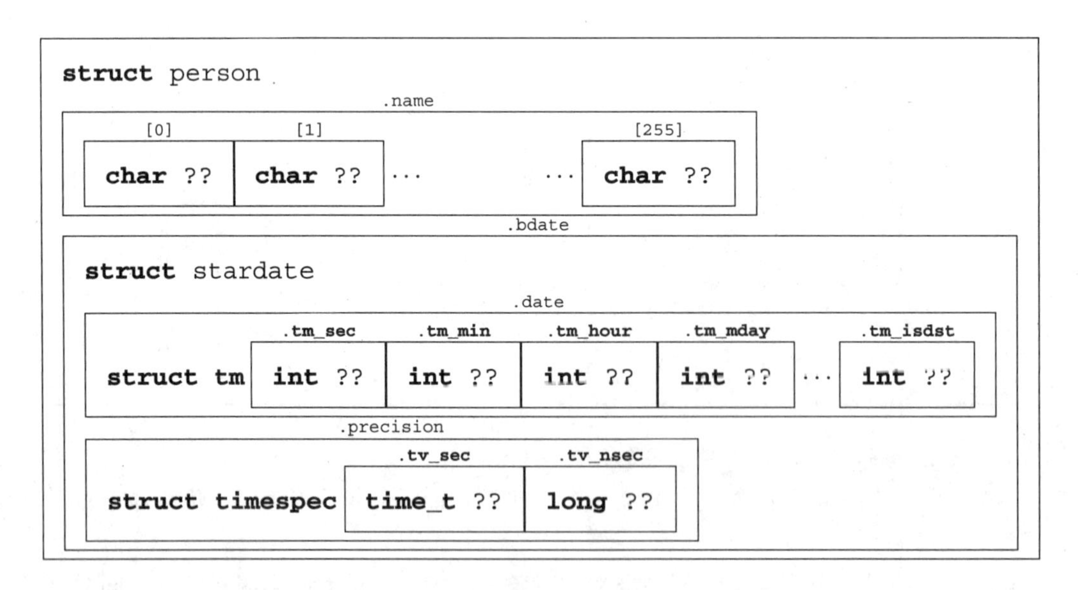

声明 **struct stardate** 的可见性与 **struct person** 的可见性相同。**struct** 本身

⊖ 不幸的是，甚至 **time_t** 的语义在这里也是不同的。特别是 **tv_sec** 也可以用在算术运算中。

[练习 2] 编写一个函数 timespec_diff，计算两个 **timespec** 值之间的差值。

（此处为 person）没有为在最外层 **struct** 声明 **{}** 中定义的 **struct**（此处为 stardate）定义新的作用域。这可能与其他编程语言（如 C++）的规则有很大的不同。

要点 6.28　*嵌套声明中的所有* **struct** *声明具有相同的可见范围。*

也就是说，如果前面嵌套的 **struct** 声明在全局出现，那么这两个 **struct** 对于整个 C 文件都是可见的。如果它们出现在函数中，则它们的可见性被局限在它们所在的 **{}** 块中。

因此，更适当的版本如下：

```
struct stardate {
  struct tm date;
  struct timespec precision;
};
struct person {
  char name[256];
  struct stardate bdate;
};
```

这个版本把所有的 **struct** 都放在同一级上，因为不管怎样，它们最终都在那里。

6.4　类型的新名称：类型别名

正如我们在前一章中看到的，结构不仅引入了一种将不同信息聚合到一个单元中的方法，而且还引入了一个新的类型名称。由于历史的原因（再一次！），我们为结构引入的名称必须总是在前面加上关键字 **struct**，这使得它的使用有些笨拙。而且，由于如果忘记了 **struct** 关键字，编译器会抛出一个无法理解的错误，这让 C 语言的许多初学者在这里遇到了困难。

有一个通用的工具可以帮助我们避免这种情况，它为一个现有的类型提供一个象征性的名称：**typedef**。使用它，一个类型可以有多个名称，我们甚至可以重新使用我们在结构声明中使用的***标记名称*** [C]：

```
typedef struct birdStruct birdStructure;
typedef struct birdStruct birdStruct;
```

这样，**struct birdStruct**、**birdStruct** 和 **birdStructure** 都可以互换使用。我最喜欢用下面这种方式来使用这个功能：

```
typedef struct birdStruct birdStruct;
struct birdStruct {
  ...
};
```

也就是说，在 **struct** 声明之前添加使用了完全相同名称的 **typedef**。这样是可以正常工作的，因为在 `struct` 与下列名称的组合中，**标记**[C] 始终合法，它是结构的**前向声明**[C]。

要点 6.29 使用与标记名相同的标识符在 `typedef` 中前置声明一个 `struct`。

默认情况下，C++ 遵循类似的方法，所以这种策略将使你的代码更容易被他人阅读。

除了用于结构，`typedef` 机制也可以用于类型。对于数组，它看起来是这样的

```
typedef double vector[64];
typedef vector vecvec[16];
vecvec A;
typedef double matrix[16][64];
matrix B;
double C[16][64];
```

这里，`typedef` 仅为现有类型引入一个新名称，因此 `A`、`B` 和 `C` 具有完全相同的类型：`double[16][64]`。

要点 6.30 `typedef` 仅为类型创建别名，但从不创建新类型。

C 标准也在内部大量使用 `typedef`。我们在 5.2 节中看到的诸如 `size_t` 之类的语义整型就是用这种机制声明的。对于 `typedef`，标准通常使用以 `_t` 结尾的名称。这种命名约定确保在标准的升级版本中引入此类名称不会与现有代码冲突。所以你不应该在代码中自己引入这样的名称。

要点 6.31 以 `_t` 结尾的标识符名称被保留。

总结

- 数组将同一基类型的多个值组合到一个对象中。
- 指向其他对象的指针为空或未指定。
- 结构将不同基类型的值组合到一个对象中。
- `typedef` 为现有类型提供新的名称。

第7章 Chapter 7

函　　数

本章涵盖了：

- ❑ 简单函数的介绍
- ❑ 使用 **main**
- ❑ 理解递归

我们已经看到了C为条件执行提供的不同方法：根据一个值，选择程序的一个分支继续执行。可能“跳转”到程序代码的另一部分（例如，跳转到 **else** 分支）的原因是依赖于运行时数据的运行时决策。本章首先讨论了无条件地将控制权转移到代码的其他部分的方法：它们本身不需要任何运行时数据来决定将控制权转移到哪里。

到目前为止，我们看到的代码示例经常使用C库中的函数，这些函数提供了我们不希望（或无法）自己实现的特性，例如 **printf** 用于打印，**strlen** 用于计算字符串的长度。这种函数概念背后的思想是，它们一次性地实现了某个特性，然后我们可以在自己的代码中依赖该特性。

我们已经见过的一个函数是 **main** 函数，它是程序执行的入口点。本章中，我们将学习如何自己编写函数，这些函数可以提供类似于C库中函数的功能。

激发函数概念的主要原因是模块化和代码分解：

- ❑ 函数避免了代码重复。特别是，如果你修改了某个功能，它可以避免很容易引入的复制粘贴错误，还可以减少在多个地方进行编辑的工作。因此，函数增加了可读性和可维护性。
- ❑ 函数的使用减少了编译时间。封装在函数中的给定代码段只编译一次，而不是在使用它的每个点上都去编译。

- 函数简化了以后代码的重用。一旦我们将代码提取到一个提供特定功能的函数中，就可以很容易地将其应用到其他地方，而这些地方在我们实现该函数时甚至都没有想到。
- 函数提供了清晰的接口。函数参数和返回类型明确地指定了流入和流出计算过程的数据的来源和类型。此外，函数允许我们为计算过程指定恒定的变量：前置和后置条件。
- 函数提供了一种自然的方法来构成使用中间值“堆栈”的算法。

除了函数，C 还有其他无条件转移控制的方法，这些方法主要用于处理错误状态或来自常见控制流的其他形式的异常：

- **exit**、**_Exit**、**quick_exit** 和 **abort** 终止程序的执行（参见 8.7 节）。
- **goto** 在函数体中传递控制（参见 13.2.2 节和 14.5 节）。
- 可以使用 **setjmp** 和 **longjmp** 无条件地返回调用的上下文（参见 17.5 节）。
- 执行环境中的某些事件或对函数 **raise** 的调用可能会引起将控制传递给专用函数（信号处理程序）的信号。

7.1 简单函数

我们已经使用了很多函数，并看到了它们的一些声明（例如在 6.1.5 节中）和定义（如清单 6.3）。在所有这些函数中，括号 `()` 都起着重要的语法作用。它们用于函数声明和定义，以封装参数声明列表。对于函数调用，它们保存具体调用的参数列表。这种语法角色类似于数组的 `[]`：在声明和定义中，它们包含相应维度的大小。像 `A[i]` 这样的命名，它们用于指示数组中被访问元素的位置。

到目前为止，我们看到的所有函数都有一个**原型**[C]：它们的声明和定义，包括一个参数类型列表和一个返回类型。要了解这一点，让我们回顾一下清单 6.3 中的 `leapyear` 函数：

yday.c

```
 5  bool leapyear(unsigned year) {
 6    /* 所有能被 4 整除的年份都是闰年,
 7       除非它们开启了新世纪,
 8       并且不能被 400 整除。
 9    return !(year % 4) && ((year % 100) || !(year % 400));
10  }
```

该函数的声明（没有定义）可以如下所示：

```
bool leapyear(unsigned year);
```

或者，我们甚至可以省略参数的名称，并且 / 或添加存储说明符 **extern**[⊖]：

⊖ 有关关键字 **extern** 的更多详细信息，请参见 13.2 节。

```
extern bool leapyear(unsigned);
```

对于这样的声明，重要的是编译器可以看到参数类型和返回类型，因此这里函数的原型是“*函数接收* **unsigned** *参数并返回* **bool** *值*”。

有两个使用关键字 **void** 的特殊约定：

- 如果要调用的函数没有参数，那么用关键字 **void** 替换参数列表，就像我们的第一个示例（清单 1.1）中的 **main** 一样。
- 如果函数没有返回值，那么返回类型被指定为 **void**：例如，swap_double。

这样的原型可以帮助编译器在需要调用函数的地方准备就绪。它只需要知道函数期望的参数。请看以下内容：

```
extern double fbar(double);

...
double fbar2 = fbar(2)/2;
```

这里，调用 **fbar(2)** 与函数 **fbar** 的预期不直接兼容：它想要一个 **double**，但接收了一个 **signed int**，但是因为调用代码知道这一点，所以它可以在调用函数之前将 **signed int** 参数 2 转换成 **double** 值 **2.0**。在表达式中使用返回值也是如此：调用者知道返回类型是 **double**，因此对结果表达式应用浮点除法。

C 有过时的方法来声明没有原型的函数，但是在这里你不会看到它们。你不应该使用它们，它们将在以后的版本中被淘汰。

要点 7.1 *所有函数都必须有原型。*

该规则的一个显著例外是可以接收不同数量参数的函数，例如 **printf**。它们使用一种参数处理机制，称为可***变参数列表***[C]，这由头文件 stdargs.h 提供。

我们将在后面（16.5.2 节）看到它是如何工作的，但无论如何都要避免使用这一功能。根据你使用 **printf** 的经验，你可以想象出为什么这样的接口会带来困难。作为调用代码的程序员，你必须通过提供正确的 **"%XX"** 格式说明符来确保一致性。

在函数的实现过程中，我们必须注意为所有具有非 **void** 返回类型的函数提供返回值。在一个函数中可以有多个 **return** 语句：

要点 7.2 *函数只有一个入口，但可以有多个* **return**。

函数中的所有 **return** 必须与函数声明一致。对于需要返回值的函数，所有的 **return** 语句必须包含一个表达式，不需要返回值的函数不能包含表达式。

要点 7.3 *函数的* **return** *必须与其类型一致。*

但是，调用端的参数规则也适用于返回值。具有可转换为预期返回类型的类型的值将在返回发生之前转换。

如果函数类型为 **void**，则 **return**（没有表达式）甚至可以省略：

要点 7.4 到达函数块 {} 的末尾相当于没有表达式的 **return** 语句。

因为返回值的函数可能有一个不确定的值要返回，所以此结构只允许不返回值的函数：

要点 7.5 只有 **void** 函数才允许到达函数块 {} 的末尾。

7.2 main 是特殊的函数

也许你注意到了 **main** 的一些特殊之处。作为程序的入口点，它有一个非常特殊的角色：它的原型由 C 标准强制执行的，但是它是由程序员实现的。作为运行时系统和应用程序之间的枢纽，**main** 必须遵守一些特殊的规则。

首先，为了满足不同的需求，它有几个原型，其中一个必须实现。这两种方法始终是可行的：

```
int main(void);
int main(int argc, char* argv[argc+1]);
```

另外，任何 C 平台都可以提供其他接口。有两种变体比较常见：

- 在一些嵌入式平台上，如不期望 **main** 返回运行时系统，那么返回类型可以是 **void**。
- 在许多平台上，第三个参数可以访问“环境”。

你不应该依赖这种其他形式的存在。如果你想编写可移植的代码（你确实是这样做的），请坚持使用两个“官方”的形式。对于这些，**int** 的返回值向运行时系统指示执行是否成功：**EXIT_SUCCESS** 或 **EXIT_FAILURE** 的值将从程序员的角度指示执行是成功还是失败。只有这两个值可以保证在所有平台上都能正常工作。

要点 7.6 使用 **EXIT_SUCCESS** 和 **EXIT_FAILURE** 作为 **main** 的返回值。

另外，**main** 有一个特殊的例外，即它不需要明确的 **return** 语句：

要点 7.7 到达 **main** 的末尾相当于用 **EXIT_SUCCESS** 值 **return**。

就我个人而言，我不太喜欢这种没有实际效果的例外，它们只是让有关程序的争论更加复杂。

库函数的 **exit** 与 **main** 有特殊的关系。顾名思义，对 **exit** 的调用将终止程序。原型如下：

```
_Noreturn void exit(int status);
```

这个函数会像 **main** 函数的 **return** 一样终止程序。status 参数的作用与 **main** 中的返回表达式一样。

要点 7.8 调用 **exit(s)** 相当于计算 **main** 中的 **return**。

我们还看到 **exit** 的原型很特殊，因为它有一个 **void** 类型。就像 **return** 语句一样，

exit 永远不会失败。

要点 7.9 **exit** 永远不会失败，也永远不会返回其调用端。

后者由特殊的关键字 **_Noreturn** 表示。此关键字应该仅用于此类特殊函数。甚至还有一个漂亮的打印版本，宏 **noreturn**，它来自头文件 stdnoreturn.h。

main 的第二个原型中还有另一个特性：argv，命令行参数的向量。我们看到了一些示例，它们使用这个向量将命令行中的值传递给程序。例如，在清单 3.1 中，这些命令行参数被解释为程序的 **double** 数据：

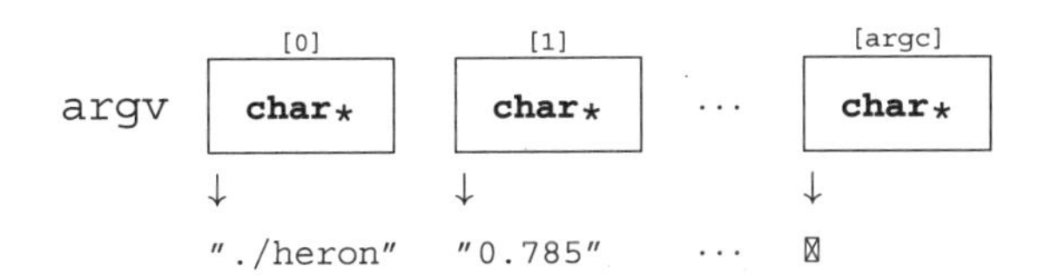

对于 i = 0, . . . , argc，每个 argv[i] 都是一个指针，与前面遇到的指针类似。作为一个简单的近似，我们可以把它们看作字符串。

要点 7.10 所有的命令行参数都作为字符串传递。

这个由我们来解释。在本例中，我们选择函数 **strtod** 来解码存储在字符串中的双精度浮点值。

在 argv 字符串中，有两个元素保存特殊的值：

要点 7.11 在 **main** 的参数中，argv[0] 保存调用的程序的名称。

对于程序名应该是什么并没有严格的规定，但通常是可执行程序的名称。

要点 7.12 在 **main** 的参数中，argv[argc] 为 0。

在 argv 数组中，最后一个参数总可以使用这个属性来标识，但是这个特性不是很有用：我们有 argc 来处理这个数组。

7.3 递归

函数的一个重要特性是封装：局部变量只在我们离开函数之前是可见的和活动的，要么是通过明确的 **return**，要么是因为执行到了函数块的最后一个大括号。它们的标识符（名称）与其他函数中的其他类似的标识符不冲突，并且一旦我们离开该函数，我们留下的所有混乱都会被清理掉。

更好的方法是：每当调用一个函数，即使是之前调用过的函数，都会创建一组新的局部变量（包括函数参数），这些局部变量都是新初始化的。如果我们新调用了一个函数，而另一个调用在调用函数的层次结构中仍然是活动的，那么这也适用。直接或间接调用自身的函数称为*递归函数*，这个概念称为*递归*。

递归函数对于理解 C 函数是至关重要的：它们演示和使用了函数调用模型的主要特性，

并且只有使用这些特性时才具有完整的功能。作为第一个例子，我们将研究使用 Euclid 算法来实现计算两个数的最大公约数（gcd）：

euclid.h

```
 8 size_t gcd2(size_t a, size_t b) {
 9   assert(a <= b);
10   if (!a) return b;
11   size_t rem = b % a;
12   return gcd2(rem, a);
13 }
```

如你所见，这个函数很短，而且看起来很不错。但是为了理解它是如何工作的，我们需要彻底地理解函数是如何工作的，以及我们如何将数学语句转换成算法。

给定两个整数 $a, b > 0$，gcd 被定义为能同时被 a 和 b 整除的最大整数 $c > 0$，公式如下：

$$\gcd(a, b) = \max\{c \in \mathbb{N} \mid c|a \text{ and } c|b\}$$

如果我们还假设 $a < b$，我们很容易看到两个递归公式成立：

$$\gcd(a, b) = \gcd(a, b - a) \tag{7.1}$$

$$\gcd(a, b) = \gcd(a, b\%a) \tag{7.2}$$

也就是说，如果我们减去较小的整数或者用另一个数的模替换两者中较大的整数，gcd 不会改变。从古希腊数学以来，这些公式就被用来计算 gcd。它们通常归功于 Euclid（Εὐκλείδης, 约公元前 300 年），但也可能在他之前就已经知道了。

我们的 C 函数 `gcd2` 使用方程（7.2）。首先（第 9 行），它检查是否满足执行此函数的前提条件：第一个参数是否小于或等于第二个参数。它通过使用 `assert.h` 中的 **`assert`** 宏来实现这一点。如果函数是使用不满足该条件的参数调用的（我们将在 8.7 节中看到对 **`assert`** 的更多解释），那么将中止程序，并附有一条内容丰富的信息。

要点 7.13 *使函数的所有前提条件都明确。*

然后，第 10 行检查 `a` 是否为 `0`，如果是的话，返回 `b`。这是递归算法中一个重要的步骤：

要点 7.14 *在递归函数中，首先检查终止条件。*

缺失终止检查会导致无限递归。函数会反复调用自身的新副本，直到所有系统资源耗尽，程序崩溃。在拥有大量内存的现代系统中，这可能需要一些时间，在此期间系统将完全没有响应。你最好不要尝试。

否则，我们计算 `b` 取模 `a` 的余数 `rem`（第 11 行）。然后用 `rem` 和 `a` 递归调用该函数，并直接返回该函数的返回值。

图 7.1 显示了从初始调用 `gcd2(18,30)` 发出的不同递归调用的示例。这里，递归走到四级深。每级使用变量 `a`、`b` 和 `rem` 自己的副本。

```
Call level 0
a = 18
b = 30
!a ⟹ false
rem = 12
gcd2(12, 18)   ⟹
                   Call level 1
                   a = 12
                   b = 18
                   !a ⟹ false
                   rem = 6
                   gcd2(6, 12)   ⟹
                                     Call level 2
                                     a = 6
                                     b = 12
                                     !a ⟹ false
                                     rem = 0
                                     gcd2(0, 6)   ⟹
                                                      Call level 3
                                                      a = 0
                                                      b = 6
                                                      !a ⟹ true
                                                ⟸ 6   return 6
                               ⟸ 6   return 6
               ⟸ 6   return 6
return 6
```

图 7.1 递归调用 gcd2(18,30)

对于每个递归调用，取模运算（要点 4.8）保证前提条件总能自动满足。对于初始调用，我们自己必须确保这一点。最好是使用不同的函数，**包装**[C]：

euclid.h

```
15 size_t gcd(size_t a, size_t b) {
16   assert(a);
17   assert(b);
18   if (a < b)
19     return gcd2(a, b);
20   else
21     return gcd2(b, a);
22 }
```

要点 7.15 确保递归函数的前提条件在包装函数中。

这样就避免了在每次递归调用时都要检查前提条件：`assert` 宏可以在最终的产品对象文件中禁用。

整数序列递归定义的另一个著名例子是 Fibonnacci（斐波那契）数列，其最早出现在公元前 200 年的印度文献中。

在现代术语中，序列可以定义为

$$F_1 = 1 \tag{7.3}$$

$$F_2 = 1 \tag{7.4}$$

$$F_i = F_{i-1} + F_{i-2} \qquad \text{for all } i > 2 \tag{7.5}$$

Fibonnacci 序列在快速增长。它的第一个元素是 1、1、2、3、5、8、13、21、34、55、89、144、377、610、987。

使用黄金比例

$$\varphi = \frac{1+\sqrt{5}}{2} = 1.61803... \tag{7.6}$$

可以表示为

$$F_n = \frac{\varphi^n - (-\varphi)^{-n}}{\sqrt{5}} \tag{7.7}$$

渐近地，我们有

$$F_n \approx \frac{\varphi^n}{\sqrt{5}} \tag{7.8}$$

所以 F_n 的增长是指数级的。

递归的数学定义可以直接转化为 C 函数：

fibonacci.c

```
4  size_t fib(size_t n) {
5    if (n < 3)
6      return 1;
7    else
8      return fib(n-1) + fib(n-2);
9  }
```

这里，我们再次首先检查终止条件：调用的参数 `n` 是否小于 `3`。如果是，则返回值为 `1`，否则，返回使用参数值为 `n-1` 和 `n-2` 进行调用的和。

图 7.2 显示了使用一个小参数值调用 `fib` 的示例。我们可以看到，这将导致对使用不同参数的同一函数进行三级堆叠调用。因为式（7.5）使用了两个不同的序列值，所以递归

调用的方案比 gcd2 的方案要复杂得多。特别是，有三个叶子调用：对满足终止条件的函数的调用，因此它们本身不会进入递归[练习 1]。

这样实现的话，Fibonacci 数的计算是相当慢的[练习 2]。实际上，很容易看出，从函数本身的递归公式也可以得到类似的函数执行时间的公式：

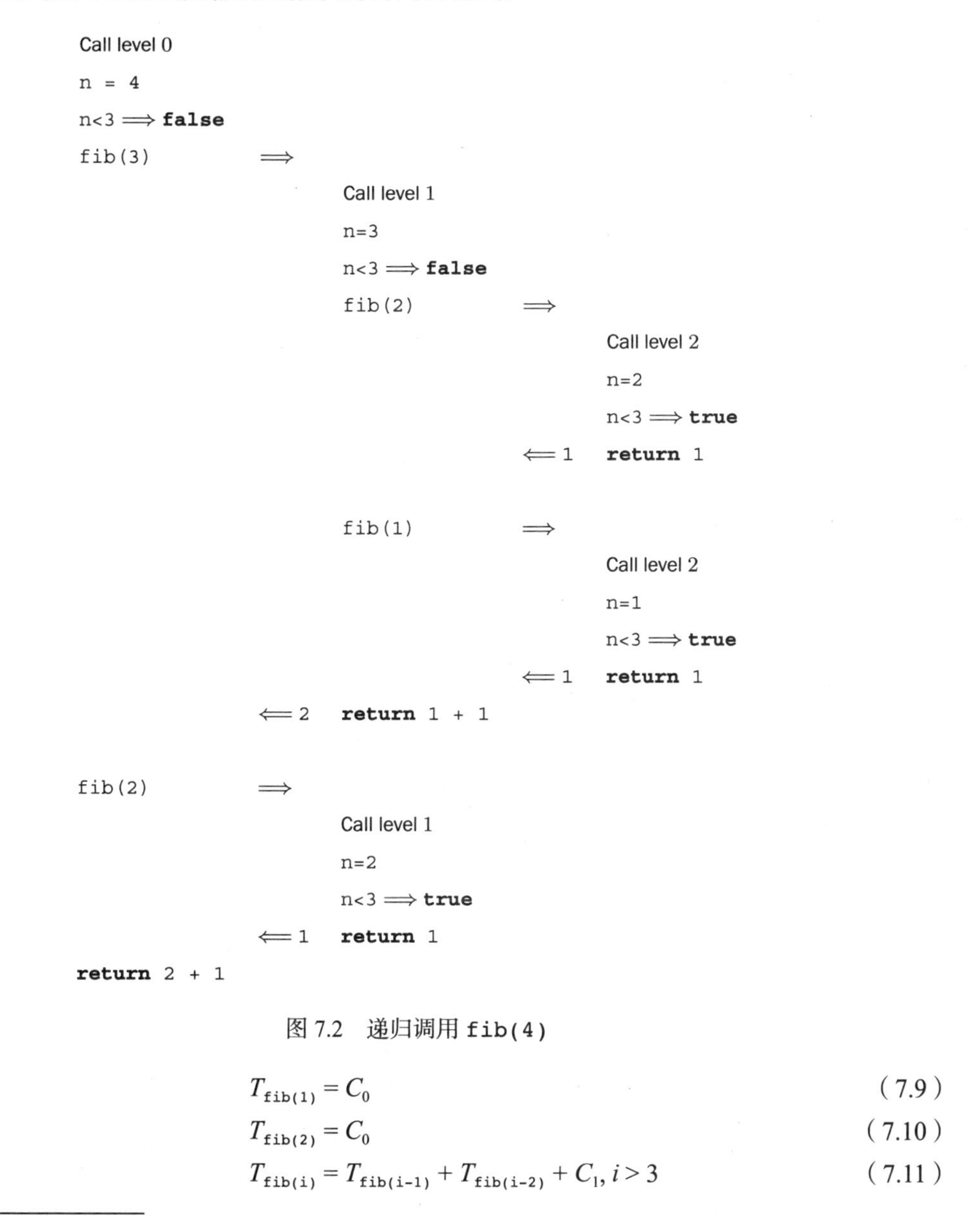

图 7.2 递归调用 fib(4)

$$T_{\texttt{fib(1)}} = C_0 \tag{7.9}$$

$$T_{\texttt{fib(2)}} = C_0 \tag{7.10}$$

$$T_{\texttt{fib(i)}} = T_{\texttt{fib(i-1)}} + T_{\texttt{fib(i-2)}} + C_1, i > 3 \tag{7.11}$$

[练习 1] 表明调用 fib(n) 会引起 F_n 叶子调用。

[练习 2] 测量 n 设置为不同值时调用 fib(n) 的次数。在 POSIX 系统上，你可以使用 /bin/time 来测量程序的运行时间。

其中 C_0 和 C_1 是依赖于平台的常数。

因此，不管平台和我们实现的聪明程度如何，函数的执行时间都是类似这样的

$$T_{\texttt{fib(n)}} = F_n(C_0 + C_1) \approx \varphi^n \cdot \frac{C_0 + C_1}{\sqrt{5}} = \varphi^n \cdot C_2 \tag{7.12}$$

带有另一个与平台相关的常数 C_2。因此，`fib(n)` 的执行时间是 `n` 的指数，但在实践中通常排除了使用这种函数的可能性。

要点 7.16 多次递归可能导致指数级的计算次数。

如果查看图 7.2 中的嵌套调用，我们看到调用了 `fib(2)` 两次，因此计算 `fib(2)` 值的所有工作都是重复的。下面的 `fibCacheRec` 函数避免了这种重复。它接收一个额外的参数 `cache`，它是一个数组，其中保存了所有已经计算过的值：

fibonacciCache.c

```
 4  /* 在缓存的帮助下计算 Fibonacci 数 n,
 5     缓存可能保存先前计算的值。
 6  size_t fibCacheRec(size_t n, size_t cache[n]) {
 7    if (!cache[n-1]) {
 8      cache[n-1]
 9        = fibCacheRec(n-1, cache) + fibCacheRec(n-2, cache);
10    }
11    return cache[n-1];
12  }
13
14  size_t fibCache(size_t n) {
15    if (n+1 <= 3) return 1;
16    /* 建立一个 VLA 来缓存值。*/
17    size_t cache[n];
18    /* VLA 必须被参数初始化。*/
19    cache[0] = 1; cache[1] = 1;
20    for (size_t i = 2; i < n; ++i)
21      cache[i] = 0;
22    /* 调用递归函数。*/
23    return fibCacheRec(n, cache);
24  }
```

通过将存储空间与计算时间进行交换，只有在值尚未计算的情况下，递归调用才会受到影响。因此，`fibCache(i)` 调用的执行时间与 `n` 是线性关系

$$T_{\texttt{fibCache(n)}} = n \cdot C_3 \tag{7.13}$$

对于依赖于平台的参数 C_3[练习 3]。仅仅通过改变实现序列的算法，我们就能够将执行时间从指数级降低到线性级！我们没有（也不会）讨论实现的细节，也没有对执行时间进行具体的度量[练习 4]。

要点 7.17 一个糟糕的算法永远不会导致一个执行良好的实现。

[练习 3] 证明方程式（7.13）。

[练习 4] 使用与 `fib` 相同的值测量 `fibCache(n)` 调用的时间。

要点 7.18 改进算法可以显著提高性能。

有趣的是，**fib2Rec** 展示了 Fibonacci 序列的第三个实现算法。它使用固定长度的数组（FLA）而不是可变长度的数组（VLA）。

fibonacci2.c

```
 4 void fib2rec(size_t n, size_t buf[2]) {
 5   if (n > 2) {
 6     size_t res = buf[0] + buf[1];
 7     buf[1] = buf[0];
 8     buf[0] = res;
 9     fib2rec(n-1, buf);
10   }
11 }
12
13 size_t fib2(size_t n) {
14   size_t res[2] = { 1, 1, };
15   fib2rec(n, res);
16   return res[0];
17 }
```

留作一个练习来证明这个版本仍然是正确的[练习 5]。另外，到目前为止，我们只有初步的工具来评估这究竟是不是“更快的”[练习 6]。

挑战 9　因式分解

现在我们已经介绍了函数，看看是否可以实现一个因子程序，它在命令行上接收一个数字 N 并打印结果

```
N: F0 F1 F2 ...
```

其中 **F0** 等等都是 N 的质因数。

实现的核心应该是这样一个函数：给定一个类型为 **size_t** 的值，返回它的最小质因子。

将该程序进行扩展以接收此类数的列表，并为每个数输出这样一行。

总结

- 函数有一个原型来确定如何调用它们。
- 终止 **main** 和调用 **exit** 是一样的。
- 每个函数调用都有其局部变量的副本，可以递归调用。

[练习 5] 使用循环语句将 fib2rec 转换为非递归函数 fib2iter。

[练习 6] 使用与 fib 相同的值测量 fib2(n) 调用的时间。

Chapter 8 第8章

C 库函数

本章涵盖了：

- 数学计算、处理文件和处理字符串
- 处理时间
- 管理运行时环境
- 终止程序

C 标准提供的功能分为两大部分。一种是正式的 C 语言，另一种是 C 库函数。我们已经了解了 C 库函数中的几个函数，包括 **printf**、**put** 和 **strtod**，因此你应该对将要实现的功能有一个很好的了解：这些基本工具实现了我们在日常编程中需要的功能，并且我们需要清楚的接口和语义来确保可移植性。

在许多平台上，通过应用程序编程接口（API）的明确规范还允许我们将编译器实现与库函数实现分离开来。例如，在 Linux 系统上，我们可以选择不同的编译器，最常见的是 **gcc** 和 **clang**，以及不同的 C 库函数实现，比如 GNU C 库函数（**glibc**）、**dietlibc** 或 **musl**。所有这些选项都可以用来生成可执行文件。

我们将首先讨论 C 库函数及其接口的一般属性和工具，然后描述一些函数组：数学（数字）函数、输入 / 输出函数、字符串处理、时间处理、访问运行时环境和程序终止。

8.1 C 库函数的一般特性及功能

大致上，库函数针对一两个目标：

- *平台抽象层*：从平台的特定属性和需求中抽象出来的函数。这些函数需要特定于平台的位来实现诸如 IO 之类的基本操作，如果没有对平台的深入了解，这些操作是无法实现的。例如，puts 必须具有“终端输出”的概念以及如何进行处理。实现这些功能将超出大多数 C 程序员的知识范围，因为这样做需要操作系统甚至特定于处理器的魔力。很高兴有人替你做了那项工作。

- 基本工具：实现在 C 语言编程中经常出现的任务（如 strtod）的函数，对于这些函数来说，接口固定是很重要的。应该相对有效地来实现它们，因为它们被大量地使用，所以它们应该经过良好的测试，并且没有 bug，这样我们才能安全地依赖它们。实现这样的功能对任何合格的 C 程序员来说在理论上都是可能的[练习 1]。

像 **printf** 这样的函数可以被看作同时针对两个目标：它可以有效地分为提供基本工具的格式化阶段和特定于平台的输出阶段。函数 **snprintf**（稍后在 14.1 节中介绍）提供与 **printf** 相同的格式化功能，但将结果存储在字符串中。然后，可以使用 **puts** 输出该字符串，从而得到与 **printf** 一样的输出。

在接下来的章节中，我们将讨论声明 C 库函数接口的不同的头文件（8.1.1 节），它提供了不同类型的接口（8.1.2 节），适用的各种错误策略（8.1.3 节），一个旨在提高应用程序安全性的可选接口系列（8.1.4 节），以及可用于在编译时断言平台特定属性的工具（8.1.5 节）。

8.1.1　头文件

C 库有很多函数，远远超出了我们在这本书中所能处理的。**头文件**[C] 收集了许多特性（主要是函数）的接口描述。我们将在这里讨论的头文件提供了 C 库的特性，但是稍后我们可以创建自己的接口并将它们收集在头文件中（第 10 章）。

在这级中，我们将讨论 C 库中的函数，这些函数对于使用我们目前所见过的语言元素进行基本编程是必要的。当讨论一系列概念时，我们将在更高的级别上完成这个讨论。表 8.1 概述了标准头文件。

表 8.1　C 库函数头文件

名称	描述	章节
<assert.h>	断言运行时条件	8.7
<complex.h>	复数	5.7.7
<ctype.h>	字符分类与转换	8.4
<errno.h>	错误代码	8.1.3
<fenv.h>	浮点环境	
<float.h>	浮点类型的特性	5.7
<inttypes.h>	整型的格式转换	5.7.6
<iso646.h>	运算符的替代写法	4.1
<limits.h>	整型的特性	5.1.3
<locale.h>	国际化	8.6

[练习 1]　编写一个函数 my_strtod，它实现十进制浮点常量 strtod 的功能。

（续）

名称	描述	章节
<math.h>	特定类型数学函数	8.2
<setjmp.h>	非局部跳转	17.5
<signal.h>	信号处理函数	17.6
<stdalign.h>	对象对齐	12.7
<stdarg.h>	具有不同数量参数的函数	16.5.2
<stdatomic.h>	原子操作	17.6
<stdbool.h>	布尔值	3.1
<stddef.h>	基本类型和宏	5.2
<stdint.h>	精确宽度整型	5.7.6
<stdio.h>	输入和输出	8.3
<stdlib.h>	基本函数	2
<stdnoreturn.h>	不返回函数	7
<string.h>	字符串处理	8.4
<tgmath.h>	类型数学函数	8.2
<threads.h>	线程和控制结构	18
<time.h>	处理时间	8.5
<uchar.h>	Unicode 字符	14.3
<wchar.h>	宽字符串	14.3
<wctype.h>	宽字符分类和转换	14.3

8.1.2 接口

C 库中的大多数接口都被指定为函数，但是在适当的情况下，我们可以选择将它们用宏来实现。与我们在 5.6.3 节中看到的宏相比，它使用了第二种形式的宏，在语法上类似于函数，叫作**类似于函数的宏**[C]：

```
#define putchar(A) putc(A, stdout)
```

与前面一样，这些只是文本替换，由于替换文本可能多次包含宏参数，因此将任何有副作用的表达式传递给这样的宏或函数都是不好的。希望我们之前关于副作用的讨论（要点 4.11）已经说服了你不去这样做。

我们将要看到的一些接口的参数或返回值是指针。我们还不能完全处理它们，但在大多数情况下，我们可以将已知指针或 0 传递给指针参数来实现。指针作为返回值只会发生在它们可以被解释为错误条件的情况下。

8.1.3 错误检查

C 库函数通常通过一个特殊的返回值来指示失败。表示失败的值可能不同，这取决于函数本身。通常，你需要在手册页中查找函数的特定约定。表 8.2 给出了粗略的概述。可以适用于三种情况：表示错误的特殊值、表示成功的特殊值，以及在成功时返回某个正数、在失败时返回某个负数的函数。有些函数还可以通过 **errno** 宏的值来指示特定的错误情况。

表 8.2 C 库函数的错误返回策略

失败返回	检测	典型案例	例子
0	!value	其他值是合法的	**fopen**
特殊的错误代码	value == code	其他值是合法的	**puts**, **clock**, **mktime**, **strtod**, **fclose**
非零值	value	其他不需要的值	**fgetpos**, **fsetpos**
特别的成功代码	value != code	故障情况的区分	**thrd_create**
负值	value < 0	正值是一个计数器	**printf**

典型的错误检查代码如下：

```
if (puts("hello world") == EOF) {
  perror("can't output to terminal:");
  exit(EXIT_FAILURE);
}
```

这里我们看到 **puts** 属于函数的一类，它返回一个特殊的错误值 **EOF**（end-of-file）。然后 stdio.h 中的 **perror** 函数用来提供一个额外的诊断，该诊断基于特定的错误。**exit** 结束程序的执行。不要掩盖失败。在编程中

要点 8.1 失败总是一种选项。

要点 8.2 检查库函数的返回值是否有错误。

程序立即失败通常是确保在开发初期发现并修复 bug 的最佳方法。

要点 8.3 快失败，早失败和常失败。

C 有一个重要的状态变量来跟踪 C 库函数的错误：叫作 **errno**。**perror** 函数使用这个底层的状态来提供诊断。如果一个函数以允许我们恢复的方式失败了，那么我们必须确保错误状态也被重置了。否则，库函数或错误检查可能会混乱：

```
void puts_safe(char const s[static 1]) {
  static bool failed = false;
  if (!failed && puts(s) == EOF) {
    perror("can't output to terminal:");
    failed = true;
    errno = 0;
  }
}
```

8.1.4 边界检查接口

对于 C 库中的许多函数，如果用一组不一致的参数进行调用，它们很容易发生**缓冲区溢出**[C]。这导致（现在仍然导致）许多安全漏洞，所以需要非常小心地处理好它们。

C11 通过弃用或从标准库中删除一些函数，并通过添加一系列可选的新接口来在运行时检查参数的一致性，来解决这类问题。这些是 C 标准附录 K 的**边界检查接口**。与大多数其他特性不同，它没有自己的头文件，而是向其他文件添加接口。有两个宏控制对这些接口的访问：**__STDC_LIB_EXT1__** 告之是否支持这个可选的接口，**__STDC_WANT_LIB_EXT1__** 用来开启 **__STDC_LIB_EXT1__**。在包含任何头文件之前，必须设置好 **__STDC_WANT_LIB_EXT1__**。

```
#if !__STDC_LIB_EXT1__
# error "This code needs bounds checking interface Annex K"
#endif
#define __STDC_WANT_LIB_EXT1__ 1

#include <stdio.h>

/* Use printf_s from here on. */
```

这一机制曾经（现在仍然）有许多争议，因此附录 K 是一个可选特性。许多现代平台都有意识地选择不支持它。O'Donell 和 Sebor[2015] 甚至进行了一项广泛的研究，得出的结论是，引入这些接口所带来的问题比它所解决的问题要多得多。在下面的示例中，这些可选特性用灰色背景进行标记。

附录 K

边界检查函数通常在它们所替换的库函数的名称上使用 **_s** 后缀，例如，对 **printf** 使用 **printf_s**。所以你不应该在你自己的代码中使用这个后缀。

要点 8.4 以 _s 结尾的标识符名称被保留。

如果这样的函数遇到了不一致的情况，违反了**运行时约束** [C]，它通常会在打印诊断结果后终止程序的执行。

8.1.5 平台前提条件

使用标准化语言（如 C）进行编程的一个重要目标是可移植性。我们应该尽量减少对执行平台的假设，让 C 编译器和库来填补空白。不幸的是，这并不总是一个选项，在这种情况下，我们应该清楚地识别代码的前提条件。

要点 8.5 缺失执行平台的前提条件是必须中止编译。

实现这一点的经典工具是**预处理器条件** [C]，正如我们前面所看到的：

```
#if !__STDC_LIB_EXT1__
# error "This code needs bounds checking interface Annex K"
#endif
```

如你所见，这样的条件以一行上的标记序列 **#if** 开始，并以另一行上包含的序列 **#endif** 结束。中间的 **# error** 指令只有在条件（这里 **!__STDC_LIB_EXT1__**）为真时才会执行。它中止编译过程，并显示错误消息。我们能在这种结构中设置的条件是有限的[练习2]。

要点 8.6　仅在预处理情况下计算宏和整数字面量。

作为这些条件中的一个额外特性，未知标识符的值为 0。因此，在前面的示例中，即使此时的 **__STDC_LIB_EXT1__** 是未知的，表达式也是合法的。

要点 8.7　在预处理情况下，未知标识符的值为 0。

如果我们想要测试一个更复杂的条件，**_Static_assert**（关键字）和 **static_assert**（一个来自头文件 assert.h 的宏）有类似的效果，我们可以使用它们：

```
#include <assert.h>
static_assert(sizeof(double) == sizeof(long double),
  "Extra precision needed for convergence.");
```

8.2　数学

数学函数由 math.h 头文件提供，但是使用由 tgmath.h 提供的泛型宏要简单得多。基本上，对于所有的函数，它都有一个宏，该宏将诸如 **sin(x)** 或 **pow(x, n)** 的调用分派给函数，该函数在其参数中检查 **x** 的类型，并且其返回值的类型也是该类型。

定义的泛型宏太多了，无法在这里详细描述。表 8.3 对所提供的一些函数进行了概述。

表 8.3　数学函数

函数	描述
abs, labs, llabs	$\lvert x\rvert$ 为整数
acosh	双曲反余弦
acos	反余弦
asinh	双曲反正弦
asin	反正弦
atan2	反正切，两个参数
atanh	双曲反正切
atan	反正切
cbrt	$\sqrt[3]{x}$
ceil	$\lceil x\rceil$
copysign	将符号从 y 复制到 x
cosh	双曲余弦
cos	余弦函数，$\cos x$
div, ldiv, lldiv	整数除法的商和余数

[练习2]　写一个预处理器条件，测试 **int** 是否有 2 的补码表示。

（续）

函数	描述
`erfc`	互补误差函数，$1-\frac{2}{\sqrt{\pi}}\int_0^x e^{-t^2}dt$
`erf`	误差函数，$\frac{2}{\sqrt{x}}\int_0^x e^{-t^2}dt$
`exp2`	2^x
`expm1`	e^x-1
`exp`	e^x
`fabs`	$\lvert x\rvert$ 为浮点数
`fdim`	正差
`floor`	$\lfloor x \rfloor$
`fmax`	最大浮点数
`fma`	$x \cdot y + z$
`fmin`	最小浮点数
`fmod`	浮点除法的余数
`fpclassify`	对浮点值进行分类
`frexp`	有效位和指数
`hypot`	$\sqrt{x^2+y^2}$
`ilogb`	$\lfloor \log_{FLT\_RADIX} x \rfloor$ 为整数
`isfinite`	检查是否有限
`isinf`	检查是否无限
`isnan`	检查是否 NaN
`isnormal`	检查是否正常
`ldexp`	$x \cdot 2^y$
`lgamma`	$\log_e\Gamma(x)$
`log10`	$\log_{10} x$
`log1p`	$\log_e(1+x)$
`log2`	$\log_2 x$
`logb`	$\log_{FLT\_RADIX} x$ 作为浮点数
`log`	$\log_e x$
`modf`，`modff`，`modfl`	整数和小数部分
`nan`，`nanf`，`nanl`	对应类型的非数字数（NaN）
`nearbyint`	使用当前舍入模式的最接近整数
`nextafter`，`nexttoward`	下一个可表示的浮点值
`pow`	x^y
`remainder`	有符号除法余数
`remquo`	除法的有符号余数和最后一位
`rint`，`lrint`，`llrint`	使用当前舍入模式的最接近整数
`round`，`lround`，`llround`	`sign(x)`$\cdot \lfloor \lvert x\rvert+0.5 \rfloor$

（续）

函数	描述
scalbn, scalbln	$x \cdot$ **FLT_RADIX**^{y}
signbit	检查是否为负
sinh	双曲正弦
sin	正弦函数，$\sin x$
sqrt	$\sqrt[2]{x}$
tanh	双曲正切
tan	正切函数，$\tan x$
tgamma	伽马函数，$\Gamma(x)$
trunc	$\mathrm{sign}(x) \cdot \lfloor \lvert x \rvert \rfloor$

目前，数值函数的实现应该是高质量、高效率，并且精度可控的。虽然这些函数中的任何一个都可以由具有足够数学知识的程序员实现，但是你不应该试图替换或绕过它们。它们中的许多不仅作为C函数实现，而且还可以使用专用处理器指令。例如，处理器可能有 **sqrt** 和 **sin** 函数的快速近似值或在低级指令中实现浮点乘法加法、**fma**。特别是，这种低级指令很可能被用来检查或修改浮点内部的所有函数。如 **carg**、**creal**、**fabs**、**frexp**、**ldexp**、**llround**、**lround**、**nearbyint**、**rint**、**round**、**scalbn** 和 **trunc**。因此，在手写代码中替换它们或重新实现它们通常不是一个好主意。

8.3 输入、输出和文件操作

我们已经看到了一些来自头文件 stdio.h 的IO函数：**puts** 和 **printf**。**printf** 可以方便地格式化输出，而 **puts** 更基本：它只输出一个字符串（其参数）以及一个换行符。

8.3.1 无格式文本输出

还有一个比 **puts** 更基本的函数：**putchar**，它输出单个字符。这两个功能的接口如下：

```
int putchar(int c);
int puts(char const s[static 1]);
```

int 类型作为 **putchar** 的参数是一个历史性事件，应该不会对你造成太大的伤害。与此相反，具有 **int** 类型的返回，可以使函数将错误返回给调用方。特别是，如果成功，它将返回参数 **c** 以及一个特定的负值 **EOF**（End Of File，文件结束），该值确保在失败时不与任何字符相对应。

使用这个函数，我们自己可以重新实现 **puts**：

```
int puts_manually(char const s[static 1]) {
  for (size_t i = 0; s[i]; ++i) {
    if (putchar(s[i]) == EOF) return EOF;
  }
  if (putchar('\n') == EOF) return EOF;
  return 0;
}
```

这只是一个例子，它可能不如平台提供的 **puts** 的效率高。

到目前为止，我们只看到如何输出到终端。通常，你希望将结果写入永久存储，而**流**[C]的 **FILE*** 类型为此提供了一个抽象概念。有两个函数，**fputs** 和 **fputc**，它们将无格式输出的思想推广到流：

```
int fputc(int c, FILE* stream);
int fputs(char const s[static 1], FILE* stream);
```

这里，类型 **FILE*** 中的 * 再次表明这是一个指针类型，我们不会深入讨论细节。我们现在唯一需要知道的是，可以测试指针是否为空（要点 6.20），这样我们就可以测试流是否合法。

标识符 **FILE** 代表了一种**不透明类型**[C]，我们对它的了解不多，仅限于本章将要介绍的函数接口所提供的内容。它是作为宏来实现的，而且对流的“FILE”名称的误用提醒我们，这是标准化之前的一个历史接口。

要点 8.8 不透明类型是通过函数接口指定的。

要点 8.9 不要依赖不透明类型的实现细节。

如果我们不做任何特殊的工作，那么有两个用于输出的流：**stdout** 和 **stderr**。我们已经隐含地使用了 **stdout**：这就是 **putchar** 和 **puts** 在底层所使用的，这个流通常连接到终端。**stderr** 与此类似，默认情况下也链接到终端，只是属性略有不同。无论如何，这两个是密切相关的。使用这两个的目的是能够区分“常规”输出（**stdout**）和“紧急”输出（**stderr**）。

我们可以用更常用的函数来重写前面的函数：

```
int putchar_manually(int c) {
  return fputc(c, stdout);
}
int puts_manually(char const s[static 1]) {
  if (fputs(s,     stdout) == EOF) return EOF;
  if (fputc('\n', stdout) == EOF) return EOF;
  return 0;
}
```

请注意，**fputs** 与 **puts** 的不同之处在于它不向字符串追加换行字符。

要点 8.10 **puts** 和 **fputs** 在行尾的处理上不同。

8.3.2 文件和流

如果想要将输出写入到实际文件，我们必须通过函数 **fopen** 将文件附加到程序中：

```
FILE* fopen(char const path[static 1], char const mode[static 1]);
FILE* freopen(char const path[static 1], char const mode[static 1],
              FILE *stream);
```

可以像这样简单地使用：

```
int main(int argc, char* argv[argc+1]) {
 FILE* logfile = fopen("mylog.txt", "a");
 if (!logfile) {
   perror("fopen failed");
   return EXIT_FAILURE;
 }
 fputs("feeling fine today\n", logfile);
 return EXIT_SUCCESS;
}
```

这将在文件系统中打开一个名为 "mylog.txt" 的**文件**[C]，并通过变量 logfile 提供对该文件的访问。模式参数 "a" 是打开文件进行附加：也就是说，如果文件内容存在的话，则将保留这些内容，并从文件的末尾处开始写入。

文件打开失败可能有多种原因：例如，文件系统可能已满，或者进程可能没有权限在指定的位置进行写入。我们需要检查是否存在此类错误情况（要点 8.2），如有必要就退出程序。

正如我们所看到的，**perror** 函数用于对所发生的错误进行诊断。它相当于如下操作：

```
fputs("fopen failed: some-diagnostic\n", stderr);
```

这里"some-diagnostic"可能（但不一定）包含更多信息，用来帮助用户处理相关的错误。

附录 K

还有检查边界替换 **fopen_s** 和 **freopen_s**，它们确保传递的参数是合法的指针。这里，**errno_t** 是来自 **stdlib.h** 的类型，它对返回的错误进行编码。新出现的 **restrict** 关键字只适用于指针类型，目前不在我们讨论的范围内：

```
errno_t fopen_s(FILE* restrict streamptr[restrict],
                char const filename[restrict], char const mode[restrict
    ]);
errno_t freopen_s(FILE* restrict newstreamptr[restrict],
                  char const filename[restrict], char const mode[
    restrict],
                 FILE* restrict stream);
```

有几种不同的模式来打开文件，"a" 只是其中的一种。表 8.4 中概述了可能出现的字符。有三种基本模式可以控制如何对事先存在的文件（如果有的话）进行处理，以及流的位置。此外，还可以向它们添加三个修饰符。表 8.5 列出了所有可能的组合。

表 8.4 fopen 和 freopen 的模式和修饰符

模式	备忘录		fopen 后的文件状态
'a'	追加	w	文件未被修改，位于末尾处
'w'	写入	w	文件内容被清除，如果有的话
'r'	读取	r	文件未被修改，位于开始处
修饰符	**备忘录**		**额外属性**
'+'	更新	rw	打开文件进行读写
'b'	二进制		作为二进制文件看待，否则作为文本文件
'x'	独享		如果文件不存在，则创建用于写入的文件

必须首先使用前三种模式中的一种来设置模式，后面可以跟着三种修饰符中的一种或几种。所有合法的组合见表 8.5。

表 8.5 fopen 和 freopen 的模式字符串（这些是表 8.4 中字符的合法组合）

模式字符串	说明
"a" "w" "r"	如有需要，创建一个空的文本文件，在文件末尾处打开以便写入 创建空文本文件或清除内容，打开文件以便写入 打开现有文本文件以便读取
"a+" "w+" "r+"	如有需要，创建一个空的文本文件，在文件末尾打开以便读写 创建空文本文件或清除内容，打开文件以便读写 打开现有文本文件，以便在文件开始处进行读写
"ab" "rb" "wb" "a+b" "ab+" "r+b" "rb+" "w+b" "wb+"	同上，但针对的是二进制文件而不是文本文件
"wx" "w+x" "wbx" "w+bx" "wb+x"	同上，但如果文件在调用之前存在则报错

这些表表明，流不仅可以用于写操作，还可以用于读操作；我们将很快看到如何实现这一点。要想知道哪种基本模式适合读写，只需运用你的常识。对于 'a' 和 'w'，无法读取定位于其末尾的文件，因为那里没有任何内容；因此，它们可用于写入。对于 'r'，位于文件开始处的内容会被保留，不会被意外覆盖，这是为了进行读取。

这些修饰符在日常编码中很少使用。带 '+' 的“更新”模式应谨慎使用。在同一时刻同时进行读写并不轻松，需要特别注意。对于 'b'，我们将在 14.4 节中更详细地讨论文本流和二进制流之间的区别。

还有其他三个主要接口用来处理流，**freopen**、**fclose** 和 **fflush**：

```
int fclose(FILE* fp);
int fflush(FILE* stream);
```

freopen 和 **fclose** 的用途很简单：**freopen** 可以将给定的流关联到不同的文件，并且最终可以更改模式。这对于将标准流与文件关联特别有用。比如，我们上面的小程序可以重写为

```
int main(int argc, char* argv[argc+1]) {
 if (!freopen("mylog.txt", "a", stdout)) {
   perror("freopen failed");
   return EXIT_FAILURE;
 }
 puts("feeling fine today");
 return EXIT_SUCCESS;
}
```

8.3.3 文本 IO

输出到文本流通常是**缓冲的** [C]：也就是说，为了更有效地利用其资源，IO 系统可以延迟对流的物理写入。如果我们使用 **fclose** 关闭流，那么所有的缓冲区都会被**刷新** [C] 到它应该去的地方。在我们希望立即在终端上看到输出的地方，或者在我们还不想关闭文件但希望确保所有编写的内容都正确到达目的地的地方，需要使用 **fflush** 函数。清单 8.1 显示了一个例子，将 10 个点写入 **stdout**，并且在所有写操作之间大约有 1 秒的延迟 [练习 3]。

清单 8.1 刷新缓冲输出

```
1  #include <stdio.h>
2
3  /* 用一些粗糙的代码延迟执行，一旦我们有了 thrd_sleep,
4     就应该使用它 */
5  void delay(double secs) {
6    double const magic = 4E8;  // 只在我的机器上工作
7    unsigned long long const nano = secs * magic;
8    for (unsigned long volatile count = 0;
9         count < nano;
10        ++count) {
11     /* 这什么都没有 */
12   }
13 }
14
15 int main(int argc, char* argv[argc+1]) {
16   fputs("waiting 10 seconds for you to stop me", stdout);
17   if (argc < 3) fflush(stdout);
18   for (unsigned i = 0; i < 10; ++i) {
19     fputc('.', stdout);
20     if (argc < 2) fflush(stdout);
21     delay(1.0);
22   }
23   fputs("\n", stdout);
24   fputs("You did ignore me, so bye bye\n", stdout);
25 }
```

[练习 3] 通过在命令行参数使用 0、1 和 2 运行程序来观察程序的行为。

文本文件的IO缓冲最常见的形式是**行缓冲**[C]。在这种模式下，只有在遇到文本行的末尾时，才会以物理方式写入输出。通常，用 **puts** 写入的文本会立即出现在终端上；**fputs** 会等待，直到在输出中遇到 '\n'。关于文本流和文件的另一件有趣的事情是，在程序中写入的字符和留存在控制台设备上或文件中的字节之间没有一对一的对应关系。

要点 8.11 文本输入和输出会转换数据。

这是因为文本字符的内部和外部表示不一定相同。不幸的是，仍然有许多不同的字符编码；如果可以的话，C 库函数负责进行正确的转换。众所周知的是，文件中的行尾编码依赖于平台：

要点 8.12 有三种常用的转换来编码行尾。

C 为我们提供了一个非常合适的抽象概念来使用 '\n'，不管在什么平台上。在执行文本 IO 时应该注意的是，行尾之前的空白可能被隐藏。因此，不能指望空白或制表符等**尾随空格**[C]的出现，它们应该被避免。

要点 8.13 文本行不应该包含尾随空格。

此外，C 库对在文件系统中操作文件的支持也非常有限：

```
int remove(char const pathname[static 1]);
int rename(char const oldpath[static 1], char const newpath[static 1]);
```

它们的名字说明了它们的作用。

8.3.4 格式化输出

我们已经介绍了如何使用 **printf** 进行格式化输出。函数 **fprintf** 与之非常相似，但是它有一个额外的参数，允许我们指定输出要写入的流：

```
int printf(char const format[static 1], ...);
int fprintf(FILE* stream, char const format[static 1], ...);
```

三个点 ... 表示这些函数可以接收任意数量的要打印的项。一个重要的约束是，这个数必须与 '%' 说明符完全对应。否则，行为是未定义的：

要点 8.14 **printf** 的参数必须与格式说明符完全对应。

使用语法 %[FF][WW][.PP][LL]SS，完整的格式规范由五部分组成：标志、宽度、精度、修饰符和说明符。详见表 8.6。

表 8.6 printf 和类似函数的格式规范，通用语法为 "%[FF][WW][.PP][LL]SS"，其中 [] 包围的字段表示它是可选的

FF	标志	转换的特殊形式
WW	字段宽度	最小宽度
PP	精度	
LL	修饰符	选择类型宽度
SS	说明符	选择转换

说明符不是可选的，它选择要执行的输出转换类型。概述见表 8.7。

表 8.7　printf 和类似函数的格式说明符

'd' 或 'i'	十进制	有符号整数
'u'	十进制	无符号整型
'o'	八进制	无符号整型
'x' 或 'X'	十六进制	无符号整型
'e' 或 'E'	[-]d.ddd e±dd，“科学计数”	浮点
'f' 或 'F'	[-]d.ddd	浮点
'g' 或 'G'	通用 e 或 f	浮点
'a' 或 'A'	[-]0xh.hhh p±d，十六进制	浮点
'%'	'%' 字符	没有参数被转换
'c'	单个字符	整型
's'	多个字符	字符串
'p'	地址	void* 指针

正如你所见，对于大多数值的类型，都有一种格式选择。你应该选择最适合输出所要表示含义的那个格式。对于所有数字值，通常使用十进制格式。

要点 8.15　使用 "%d" 和 "%u" 格式来打印整数值。

另一方面，如果你对位样式感兴趣，请使用十六进制格式而不是八进制格式。它更适合具有 8 位字符类型的现代架构。

要点 8.16　使用 "%x" 格式打印位样式。

还要注意，这种格式接收无符号值，这也是只对位集使用无符号类型的另一个原因。查看十六进制值并关联相应的位样式需要训练。表 8.8 概述了数字、值以及它们所代表的位样式。

表 8.8　十六进制值和位样式

数字	值	样式	数字	值	样式
0	0	0000	8	8	1000
1	1	0001	9	9	1001
2	2	0010	A	10	1010
3	3	0011	B	11	1011
4	4	0100	C	12	1100
5	5	0101	D	13	1101
6	6	0110	E	14	1110
7	7	0111	F	15	1111

对于浮点格式，还有更多的选择。如果你没有特定的需求，那么对于十进制输出来说，通用格式是最易用的格式。

要点 8.17　使用 "%g" 格式打印浮点值。

修饰符部分对于指定相应参数的确切类型非常重要。表 8.9 给出了我们到目前为止遇到的类型代码。这个修饰符特别重要，因为用错误的修饰符解释值会造成严重的损害。**printf** 函数只能通过格式说明符了解其参数，因此，给一个函数错误的大小可能会导致它读取的字节数多于或少于参数提供的字节数，或者解释错误的硬件寄存器。

表 8.9 printf 和类似函数的格式修饰符。float 参数首先被转换成 double

字符	类型	转换
"hh"	Char 类型	整型
"h"	Short 类型	整型
""	signed, unsigned 类型	整型
"l"	long 整数类型	整型
"ll"	long long 整数类型	整型
"j"	intmax_t, uintmax_t	整型
"z"	size_t	整型
"t"	ptrdiff_t	整型
"L"	long double	浮点

要点 8.18 使用不合适的格式说明符或修饰符会使行为未定义。

一个好的编译器应该能够对错误的格式进行警告。请认真对待这些警告。还要注意三种语义类型的特殊修饰符的出现。特别是，"%zu" 组合非常方便，因为我们不需要知道 **size_t** 所对应的基类型。

宽度（WW）和精度（.pp）可用于控制打印值的总体外观。例如，对于通用浮点格式 "%g"，精度控制有效数字的个数。格式 "%20.10g" 指定一个输出字段，该字段为 20 个字符，最多有 10 个有效数字。对于每种格式说明符，这些值的解释方式各不相同。

标志可以改变输出形式，例如，用符号（"%+d"）作为前缀，用 0x 表示十六进制转换（"%#X"），用 0 表示用 0 填充的八进制（"%#o"），或者将其字段内的输出调整为向左对齐而不是向右对齐。见表 8.10。请记住，整数前面的 0 通常被解释为引入一个八进制数，而不是十进制数。因此，使用 0 填充的左对齐 "%-0" 不是一个好主意，因为这会使读者对所应用的约定感到困惑。

表 8.10 printf 和类似函数的格式标志

字符	含义	转换
"#"	替代形式，如前缀 0x	"aAeEfFgGoxX"
"0"	0 填充	数字
"-"	左对齐	任何
" "	' ' 表示正值，'-' 表示负值	有符号
"+"	'+' 表示正值，'-' 表示负值	有符号

如果我们知道所写的数字稍后会从文件中读回，那么用 "%+d" 格式表示有符号类型、用 "%#X" 格式表示无符号类型，用 "%a" 格式表示浮点类型是最合适的。它们保证在字符串到数字的转换过程中将会去检查正确的格式，并且文件中保存的信息也不会丢失。

要点 8.19 稍后将看到使用 "%+d"，"%#X" 和 "%a" 进行转换。

附录 K

可选接口 **printf_s** 和 **fprintf_s** 检查流、格式和任何字符串参数是否为合法的指针。它们不会检查列表中的表达式是否符合正确的格式说明符：

```
int printf_s(char const format[restrict], ...);
int fprintf_s(FILE *restrict stream,
              char const format[restrict], ...);
```

下面是一个修改后的重新打开 **stdout** 的例子：

```
int main(int argc, char* argv[argc+1]) {
  int ret = EXIT_FAILURE;
  fprintf_s(stderr, "freopen of %s:", argv[1]);
  if (freopen(argv[1], "a", stdout)) {
    ret = EXIT_SUCCESS;
    puts("feeling fine today");
  }
  perror(0);
  return ret;
}
```

这通过将文件名添加到输出字符串中来改进诊断输出。**fprintf_s** 用于检查流、格式和参数字符串的合法性。如果两个流都连接到同一个终端，那么该函数可能会把这两个流的输出混在一起。

8.3.5 无格式文本输入

无格式输入最好是通过对单个字符使用 **fgetc**，对字符串使用 **fget** 来完成。**stdin** 标准流一直是定义好的，通常连接到终端输入：

```
int fgetc(FILE* stream);
char* fgets(char s[restrict], int n, FILE* restrict stream);
int getchar(void);
```

附录 K

此外，还有 **getchar** 和 **gets_s**，它们从 **stdin** 中读取数据，但不会向之前的通用接口添加太多内容：

```
char* gets_s(char s[static 1], rsize_t n);
```

历史上，与 **puts** 专门用来处理 **fputs** 一样，C 标准的早期版本也有一个 **gets** 接口。

它已经被移除，因为它在本质上是不安全的。

要点 8.20 不要使用 **gets**。

下面的清单展示了一个功能相当于 **fgets** 的函数。

清单 8.2 使用 fgetc 实现 fgets

```
1  char* fgets_manually(char s[restrict], int n,
2                       FILE*restrict stream) {
3    if (!stream) return 0;
4    if (!n) return s;
5    /* 最多读取 n-1 个字符。 */
6    for (size_t pos = 0; pos < n-1; ++pos) {
7      int val = fgetc(stream);
8      switch (val) {
9        /* EOF 表示文件结束或错误。 */
10       case EOF: if (feof(stream)) {
11         s[i] = 0;
12         /* 曾是一个有效的调用。 */
13         return s;
14       } else {
15         /* 错误。 */
16         return 0;
17       }
18       /* 在行尾停止。 */
19       case '\n': s[i] = val; s[i+1] = 0; return s;
20       /* 否则只需赋值并继续。 */
21       default: s[i] = val;
22     }
23   }
24   s[n-1] = 0;
25   return s;
26 }
```

同样，这样的示例代码并不是要替换函数，而是要说明所讨论的函数的属性：在这里是错误处理策略。

要点 8.21 **fgetc** 返回 **int**，以便除了对所有有效字符编码外，还能够对特殊的错误状态 **EOF** 进行编码。

此外，仅检测 **EOF** 返回并不足以断定流已经到达终点。我们必须调用 **feof** 来测试流的位置是否已经到达其文件结尾。

要点 8.22 只有在读取失败后才能检测到文件结尾。

清单 8.3 给出了一个同时使用输入和输出函数的示例。

清单 8.3 一个将多个文本文件扔到 stdout 的程序

```
1  #include <stdlib.h>
2  #include <stdio.h>
3  #include <errno.h>
4
```

```
5  enum { buf_max = 32, };
6
7  int main(int argc, char* argv[argc+1]) {
8    int ret = EXIT_FAILURE;
9    char buffer[buf_max] = { 0 };
10   for (int i = 1; i < argc; ++i) {        // 过程参数
11     FILE* instream = fopen(argv[i], "r"); // 作为文件名
12     if (instream) {
13       while (fgets(buffer, buf_max, instream)) {
14         fputs(buffer, stdout);
15       }
16       fclose(instream);
17       ret = EXIT_SUCCESS;
18     } else {
19       /* 提供一些错误诊断。 */
20       fprintf(stderr, "Could not open %s: ", argv[i]);
21       perror(0);
22       errno = 0;                          // 重置错误代码
23     }
24   }
25   return ret;
26 }
```

这是实现一个小的 **cat** 命令，它读取命令行上给出的多个文件，并将它们的内容扔到 **stdout** 上[练习 4][练习 5][练习 6][练习 7]。

8.4　字符串处理和转换

C 中的字符串处理必须涉及这样一个事实，即源环境和执行环境可能有不同的编码。因此，拥有独立于编码工作的接口是至关重要的。最重要的工具是由语言本身提供的：**'a'** 和 **'\n'** 等整型字符常量以及 **"hello : \ tx"** 等字符串常量应该能够始终在你的平台上正常工作。你可能还记得，没有比 **int** 类型更窄的常量，而且，作为一种历史产物，**'a'** 之类的整型字符常量具有 **int** 类型，而不是你可能预期的 **char** 类型。

如果必须处理字符类，那么处理这些常量就会变得很麻烦。

因此，C 库通过头文件 **ctype.h** 提供了处理最常用类的函数和宏。它有用于分类的 **isalnum**, **isalpha**, **isblank**, **iscntrl**, **isdigit**, **isgraph**, **islower**, **isprint**, **ispunct**, **isspace**, **isupper**, **isxdigit**，以及用于转换的 **toupper** 和 **tolower**。同样，由于历史原因，所有这些都将其参数作为 **int**，并返回 **int**。分类符的概述见表 8.11。函数 **toupper** 和 **tolower** 将字母字符转换为相应的大小写，而所有其他字符保持不变。

[练习 4]　在什么情况下，这个程序会以成功或失败的返回码结束？

[练习 5]　令人惊讶的是，这个程序甚至适用于行数超过 31 个字符的文件。为什么？

[练习 6]　如果没有提供命令行参数，那么让程序从 **stdin** 中读取。

[练习 7]　如果第一个命令行参数是 **"-n"**，那么让程序在所有输出行前面加上行号。

表 8.11 的第三列表示 C 实现是否可以使用特定于平台的字符来扩展这些类，例如 'ä' 作为小写字符或 '€' 作为标点符号。

表 8.11 字符分类符

<table>
<tr><th>名称</th><th>含义</th><th>C 语言环境</th><th>已扩展</th></tr>
<tr><td>islower</td><td>小写字母</td><td>'a' ... 'z'</td><td>是</td></tr>
<tr><td>isupper</td><td>大写字母</td><td>'A' ... 'Z'</td><td>是</td></tr>
<tr><td>isblank</td><td>空白</td><td>' ', '\t'</td><td>是</td></tr>
<tr><td>isspace</td><td>空格</td><td>' ', '\f', '\n', '\r', '\t', '\v'</td><td>是</td></tr>
<tr><td>isdigit</td><td>十进制</td><td>'0' ... '9'</td><td>否</td></tr>
<tr><td>isxdigit</td><td>十六进制</td><td>'0' ... '9', 'a' ... 'f', 'A' ... 'F'</td><td>否</td></tr>
<tr><td>iscntrl</td><td>控制</td><td>'\a', '\b', '\f', '\n', '\r', '\t', '\v'</td><td>是</td></tr>
<tr><td>isalnum</td><td>字母数字</td><td>isalpha(x)||isdigit(x)</td><td>是</td></tr>
<tr><td>isalpha</td><td>字母</td><td>islower(x)||isupper(x)</td><td>是</td></tr>
<tr><td>isgraph</td><td>图形的</td><td>(!iscntrl(x)) && (x != ' ')</td><td>是</td></tr>
<tr><td>isprint</td><td>可打印</td><td>!iscntrl(x)</td><td>是</td></tr>
<tr><td>ispunct</td><td>标点符号</td><td>isprint(x)&&!(isalnum(x)||isspace(x))</td><td>是</td></tr>
</table>

表中有一些特殊字符，如 '\n' 表示换行符，这是我们以前遇到过的。所有特殊编码及其含义见表 8.12。

表 8.12 字符和字符串字面量中的特殊字符

'\''	单引号
'\"'	双引号
'\?'	问号
'\\'	反斜杠
'\a'	警告
'\b'	回退
'\f'	换页
'\n'	换行
'\r'	回车
'\t'	水平制表符
'\v'	垂直制表符

整型字符常量也可以用数字编码：例如，作为形式为 '\037' 的八进制值，或作为形式为 '\xFFFF' 的十六进制值。在第一种形式中，最多使用三个八进制数来表示代码。对于第二种形式，x 之后可以理解为十六进制数的任何字符序列都包含在代码中。在字符串中使用这些字符需要特别标记这样一个字符的结尾："\xdeBruyn" 与 "\xde""Bruyn"⊖不同，它对应于 "\xdeB""ruyn"，代码为 3563 的字符后面跟着四个字符 'r'、'u'、'y' 和 'n'。使用这个特性只在某种意义上是可移植的，因为只要代码为 3563 的字符存在，它就可以在所有平台上编译。它是否存在以及该字符实际上是什么取决于平台以及为程序

⊖ 但是要记住，连续的字符串字面量是连接在一起的（要点 5.18）。

执行所做的特定设置。

要点 8.23 数字编码字符的解释取决于执行字符集。

因此，它们的使用不是完全可移植的，应该尽量避免使用。

下面的函数 hexatridecimal 使用这些函数中的一部分来为所有字母数字字符提供以 36 为基数的数值。这类似于十六进制常量，所有其他字母也有基数为 36 的值 [练习 8] [练习 9] [练习 10]：

strtoul.c

```
 8  /* 假设小写字符是连续的。 */
 9  static_assert('z'-'a' == 25,
10                "alphabetic characters not contiguous");
11  #include <ctype.h>
12  /* 将字母数字转换为无符号的 */
13  /* '0' ... '9'  => 0 .. 9u */
14  /* 'A' ... 'Z'  => 10 .. 35u */
15  /* 'a' ... 'z'  => 10 .. 35u */
16  /* 其他值 => 更大 */
17  unsigned hexatridecimal(int a) {
18    if (isdigit(a)) {
19      /* 这保证工作有效：十进制数字
20         是连续的，isdigit 不依赖
21         于区域设置。*/
22      return a - '0';
23    } else {
24      /* 如果不是小写，则保持不变。 */
25      a = toupper(a);
26      /* 返回值 >=36，如果不是拉丁大写。 */
27      return (isupper(a)) ? 10 + (a - 'A') : -1;
28    }
29  }
```

除了 **strtod**，C 库函数还有 **strtoul**、**strtol**、**strtoumax**、**strtoimax**、**strtoull**、**strtoll**、**strtold** 和 **strtof** 来将字符串转换为数值。

这里，名称末尾的字符对应于类型：u 对应 **unsigned**，l（字母“el”）对应于 **long**，d 对应于 **double**，f 对应于 float，[i|u]max 对应于 **intmax_t** 和 **uintmax_t**。

具有整型返回类型的接口都有三个参数，比如 **strtoul**，

```
unsigned long int strtoul(char const nptr[restrict],
                          char** restrict endptr,
                          int base);
```

它将字符串 nptr 解释为 base 中的给定数字。有趣的 base 值是 0、8、10 和 16。最后三个分别对应八进制、十进制和十六进制编码。第一个是 0，是这三者的组合，其

[练习 8] hexatridecimal 的第二次 **return** 对 a 和 'A' 之间的关系进行了假设。它是什么？

[练习 9] 描述了一个错误场景，在这个场景中，这个假设没有实现。

[练习 10] 修复这个 bug：也就是说，重写这段代码，使其对 a 和 'A' 之间的关系不做假设。

中基数是根据将文本解释为数字的常用规则选择的："7"是十进制，"007"是八进制，"0x7"是十六进制。更准确地说，字符串可以解释为由四个不同的部分组成：空白、符号、数字和一些残留数据。

第二个参数可以用来获取残留数据的位置，但这对我们来说还是太复杂了。目前，只需为该参数传递一个0就可以确保一切都能正常工作。一个方便的参数组合通常是**strtoul(S,0,0)**，它试图将S解释为代表一个数字，而不管输入格式如何。提供浮点值的三个函数的工作原理类似，只是函数参数的数量限制为两个。

接下来，我们将演示如何用更基本的语言来实现这些函数。让我们先来看看Strtoul_inner。它是**strtoul**实现的核心，在循环中使用hexatridecimal来计算一个来自字符串的大整数：

strtoul.c

```
31 unsigned long Strtoul_inner(char const s[static 1],
32                             size_t i,
33                             unsigned base) {
34   unsigned long ret = 0;
35   while (s[i]) {
36     unsigned c = hexatridecimal(s[i]);
37     if (c >= base) break;
38     /* 以36为基数，64位的最大可表示值
39        为3w5e11264sgsf */
40     if (ULONG_MAX/base < ret) {
41       ret = ULONG_MAX;
42       errno = ERANGE;
43       break;
44     }
45     ret *= base;
46     ret += c;
47     ++i;
48   }
49   return ret;
50 }
```

如果字符串表示的数对于**unsigned long**类型来说太大，则此函数返回**ULONG_MAX**并将**errno**设为**ERANGE**。

现在Strtoul给出了**strtoul**的一个功能实现，只要不使用指针就可以做到：

strtoul.c

```
60 unsigned long Strtoul(char const s[static 1], unsigned base) {
61   if (base > 36u) {                 /* 测试基数 */
62     errno = EINVAL;                 /* 扩展规范 */
63     return ULONG_MAX;
64   }
65   size_t i = strspn(s, " \f\n\r\t\v"); /* 跳过空格 */
66   bool switchsign = false;          /* 寻找迹象 */
```

```
67     switch (s[i]) {
68     case '-' : switchsign = true;
69     case '+' : ++i;
70     }
71     if (!base || base == 16) {     /* 调整基数 */
72       size_t adj = find_prefix(s, i, "0x");
73       if (!base) base =  (unsigned[]){ 10, 8, 16, }[adj];
74       i += adj;
75     }
76     /* 现在，开始真正的转换 */
77     unsigned long ret = Strtoul_inner(s, i, base);
78     return (switchsign) ? -ret : ret;
79   }
```

它对 `Strtoul_inner` 进行了包装，并做了前面所需的调整：跳过空白、查找可选符号、在 `base` 参数为 0 时调整基数，并跳过最后的 0 或 0x 前缀。还要注意，如果提供了负号，它将以 **unsigned long** 运算形式对结果进行求反[练习 11]。

为了跳过空格，`Strtoul` 使用了 **strspn**，这是 **string.h** 提供的字符串搜索函数之一。该函数返回第一个参数中完全包含了第二个参数字符的序列长度。函数 **strcspn**（“c”表示“补码”）的工作原理类似，但它查找的是不在第二个参数中出现的字符序列。

这个头文件提供了很多内存和字符串搜索函数：**memchr**、**strchr**、**strpbrk** **strrchr**、**strstr** 和 **strtok**。但是要使用它们，我们需要指针，所以现在我们还不能对它们进行操作。

8.5 时间

第一类时间可以归类为日历时间，具有颗粒度和范围的时间通常出现在预约、生日等人类的日历中。下面是一些处理时间的函数接口，它们都是由 **time.h** 头文件提供的：

```
time_t time(time_t *t);
double difftime(time_t time1, time_t time0);
time_t mktime(struct tm tm[1]);
size_t strftime(char s[static 1], size_t max,
                char const format[static 1],
                struct tm const tm[static 1]);
int timespec_get(struct timespec ts[static 1], int base);
```

第一个为我们简单地提供了 **time_t** 类型当前时间的时间戳。最简单的形式是使用 **time(0)** 的返回值。正如我们所看到的，在程序执行过程中的不同时刻获得的这两个时间可以用 **difftime** 来表示它们的时间差。

让我们从人类的角度来看看这一切在做些什么。正如我们所知，**struct tm** 主要是

[练习 11] 根据 `Strtoul` 的需要实现一个函数 `find_prefix`。

按照你所期望的方式来建立一个日历时间。它具有层次化的日期成员，如 **tm_year** 代表年，**tm_mon** 代表月，等等，直到秒。然而，它有一个问题：如何计算成员。除了一项外，其他都以 0 开始：例如，将 **tm_mon** 设置为 0 表示 1 月，而 **tm_wday** 设置为 0 表示星期日。

不幸的是，也有例外：

- **m_mday** 从 1 开始计算一个月的天数。
- **tm_year** 必须加 1900 才能得到公历中的年份。以这种方式表示的年份应该介于公历 0 年到 9999 年之间。
- **tm_sec** 的范围是 0 到 60。后者是为罕见的闰秒准备的。

三个补充的日期成员用于对 **struct tm** 中的时间值提供额外信息：

- **tm_wday** 表示一周中的某一天。
- **tm_yday** 表示一年中的某一天。
- **tm_isdst** 是一个标志，它告诉我们某个日期的本地时区是否为 DST 时区。

可以通过函数 **mktime** 来保证所有这些成员的一致性。它分三步来做：

1. 分层的日期成员被规范化为各自的范围。
2. **tm_wday** 和 **tm_yday** 设置为相应的值。
3. 如果 tm_isday 为负值，如果日期属于 DST 时区，则将该值修改为 1，否则修改为 0。

mktime 还有另外一个用途。它以 **time_t** 的形式返回时间。**time_t** 表示与 **struct tm** 相同的日历时间，但定义为算术类型，这更适合使用此类型进行计算。它以线性时间尺度运算。**time_t** 的起始值 0 在 C jargon 中称为**纪元**[C]。通常这对应于 1970 年 1 月 1 日。

time_t 的颗粒度通常是秒，但是无法保证能做到这一点。有时处理器使用特殊的寄存器来处理不同颗粒度的时钟。

difftime 将两个 **time_t** 值之间的差转换为以 double 表示的秒数。

附录 K

其他在 C 语言中操作时间的传统函数有点危险，因为它们是在全局状态下操作的。我们在这里不讨论它们，但是这些接口的变体已在附录 K 中以 _s 的形式进行了审核：

```
errno_t asctime_s(char s[static 1], rsize_t maxsize,
                  struct tm const timeptr[static 1]);
errno_t ctime_s(char s[static 1], rsize_t maxsize,
                const time_t timer[static 1]);
struct tm *gmtime_s(time_t const timer[restrict static 1],
                    struct tm result[restrict static 1]);
struct tm *localtime_s(time_t const timer[restrict static 1],
                       struct tm result[restrict static 1]);
```

图 8.1 展示了所有这些函数是如何相互作用的：

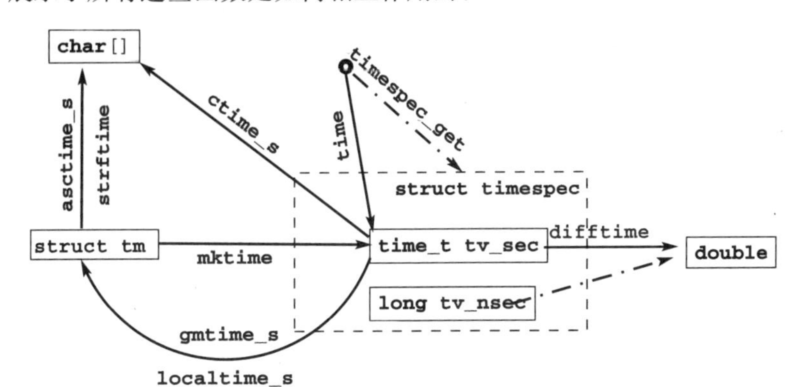

图 8.1 时间转换函数

可以看到从 **time_t** 到 **struct tm** 的逆运算有两个函数：

- **localtime_s** 存储分解的本地时间。
- **gmtime_s** 存储分解的时间，以通用时间（UTC）表示。

正如所表示的，它们在转换时所假定的时区不同。在正常情况下，**localtime_s** 和 **mktime** 应该是相反的；**gmtime_s** 在相反方向上没有直接的对应项。

也可以得到日历时间的文本表示。**asctime_s** 以固定格式存储日期，不依赖于任何地区、语言（使用英语缩写）或平台。格式是字符串形式

```
"Www Mmm DD HH: MM: SS YYYY\n"
```

strftime 更加灵活，允许我们用格式说明符构成文本表示。

它的工作原理与 **printf** 系列类似，但对日期和时间有特殊的 %- 代码，见表 8.13。这里，环境设置列表示不同的环境配置，如首选语言或时区，可能会影响输出。如何访问以及最终如何设置它们将在 8.6 节中进行介绍。**strftime** 接收三个数组：一个 **char[max]** 数组，将会用结果字符串填充，另一个字符串保存格式，还有一个 **struct tm const[1]** 保存要表示的时间。只有当我们对指针有了更多的了解之后，我们才会明白为什么要为时间传递一个数组。

表 8.13 的环境设置列中所选择的配置可能会根据环境运行时的配置而动态变化，参见 8.6 节。ISO 8601 列中所选择的值是由该标准规定的。

表 8.13 strftime 格式说明符

规格	含义	环境设置	ISO 8601
"%S"	秒（"00" 到 "60"）		
"%M"	分钟（"00" 到 "59"）		
"%H"	小时（"00" 到 "23"）		
"%I"	小时（"01" 到 "12"）		
"%e"	月中的某天（" 1" 到 "31"）		
"%d"	月中的某天（"01" 到 "31"）		

（续）

规格	含义	环境设置	ISO 8601
"%m"	月（"01" 到 "12"）		
"%B"	月的全名	X	
"%b"	月名缩写	X	
"%h"	相当于 "%b"	X	
"%Y"	年		
"%y"	年（"00" 到 "99"）		
"%C"	世纪数（年 /100）		
"%G"	基于周的年份；与 "%Y" 相同，除非 ISO 周数属于另一年		X
"%g"	类似 "%G"，（"00" 到 "99"）		X
"%u"	周中的某天（"1" 到 "7"），周一为 "1"		
"%w"	周中的某天（"0" 到 "6"），周日为 "0"		
"%A"	工作日的全名	X	
"%a"	工作日名缩写	X	
"%j"	年中的某天（"001" 到 "366"）		
"%U"	年中的周数（"00" 到 "53"），从周日开始		
"%W"	年中的周数（"00" 到 "53"），从周一开始		
"%V"	年中的周数（"01" 到 "53"），从新一年的头四天开始		X
"%Z"	时区名称	X	
"%z"	"+hhmm" 或 "-hhmm"，与 UTC 的小时和分钟偏移量		
"%n"	换行		
"%t"	水平制表符		
"%%"	字面量 "%"		
"%x"	日期	X	
"%D"	相当于 "%m/%d/%y"		
"%F"	相当于 "%Y-%m-%d"		X
"%X"	时间	X	
"%p"	"AM" 或 "PM"：中午是 "PM"，午夜是 "AM"	X	
"%r"	相当于 "%I: %M: %S %p"	X	
"%R"	相当于 "%H: %M"		
"%T"	相当于 "%H: %M: %S"		X
"%c"	首选的日期和时间表示	X	

不透明类型 **time_t**（以及 **time** 本身）只有秒的颗粒度。

如果我们需要比这个更高的精度，可以使用 **struct timespec** 和 **timespec_get** 函数。使用它们，我们就会有一个额外的成员 **tv_nsec**，它提供了十亿分之一秒的精度。第二个参数 base 只有一个由 C 标准定义的值：**TIME_UTC**。你可能希望使用该值调用 **timespec_get** 与调用 **time** 一致。它们都指的是地球的参考时间（Earth's reference time）。特定的平台可以为 base 提供额外的值，该值指定的时钟不同于墙上的时钟。这种时钟的一个例子可能是相对于行星而言或与你的计算机系统所涉及的其他物理系统有关[⊖]。

⊖ 请注意，那些相对于地球快速移动的物体，如卫星和宇宙飞船，可能会感知到相对于 UTC 的时间变化。

使用一个指向系统启动时间的单调时钟，可以避免相对性和其他时间调整。CPU 时钟指的是程序执行时处理资源的时间。

对于后者，C 标准库提供了一个额外的接口：

```
clock_t clock(void);
```

由于历史原因，又引入了另一种类型 **clock_t**。这是一种算术时间，它给出的处理器时间以每秒 **CLOCKS_PER_SEC** 为单位。

有三个不同的接口 **time**、**timespec_get** 和 **clock**，这有点麻烦。为其他形式的时钟提供预定义常量，如 TIME_PROCESS_TIME 和 TIME_THREAD_TIME，可能会有所帮助。

挑战 10 排序算法的性能比较

你能将排序程序（挑战 1）的时间效率与几个数量级大小的数据进行比较吗？

请小心检查数据的创建是否存在一些随机性，以及数据大小是否超出了计算机的可用内存。

对于这两种算法，你应该大致观察与 $N \log N$ 成比例的行为，其中 N 是排序元素的个数。

8.6 运行时环境设置

C 程序可以访问**环境列表**[C]：名称 - 值字符串对列表（通常称为**环境变量**[C]），它们可以传输来自运行时环境的特定信息。有一个历史函数 **getenv** 可以访问这个列表：

```
char* getenv(char const name[static 1]);
```

根据我们目前掌握的知识，我们只能使用这个函数来测试环境列表中是否存在某个 name：

```
bool havenv(char const name[static 1]) {
  return getenv(name);
}
```

我们反而可以使用更安全的函数 **getenv_s**：

附录 K

```
errno_t getenv_s(size_t * restrict len,
                 char value[restrict],
                 rsize_t maxsize,
```

```
                    char const name[restrict]);
```

这个函数将环境中与 name 对应的值（如果有的话）复制到一个 char[maxsize] 值中，前提是它适合这个值。可用如下方式打印这样的值：

```
void printenv(char const name[static 1]) {
  if (getenv(name)) {
    char value[256] = { 0, };
    if (getenv_s(0, value, sizeof value, name)) {
      fprintf(stderr,
              "%s: value is longer than %zu\n",
              name, sizeof value);
    } else {
      printf("%s=%s\n", name, value);
    }
  } else {
    fprintf(stderr, "%s not in environment\n", name);
  }
}
```

可以看到，在检测环境变量是否存在后，可以安全地调用 getenv_s，其中将第一个参数设置为 0。此外，还可以保证只有在能容纳预期结果的情况下才写入值目标缓冲区。len 参数可用于检测所需的实际长度，而动态缓冲区分配可用于打印较大的值。等到了更高级时我们再来查看这些用法。

程序可以使用哪些环境变量在很大程度上取决于操作系统。通常提供的环境变量包括用于用户主目录的 "HOME"、用于可执行文件的标准路径集合的 "PATH" 和用于语言设置的 "LANG" 或 "LC_ALL"。

语言或**区域**[C] 设置是执行环境的另一个重要部分，程序执行时会继承该环境。在启动时，C 将区域设置强制为一个规范化的值，称为“C”区域设置。它基本上选择美式英语形式的数字或时间和日期。

来自 locale.h 的函数 setlocale 可用来设置或检查当前值：

```
char* setlocale(int category, char const locale[static 1]);
```

除了“C”之外，C 标准还规定了区域设置的另一个有效值：空字符串 ""。这可以用来将当前的区域设置为系统默认值。category 参数可用来处理全部或部分语言环境。表 8.14 概述了可能的值以及它们所影响的 C 库函数部分。另外还可以得到其他与平台相关的类别。

表 8.14 setlocale 函数的分类

LC_COLLATE	通过 strcoll 和 strxfrm 进行字符串比较
LC_CTYPE	字符分类和处理函数，参见 8.4 节。
LC_MONETARY	货币格式信息，localeconv

（续）

LC_NUMERIC	格式化 I/O 的小数点字符，localeconv
LC_TIME	strftime，参见 8.5 节
LC_ALL	以上都是

8.7 程序终止和断言

我们已经了解了终止程序的最简单方法：从 **main** 正常返回。

要点 8.24 正常程序终止应使用来自 **main** 的 **return**。

在 **main** 中使用 **exit** 函数是没有意义的，因为它可以用 **return** 轻松完成。

要点 8.25 在可能终止常规控制流的函数中使用 **exit**。

C 库函数还有其他三个终止程序运行的函数，按严重程度排序：

```
_Noreturn void quick_exit(int status);
_Noreturn void _Exit(int status);
_Noreturn void abort(void);
```

现在，从 **main** 返回（或调用 **exit**）已经提供了指定程序执行是否被视为成功的可能。使用返回值来指定，只要你没有其他需求，或者你不完全理解这些函数的作用，就不要使用它们。真的：不要。

要点 8.26 除了 **exit**，不要使用其他函数来终止程序，除非必须禁止执行库清理。

程序终止时的清理非常重要。运行时系统可以刷新和关闭已写入的文件或释放程序占用的其他资源。这是一个特性，很少会被绕过去。

甚至还有一种机制可以安装你自己的**处理程序**[C]，这些处理程序将在程序终止时执行。有两个函数可以使用：

```
int atexit(void func(void));
int at_quick_exit(void func(void));
```

它们有一个我们还没有见过的语法：**函数参数**[C]。例如，第一个函数读取"函数 **atexit**，它返回一个整型数，并接收函数 func，其作为参数[⊖]。"

我们在这里不进行详细的讨论。下面的例子将展示如何使用它：

```
void sayGoodBye(void) {
  if (errno) perror("terminating with error condition");
  fputs("Good Bye\n", stderr);
}
```

⊖ 事实上，在 C 语言中，对于函数 **atexit** 来说，这样一个函数参数 func 的概念相当于传递一个**函数指针**[C]。在对这些函数的描述中，你通常会看到指针的变体。对我们来说，这种区别还无关紧要。更简单的做法是考虑这样一个函数，其通过引用来传递。

```
int main(int argc, char* argv[argc+1]) {
  atexit(sayGoodBye);
  ...
}
```

它使用函数 **atexit** 来建立退出处理程序 sayGoodBye。程序正常终止后，将执行此函数并给出执行状态。如果你想赢得一些尊重，这可能是一个给同事留下深刻印象的好方法。更重要的是，这里是放置各种清理代码的理想位置，比如释放内存或将终止时间戳写入日志文件。请注意，调用的语法是 **atexit**(sayGoodBye)。sayGoodBye 本身不带 ()：这里，sayGoodBye 并不在那个点上调用，只有将函数的引用传递给 **atexit**。

在极少数情况下，你可能想要绕过这些建立好的 **atexit** 处理程序。还有第二对函数，**quick_exit** 和 **at_quick_exit**，它们可以用来建立终止处理程序的替代列表。如果处理程序的正常执行太耗时，那么这样的替代列表可能很有用。但要小心使用。

下一个函数 **_Exit** 更加严格：它禁止执行两种特定于应用程序的处理程序。唯一执行的是特定于平台的清理，比如文件关闭。要更加小心地使用它。

最后一个函数 **abort** 甚至更具侵入性。它不仅不调用应用程序处理程序，而且还禁止执行某些系统清理。要非常小心地使用它。

在本章的开头，我们讨论了 **_Static_assert** 和 **static_assert**，它们用于生成编译时断言。它们可以测试任何形式的编译时布尔表达式。另外两个标识符来自 assert.h，可用于运行时断言：**assert** 和 **NDEBUG**。第一个可以用来测试在某个时刻必须保存的表达式。它可以包含任何布尔表达式，也可以是动态的。如果在编译期间未定义 **NDEBUG** 宏，那么每次通过调用将执行传递给该宏时，都会计算表达式。7.3 节中的 gcd 和 gcd2 函数展示了 **assert** 的典型用例：在每次执行中都应该保存的条件。

如果条件没有保存，将打印一条诊断消息，并调用 **abort**。因此，所有这些都不应该转化为产品的可执行文件。从前面的讨论中，我们知道使用 **abort** 通常是有害的，而且错误消息，例如

```
0    assertion failed in file euclid.h, function gcd2(), line 6
```

对你的客户也没有多大帮助。它在调试阶段很有用，因为在此阶段，它可以引导你找到对变量值做出错误假设的地方。

要点 8.27　使用尽可能多的 **assert** 来确认运行时属性。

如前所述，**NDEBUG** 会禁止表达式的计算和对 **abort** 的调用。使用它来减少不必要的开销。

要点 8.28　在生产编译中，使用 **NDEBUG** 来关闭所有 **assert**。

挑战 11　图像分割

除了C标准库之外，还有许多其他支持库提供了非常不同的特性。其中有很多是做某种图像处理的。试着找一个合适的图像处理库，这个库是用C语言写的或者与C语言有接口，它允许你把灰度图像当作基类型为 `unsigned char` 的二维矩阵。

这个挑战的目标是对这样一幅图像进行分割：将像素（矩阵的 `unsigned char` 元素）分组到某种意义上“相似的”的连接区域中。这样的分割形成了像素集的一个分区，就像我们在挑战4中看到的那样。因此，你应该使用Union-Find结构来表示区域，开始时每个像素表示一个区域。

你可以实现一个统计函数来计算所有区域的统计数据吗？这应该是另一个数组（游戏中的第三个数组），它为每个根保存像素数和所有值的总和。

你能为区域实现一个合并条件吗？测试两个区域的平均值是否相差不太大：例如，不超过5个灰度值。

你能实现一个逐行合并的策略吗？即，对图像行上的每个像素，测试其区域是否应该合并到左边和/或上边？

你能否逐行循环，直到没有更多的变化：也就是说，结果区域/集都与它们各自的邻近区域进行了逆向测试？

现在你已经有了一个完整的图像分割函数，可以尝试对不同主题和大小的图像进行分割，还可以使用不同的平均距离值（而不是5）来改变合并条件。

总结

- C库函数通过一堆头文件进行连接。
- 数学函数最好通过 `tgmath.h` 中的通用型宏来使用。
- 输入和输出（IO）通过 `stdio.h` 进行连接。有些函数以文本或原始字节的形式执行IO。文本IO可以是直接的，也可以是按格式构成的。
- 字符串处理使用来自 `ctype.h` 的函数进行字符分类，使用来自 `stdlib` 的函数进行数值转换，使用来自 `string.h` 的函数进行字符串操作。
- `time.h` 中的时间处理具有用于人类理解的日历时间，以及以秒和纳秒为单位的物理时间。
- 标准C只有基本的接口来描述一个正在运行的程序的执行环境。`getenv` 提供对环境变量的访问，`locale.h` 管理人类语言的接口。

第2级 Level 2

相　　知

欧亚松鸦可能独居，也可能成对出现。它以模仿其他鸟类的鸣叫、机警以及散播有助于森林扩张的种子而闻名。

现在我们已经够级别，可以深入到C语言的核心了。完成这一级后你应该能够专业地编写C代码，因此，本级首先对C程序的编写和组织进行必要的讨论。然后，它填补了我们迄今为止跳过的C结构所留下的空白：完整地解释了指针，使你能够熟悉C的内存模型和动态内存分配，并帮助你了解C的大部分库函数接口。

Chapter 9 第9章

风　格

本章涵盖了：

- ❑ 编写可读的代码
- ❑ 格式化代码
- ❑ 命名标识符

程序服务于两个方面：首先，正如我们已经看到的，它们向编译器和最终可执行程序提供指令。但同样重要的是，它们记录了系统的预期行为，以供必须处理系统的人员（用户、客户、维护人员、律师等）使用。

因此，我们有一个基本方针：

要点 C 所有的 C 代码必须可读。

这个方针的难点在于了解是什么构成了“可读”。并不是所有有经验的 C 程序员都认可，所以我们将从建立一个基本的需求列表开始。在讨论人类的状况时，我们必须牢记的第一件事是，它受到两个主要因素的制约：身体能力和文化背景。

要点 9.1 短期记忆和视野都很小。

Torvalds 等人写的 Linux 内核的编码风格 [1996] 就是一个很好的例子，它强调了这方面的内容，如果你还没有读过的话，非常值得去拜读一下。它的主要假设仍然有效：编程文本必须在一个相对较小的“窗口”中表示（无论是控制台还是图形编辑器），这个“窗口”大概由 30 行 80 列组成，构成了一个 2400 个字符的“界面”。所有不适合的内容都要被记录。例如，清单 1.1 中的第一个程序就符合这些约束。

通过幽默地引用 Kernighan 和 Ritchie[1978]，Linux 的编码风格还提到了另一个基本事实：

要点 9.2 编码风格不是品味的问题，而是文化的问题。

忽视这一点很容易导致无休止的、毫无结果的争论。

要点 9.3 当你进入一个已建立的项目时，你就进入了一个新的文化空间。

努力适应人们的习惯。当创建自己的项目时，你有一定的自由度来建立自己的规则。但如果你想让其他人也遵守这些规则，那就要小心了，你不能过分偏离相关社区中的一些常识。

9.1 格式

C 语言本身对格式问题相对宽容。在正常情况下，C 编译器会默默地解析写在一行上的整个程序，该行上只有少量空格，而且所有标识符都是由字母 l 和数字 1 组成的。对代码格式化的需求源于人类的无能。

要点 9.4 为空格和其他文本格式选择一致的策略。

格式化涉及缩进、圆括号和各种方括号（`{}`、`[]` 和 `()`）的放置、运算符前后的空格、尾部空格和多个换行。人类的眼睛和大脑是有个相当特殊的习惯，为了确保它们能正常而有效地工作，所有的事情必须同步。

在第 1 级的介绍中，你看到了许多编码样式规则应用到本书的代码中。可以把它们作为一种风格的例子，以后你很可能还会遇到其他的风格。让我们回顾一些规则，并介绍一些尚未出现的其他规则：

- 我们对代码块使用前缀表示法：也就是说，开始的 `{` 在行尾。
- 我们将类型修饰符和限定符绑定到左边。
- 我们将 function`()` 绑定到左边，但是条件 `()` 与它们的关键字（例如 **`if`** 或 **`for`**）用空格分开。
- 三元表达式在 `?` 的周围有空格和 `:` 。
- 标点符号（`:`，`;` 和 `,`）前面没有空格，但之后有一个空格或换行。

正如你所见，当写出来时，这些规则会显得相当烦琐和随意。它们本身没有价值；它们是视觉辅助工具，可以帮助你和你的合作者在眨眼间能够理解新代码。它们并不是由你直接细心地敲出来的，但是你应该找到并学习能够在这方面给你提供帮助的工具。

要点 9.5 让文本编辑器自动正确地格式化你的代码。

我本人使用 Emacs 来做这方面的工作（是的，我已经老了）。对我来说，这是一个理想的选择，因为它本身就可以理解很多 C 程序的结构。你得到的好处可能会有所不同，但不要在日常生活中使用一个给你带来极少好处的工具。文本编辑器、集成开发环境（IDE）和代码生成器都是为我们准备的。

在更大的项目中，你应该对所有使用的和给其他人看的代码执行这样的格式化策略。否则，你将很难跟踪不同版本的程序之间的差异。这可以通过执行格式化的命令行工具自动实现。这里，我长期偏爱 astyle（artistic style，艺术风格。http://sourceforge.net/projects/astyle/）。同样，你得到的好处可能会有所不同。请选择任何能满足你需求的工具。

9.2 命名

当涉及命名时，这种自动格式化工具达到了极限。

要点 9.6 为所有标识符选择一致的命名策略。

命名有两个不同的方面：一方面是技术限制，另一方面是语义约定。不幸的是，它们经常被混淆，成为无休止的意识形态辩论的主题。

对于 C，各种技术限制都适用；它们是来帮助你的，所以要认真对待。首先，我们针对所有标识符：类型（结构或非结构）、结构和联合成员、变量、枚举、宏、函数、类似函数的宏。有这么多混乱的**命名空间**[C]，你必须要小心。

特别是，头文件和宏定义之间的交互可能会产生惊人的效果。下面是一个简单的例子：

```
1  double memory_sum(size_t N, size_t I, double strip[N][I]);
```

- N 是一个大写的标识符，因此你的合作者可能会将宏 N 定义为一个大的数字。
- 只要包含了 complex.h，I 就用来表示 −1 的根。
- 标识符 strip 可能被 C 用来实现库函数或宏。
- 标识符 memory_sum 将来可能被 C 标准用于类型名称。

要点 9.7 在头文件中可见的任何标识符必须一致。

这里，一致性是一个广泛的领域。在 C jargon 中，如果一个标识符的含义是由 C 标准确定的，则该标识符会被**保留**[C]，否则你不能重新定义它：

- 以下划线和第二个下划线或大写字母开头的名称被保留，用于语言扩展和其他内部用途。
- 以下划线开头的名称用于文件作用域标识符、**enum**、**struct** 和 **union** 标记。
- 宏名全部大写。
- 所有具有预定义含义的标识符都被保留，不能在文件作用域内使用。这包括许多标识符，如 C 库中的所有函数、所有以 str 开头的标识符（如前面的 strip）、所有以 E 开头的标识符、所有以 _t 结尾的标识符等等。

创建这些规则相对困难的原因是，你可能多年都没有发现任何违规。然后，突然间，在新的客户端机器上，在引入下了一个 C 标准和编译器之后，或者在简单的系统升级之后，你的代码崩溃了。

一个降低命名冲突的简单策略是尽可能少地公开名称。

要点 9.8 不要污染标识符的全局空间。

仅将类型和函数作为**应用程序编程接口**[C]（API[C]）的一部分进行公开：也就是说，这些接口应该由编写代码的用户来使用。

对于其他人或在其他项目中使用的库函数，一个好的策略是使用不太可能造成冲突的命名前缀。例如，POSIX 线程 API 中的许多函数和类型都以 pthread_ 为前缀。对于我的工具箱 P99，我使用前缀 p99_ 和 P99_ 作为 API 接口，使用 p00_ 和 P00_ 作为内部接口。

有两种类型的名称可能与其他程序员编写的宏交互不太好，你可能不会马上想到它们：

- **struct** 和 **union** 的成员名称
- 函数接口中的参数名

第一点是标准结构中的成员通常在其名称前加上前缀的原因：**struct timespec** 将 **tv_sec** 作为成员名称，因为经验不足的用户可能会声明一个宏 sec，当包含 time.h 时，其可能以无法预知的方式受到干扰。关于第二点，我们在前面看到了一个例子。在 P99 中，我将指定这样一个函数：

```
1  double p99_memory_sum(size_t p00_n, size_t p00_i,
2                        double p00_strip[p00_n][p00_i]);
```

当我们将内部程序暴露给外界时，这个问题会变得更糟。这在两种情况下会发生：

- 所谓的内联函数，是其定义（不仅仅是声明）在头文件中可见的函数
- 类似函数的宏

稍后我们将讨论这些特性，请参阅 15.1 节和第 16 章。

现在我们已经阐明了命名的技术要点，接下来我们将研究语义方面。

要点 9.9 *名称必须是可识别的和可快速区分的。*

这有两个部分：可识别和快速。比较表 9.1 中的标识符。

根据每个人的喜好，这张表右边的答案可能不同。这反映了我的喜好：这些名字的隐含上下文是我个人期望的一部分。

表 9.1　一些容易区分和不容易区分的标识符的示例

		可识别	可区分	快速
llllllll1oll	llllllll1oll	否	否	否
myLineNumber	myLimeNumber	是	是	否
n	m	是	是	是
ffs	clz	否	是	是
lowBit	highBit	是	是	是
p00Orb	p00Urb	否	是	否
p00_orb	p00_urb	是	是	是

一边是 n 和 m，另一边是 ffs 和 clz，它们之间的区别是隐含语义。

对我来说，我更偏爱数学，从 i 到 n 的单字母变量名，比如 n 和 m，都是整型变量。它们通常作为循环变量或类似的变量出现在非常有限的作用域内。有一个单字母的标识符

是可以的（我们总会有相关的声明），而且很快就能将它们区分开来。

函数名 **ffs** 和 **clz** 是不同的，因为它们与其他所有可能用于函数名的三个字母缩写竞争。顺便说一句，在这里，**ffs** 是 find first(bit)set [找出第一（位）集] 的简写，但这对我来说并不是很明显。它的含义就更不清楚了：哪一位是第一个，是最高有效位还是最低有效位？

有多个约定可以将多个单词组合在一个标识符中。最常用的有以下几种：

- **驼峰命名法**[C]，使用 internalCapitalsToBreakWords
- **蛇形命名法**[C]，使用 internal_underscores_to_break_words
- **匈牙利符号**[C⊖]，编码标识符前缀中的类型信息，例如 **szName**，其中 **sz** 代表字符串，以 0 结尾

你可以想象，这些都不是理想的。前两种方法往往会使我们的观点不好理解：它们很容易用一个不可读的表达式阻塞一整行宝贵的程序：

```
1  return theVerySeldomlyUsedConstant*theVerySeldomlyUsedConstant/
       number_of_elements;
```

匈牙利符号，反过来倾向于使用模糊的缩写来表示类型或概念，产生不易发音的标识符，如果 API 有改动，则会完全崩溃。

所以，在我看来，这些规则或策略都没有绝对的价值。我鼓励你对这个问题采取务实的态度。

要点 9.10 命名是一种创造性的行为。

它不容易被简单的技术规则所纳入。

很显然，标识符使用得越广，好的命名就显得越重要。因此，对于程序员通常看不到的声明标识符来说，这一点尤为重要：构成 API 的全局名称。

要点 9.11 文件作用域标识符必须是全面的。

这里，构成全面的因素应该是从标识符的类型派生出来的。类型名、常量、变量和函数通常有不同的用途，因此应使用不同的策略。

要点 9.12 一个类型名称标识一个概念。

这些概念的例子有：用于 **struct timespec** 的 time、用于 **size_t** 的 size、用于 **enum corvid** 的 corvidae 集合、用于收集与人相关的数据的数据结构的 person、用于项目链表的 list、用于查询数据结构的 dictionary，等等。如果你对数据结构、枚举或算术类型的概念有困难，那么你可能需要重新考虑设计。

要点 9.13 一个全局常量标识一个制品。

也就是说，由于某种原因，一个常量比其他同类型常量显得突出：它有特殊的意义。这可能是因为一些外部原因超出了我们的控制（**M_PI** 表示 π），也可能是因为 C 标准就是这样

⊖ 首先出现在 Simonyi Károly 的博士论文中 [1976]。

说的（**false**，**true**），还有可能是由于执行平台的限制（**SIZE_MAX**），事实上（corvid_num），还可能是出于文化的原因（fortytwo），或作为一个设计决策。

一般来说，我们很快就会看到文件作用域变量（globals）是不受欢迎的。然而，它们有时是不可避免的，所以我们必须知道如何命名它们。

要点 9.14　一个全局变量标识一个状态。

这类变量的典型名称是 toto_initialized，用于对已经初始化的库 toto 进行编码。onError 用于文件作用域而不是内部变量，该内部变量是在必须要删除的库中设置的。visited_entries 用于收集共享数据的哈希表。

要点 9.15　一个函数或函数宏标识一个操作。

在 C 标准库中，并不是所有函数，只是部分函数遵循这一规则，它们都使用动词作为其名称的组成部分。以下是一些例子：

- 比较两个字符串的标准函数是 **strcmp**。
- 查询属性的标准宏是 **isless**。
- 访问数据成员的函数可称为 toto_getFlag。
- 设置这样一个成员的对应函数是 toto_setFlag。
- 将两个矩阵相乘的函数称为 matrixMult。

总结

- 编码风格是一种文化。需要宽容和耐心。
- 代码格式是一种视觉习惯。它应该由你所在的环境自动提供，这样你和你的同事能够轻松地读写代码。
- 变量、函数和类型的命名是一门艺术，在代码的全面性中起着核心作用。

Chapter 10 第10章

组织与文档

本章涵盖了：

❑ 如何记录接口

❑ 如何解释实现

作为一项重要的社会、文化和经济活动，编程需要某种形式的组织才能成功。与编码风格一样，初学者往往低估了理应在代码、项目组织和文档中投入的精力：不幸的是，我们中的许多人都曾经历过在写完代码的某段时间之后不得不去阅读自己的代码，而忘记了有些东西是做什么的。

写文档（或更通俗地说，解释程序代码）并不是一项容易的事。我们必须在提供上下文和必要的信息以及枯燥地陈述显而易见的东西之间找到适当的平衡。让我们来看看下面这两行：

```
1    u = fun4you(u, i, 33, 28);  // ;)
2    ++i;                        // 递增 i
```

第一行不太好，因为它使用了奇怪的常量、一个无法表达其用途的函数名和一个含义不明的变量名，至少对我来说是这样。笑脸注释表明程序员在写这段代码时很开心，但是对于普通的读者或维护人员来说，这并没有太大的帮助。

在第二行，注释是多余的，它解释了就连没有经验的程序员都了解的 ++ 运算符。

将其与以下内容进行比较：

```
1  /* 33 和 28 是适合的，因为它们是素数。 */
2  u = nextApprox(u, i, 33, 28);
3  /* 定理 3 可以确保我们进入下一步。 */
4  ++i;
```

这里我们可以有很多演绎过程。我希望 u 是一个浮点值，可能是 **double** 型，也就是说，其经历一个求近似值的过程。该过程根据索引 i 来一步一步运行，并且需要一些额外参数，这些参数要满足素性条件。

一般来说，根据重要性排序，我们有什么、为了什么、怎么做，以及以什么方式这些规则：

要点 10.1 （什么） 函数接口描述做什么。

要点 10.2 （为了什么） 接口注释描述函数的用途。

要点 10.3 （怎么做） 函数代码说明函数是如何组织的。

要点 10.4 （以什么方式） 代码注释解释函数细微之处的实现方法。

事实上，如果你考虑一个大型程序库项目，你希望所有的用户都会阅读接口规范（比如手册中的概要部分），他们中的大多数人都会阅读关于这些接口的解释（手册中的其余部分）。极少的人会查看源代码，并了解特定接口是如何或以何种方式实现的。

这些规则的第一个效果是，代码结构和文档相辅相成。接口规范和实现之间的区别尤其重要。

要点 10.5 将接口和实现区分开。

这一规则反映在两种不同的 C 源文件的使用上：**头文件** [C]，通常以 **".h"** 结尾；**翻译单元** [C]（TU），以 **".c"** 结尾。

语法注释在这两种应该分开的源文件中有两个不同的作用：

要点 10.6 描述接口——解释实现

10.1 接口文档

与 Java 和 Perl 等较新的语言相比，C 语言没有“内置”的文档标准。但是近年来，一种跨平台的公共域工具在许多项目中被广泛采用：doxygen。它可以用于自动生成 Web 页面、PDF 手册、依赖关系图，等等。但是，即使你没有使用 doxygen 或其他类似的工具，你也应该使用它的语法来描述接口。

要点 10.7 全面地描述接口。

doxygen 有很多类别可以帮助到你，但是进一步的讨论远远超出了本书的范围。我们只考虑以下示例：

heron_k.h

```
116 /**
117  ** @brief use the Heron process to approximate @a a to the
118  ** power of ⊠1/k⊠
119  **
120  ** Or in other words this computes the @f$k^{th}@f$ root of @a a.
121  ** As a special feature, if @a k is ⊠-1⊠ it computes the
```

```
122    ** multiplicative inverse of @a a.
123    **
124    ** @param a must be greater than ⊠0.0⊠
125    ** @param k should not be ⊠0⊠ and otherwise be between
126    ** ⊠DBL_MIN_EXP*FLT_RDXRDX⊠ and
127    ** ⊠DBL_MAX_EXP*FLT_RDXRDX⊠.
128    **
129    ** @see FLT_RDXRDX
130    **/
131   double heron(double a, signed k);
```

doxygen为该函数生成类似于图10.1的在线文档，并且能够生成格式化的文本，我们可以将其包含在本书中：

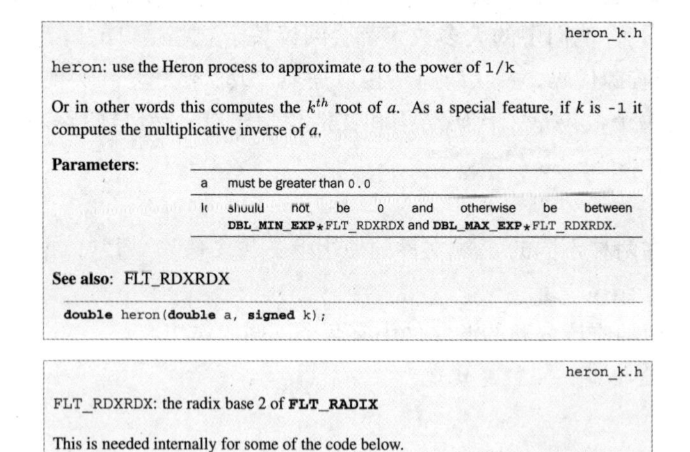

heron_k.h

heron: use the Heron process to approximate a to the power of 1/k

Or in other words this computes the kth root of a. As a special feature, if k is -1 it computes the multiplicative inverse of a.

Parameters:

a	must be greater than 0.0
k	should not be 0 and otherwise be between **DBL_MIN_EXP***FLT_RDXRDX and **DBL_MAX_EXP***FLT_RDXRDX.

See also: FLT_RDXRDX

```
double heron(double a, signed k);
```

heron_k.h

FLT_RDXRDX: the radix base 2 of **FLT_RADIX**

This is needed internally for some of the code below.

```
# define FLT_RDXRDX something
```

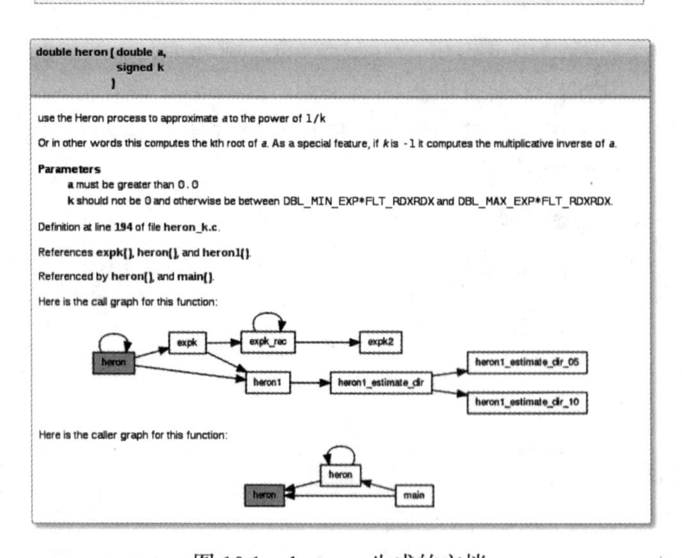

double heron (double a,
signed k
)

use the Heron process to approximate *a* to the power of 1/k

Or in other words this computes the kth root of *a*. As a special feature, if *k* is -1 it computes the multiplicative inverse of *a*.

Parameters

a must be greater than 0.0

k should not be 0 and otherwise be between DBL_MIN_EXP*FLT_RDXRDX and DBL_MAX_EXP*FLT_RDXRDX.

Definition at line **194** of file **heron_k.c**.

References **expk()**, **heron()**, and **heron1()**.

Referenced by **heron()**, and **main()**.

Here is the call graph for this function:

Here is the caller graph for this function:

图10.1 doxygen生成的文档

你可能已经猜到了，以 @ 开头的词对 doxygen 有特殊的含义：它们以关键词开头。这里有 **@param**、**@a** 和 **@brief**。第一个是指描述了一个函数参数，第二个是指在剩下的文档中引用了这个参数，最后一个是指提供了对函数的简要概述。

此外，我们看到注释中有一些标记，并且 doxygen 能够识别其在翻译单元 **"heron_k.c"** 中的位置。**"heron_k.c"** 定义了在实现中所涉及的函数以及不同函数的调用图。

要提供良好的项目组织结构，让使用你的代码的用户能够轻松地找到相关的部分，而不必到处乱找，这一点非常重要。

要点 10.8 将代码组织成具有强大语义连接的单元。

通常，这只需将处理特定数据类型的所有函数组合到一个头文件中即可。包含 **struct brian** 的典型头文件 **"brian.h"** 类似这样：

```
1  #ifndef BRIAN_H
2  #define BRIAN_H 1
3  #include <time.h>
4
5  /** @file
6   ** @brief Following Brian the Jay
7   **/
8
9  typedef struct brian brian;
10 enum chap { sct, en, };
11 typedef enum chap chap;
12
13 struct brian {
14   struct timespec ts; /**< point in time */
15   unsigned counter;   /**< wealth        */
16   chap masterof;      /**< occupation    */
17 };
18
19 /**
20  ** @brief get the data for the next point in time
21  **/
22 brian brian_next(brian);
23
24 ...
25 #endif
```

该文件包含使用 **struct** 所需的所有接口。它还包含其他头文件，这些头文件可能是用来编译这些接口的，并且使用**包含保护**[C]来防止多重包含，这里的宏 BRIAN_H 就是起这个作用的。

10.2 实现

如果你阅读由优秀程序员编写的代码（你应该经常这样做！），你会注意到通常很少有注释。尽管如此，只要读者对 C 语言有基本的了解，它还是很容易读懂的。好的编程只需要解释那些不明显的思想和先决条件（困难的部分）。代码的结构显示了其作用和方式。

要点 10.9 *按字面意思实现。*

C 程序是关于要做什么的描述性文本。我们前面介绍的实体命名规则在使描述性文本具有可读性和清晰性方面起着至关重要的作用。另一个要求是通过在 `{}` 块中以形象、清晰、独特的结构与综合控制语句链接在一起，从而拥有一个明显的控制流。

要点 10.10 *控制流必须明显。*

有很多情况可能混淆控制流。其中最主要的有以下几点：

- 掩藏跳转：**break**、**continue**、**return** 和 **goto**[⊖] 语句，它们掩藏在 **if** 或 **switch** 语句的复杂嵌套结构中，最终与循环结构结合在一起。
- Flyspeck 表达式：控制表达式，它以一种不寻常的方式组合了许多运算符（例如，`!!++*p--` 或 `a --> 0`）因此，必须用放大镜检查它们，以了解控制流从这里流向何处。

在下一节中，我们将重点讨论两个对 C 代码的可读性和性能至关重要的概念。*宏*可以是一个用来简化某个特性的方便工具，但是，如果没有小心使用，也可能会使使用它的代码混乱并引发小的 bug（10.2.1 节）。正如我们前面所看到的，函数是 C 中进行模块化的主要选择。在这里，某些函数的特定属性特别重要：一个*纯函数*只能通过其接口与程序的其余部分交互。因此，纯函数很容易被人和编译器理解，并且通常能够非常有效地实现（10.2.2 节）。

10.2.1 宏

我们已经知道有一个工具如果被滥用可能会弄乱控制流：宏。希望你还记得 5.6.3 节和 8.1.2 节中的内容：宏定义了几乎可以包含任何 C 文本的文本替换。由于存在我们将在这里说明的一些问题，许多项目完全禁止使用宏。然而，这并不是 C 标准发展的方向。例如，我们已经看到，泛型宏是数学函数的现代接口（参见 8.2 节）。宏应该用于初始化常量（5.6.3 节）或实现编译器的魔力（**errno**，参见 8.1.3 节）。

因此，我们不应该否认这一点，而应该试着驯服它，建立一些简单的规则来限制可能造成的损害。

要点 10.11 *宏不应该以出人意料的方式改变控制流。*

在与初学者的讨论中，经常会出现这样一些糟糕的例子：

```
1 #define begin {
2 #define end }
3 #define forever for (;;)
4 #define ERRORCHECK(CODE) if (CODE) return -1
```

⊖ 这些将在 13.2.2 节和 14.5 节中讨论。

```
5
6 forever
7   begin
8   // do something
9   ERRORCHECK(x);
10  end
```

不要这么做。C程序员的视觉习惯和我们的工具不容易处理这样的东西，如果你在复杂的代码中这样使用，它们大概率会出错。

这里，**ERRORCHECK**宏非常危险。它的名字并不意味着可能会隐藏诸如**return**之类的非本地跳转，而且它的实现更加危险。考虑下面两行：

```
1 if (a) ERRORCHECK(x);
2 else puts("a is 0!");
```

将这两行重写为

```
1 if (a) if (x) return -1;
2 else puts("a is 0!");
```

else子句（所谓的**悬空else**[C]）被放在最里面的**if**中，这个我们看不出来。所以这相当于

```
1 if (a) {
2   if (x) return -1;
3   else puts("a is 0!");
4 }
```

这可能会让普通读者感到惊讶。

这并不意味着控制结构不应该在宏中使用。它们不应该被隐藏起来，也不应该有让人吃惊的效果。这个宏本身可能并没有什么新意，但它还是很常用的：

```
1 #define ERROR_RETURN(CODE)   \
2 do {                         \
3   if (CODE) return -1;       \
4 } while (false)
```

以下宏名明确表示可能有一个**return**。悬空**else**问题由替换的文本处理：

```
1 if (a) ERROR_RETURN(x);
2 else puts("a is 0!");
```

下一个示例按照期望的方式构建代码，其中的**else**与第一个**if**关联：

```
1 if (a) do {
2   if (CODE) return -1;
3 } while (false);
4 else puts("a is 0!");
```

这个 **`do-while(false)`** 做法显得很丑陋，你不应该滥用它。但是用 `{}` 块包裹一个或多个语句而不改变肉眼可见的块结构是一个标准技巧。

要点 10.12 类似函数的宏在语法上的行为应该类似于函数调用。

易犯的错误是：

- 没有 **`else`** 的 **`if`**：已经演示过了。
- 末尾的分号：这些分号可以以一种令人惊讶的方式终止外部控制结构。
- 逗号操作符：在 C 语言中，逗号是一个含义模糊的家伙。在大多数上下文中，逗号被用作列表分隔符，例如用于函数调用、枚举声明或初始值设定。在表达式上下文中，它是一个控制操作符。避免使用它。
- 可连续表达式：当放入重要的上下文时将以一种意外的方式绑定到操作符的表达式[练习 1]。在替换文本中，将参数和表达式放入括号中。
- 多次求值：宏是文本替换。如果一个宏参数被使用两次（或更多），则其效果是执行两次[练习 2]。

10.2.2 纯函数

C 语言中的函数，比如我们自己声明的 `size_min`（4.4 节）和 `gcd`（7.3 节），在我们所能表达的方面有一个限制：它们不对对象进行操作，而是对值进行操作。从某种意义来说，它们是表 4.1 中值运算符的扩展，而不是表 4.2 中对象运算符的扩展。

要点 10.13 函数参数通过值进行传递。

也就是说，当我们调用一个函数时，所有的参数都会被求值，而这些参数（函数的局部变量）将结果值作为初始化值来接收。然后，该函数执行它必须执行的操作，并通过返回值返回计算结果。

目前，要让两个函数可以操作同一个对象，唯一可以做的是声明一个对象，使声明对两个函数都可见。这种**全局变量**[C] 有很多缺点：它们使代码不灵活（要操作的对象是固定的），难以预测（修改的地方到处都是），并且难以维护。

要点 10.14 不赞成使用全局变量。

具有以下两个属性的函数称为**纯函数**[C]：

- 函数除了返回一个值外没有其他作用。
- 函数的返回值只取决于它的参数。

执行纯函数时，我们唯一感兴趣的是它的结果，而这个结果只取决于传递给它的参数。从优化的角度来看，纯函数可以来回移动，甚至可以与其他任务并行执行。只要有参数就可以开始执行，并且必须在使用其结果之前完成。

[练习 1] 考虑一个宏 `sum(a, b)`，它实现 `a+b`。`sum(5, 2)*7` 的结果是什么？

[练习 2] 让 `max(a, b)` 实现 `((a) < (b) ?(b): (a))`。执行 `max(i++, 5)` 会发生什么？

除了提供返回值之外，所有更改抽象状态机的影响都将使函数失去纯粹性。例如：

- 函数通过参数以外的方式读取程序的部分可变状态。
- 函数修改全局对象。
- 函数在调用之间保持持久的内部状态[⊖]。
- 函数执行 IO[⊖]。

对于执行小任务的函数来说，纯函数是一个非常好的模型，但是当我们必须执行更复杂的任务时，它们的作用就非常有限了。另外，优化器喜欢纯函数，因为它们对程序状态的影响可以简单地用它们的参数和返回值来描述。纯函数对抽象状态机的影响是局部的，而且很容易描述。

要点 10.15　尽可能将小任务表示为纯函数。

使用纯函数，即使对于面向对象的编程风格，如果我们愿意接受少量的复制数据，我们也可以走得更远。考虑下面的结构类型 `rat`，它用于有理数运算：

rationals.h

```
 8  struct rat {
 9    bool sign;
10    size_t num;
11    size_t denom;
12  };
```

这是此类类型的直接实现，你不应该将其用作超出此学习范围的库。为简单起见，它具有相同类型（`size_t`）的分子和分母，并记录成员 `.sign` 中数的符号。第一个（纯）函数是 `rat_get`，它接受两个数并返回一个表示它们的商的有理数：

rationals.c

```
 3  rat rat_get(long long num, unsigned long long denom) {
 4    rat ret = {
 5      .sign = (num < 0),
 6      .num = (num < 0) ? -num : num,
 7      .denom = denom,
 8    };
 9    return ret;
10  }
```

正如你所看到的，这个函数非常简单。它只是用正确的符号、分子和分母值初始化一个复合字面量。注意，如果我们这样定义一个有理数，那么有几种表示方法可以表示同一个有理数。例如，6/15 与 2/5 相同。

⊖　可以用局部静态变量来建立同一函数调用之间的持久状态。我们将在 13.2 节中看到这个概念。

⊖　例如，通过使用 `printf`，会发生这样的 IO。

为了处理表示中的这种等价性，我们需要执行维护工作的函数。主要思想是这样的有理数应该被归一化：使用这样的表示法，使得分子和分母具有最少的因数。这不仅对人类来说更容易掌握，而且在进行算术运算时也可以避免溢出：

rationals.c

```
12  rat rat_get_normal(rat x) {
13    size_t c = gcd(x.num, x.denom);
14    x.num /= c;
15    x.denom /= c;
16    return x;
17  }
```

这里，gcd 函数与我们之前描述的是一样的。

另一个函数执行归一化的逆过程，它将分子和分母同时乘以一个冗余因子：

rationals.c

```
19  rat rat_get_extended(rat x, size_t f) {
20    x.num *= f;
21    x.denom *= f;
22    return x;
23  }
```

这样，我们可以定义函数：rat_get_prod 和 rat_get_sum。

请看下 rat_get_prod：

rationals.c

```
25  rat rat_get_prod(rat x, rat y) {
26    rat ret = {
27      .sign = (x.sign != y.sign),
28      .num = x.num * y.num,
29      .denom = x.denom * y.denom,
30    };
31    return rat_get_normal(ret);
32  }
```

它首先以一种简单的方式来计算结果：分别乘以分子和分母。然后，结果可能不够规范，所以我们调用 rat_get_normal 来返回结果。

现在，rat_get_sum 有点复杂。在能够计算结果的分子之前，我们必须找到公分母：

rationals.c

```
34  rat rat_get_sum(rat x, rat y) {
35    size_t c = gcd(x.denom, y.denom);
```

```
36     size_t ax = y.denom/c;
37     size_t bx = x.denom/c;
38     x = rat_get_extended(x, ax);
39     y = rat_get_extended(y, bx);
40     assert(x.denom == y.denom);
41
42     if (x.sign == y.sign) {
43       x.num += y.num;
44     } else if (x.num > y.num) {
45       x.num -= y.num;
46     } else {
47       x.num = y.num - x.num;
48       x.sign = !x.sign;
49     }
50     return rat_get_normal(x);
51   }
```

同时，我们需要记录两个有理数的符号，看看如何把分子相加。

如你所见，这些都是纯函数，这一事实确保了它们可以很容易地使用，甚至在我们自己程序的实现中也是如此。我们唯一需要注意的是始终将函数的返回值赋给一个变量，比如第 38 行。否则，由于我们不对对象 x 进行操作，而只是对其值进行操作，因此在函数过程中的变化将丢失[练习 3][练习 4]。

如前所述，由于重复复制，这可能会导致编译的代码没有预期的那么有效。但这种现象一点也不突出：好的编译器可以将复制操作的开销保持在相对较低的水平。打开优化选项后，它们通常可以直接在现有的结构上进行操作，因为它是从这样一个函数返回的。那么，这样的担心可能为时过早，因为无论如何，你的程序是短而好的，或者因为它真正的性能问题表现在其他方面。通常，对于我们目前所达到的编程技能水平来说，这已经足够了。稍后，我们将学习如何通过使用许多现代工具链提供的内联函数（15.1 节）和连接时间优化来有效地使用该策略。

清单 10.1 列出了我们目前为止看到的 rat 类型的所有接口（第一组）。我们已经看到了作用于指向 rat 的指针的其他函数的接口。这些将在 11.2 节中进行更详细的解释。

清单 10.1　一种用有理数进行计算的类型

```
1  #ifndef RATIONALS_H
2  # define RATIONALS_H 1
3  # include <stdbool.h>
4  # include "euclid.h"
5
```

[练习 3] rat_get_prod 函数可以产生中间值，即使乘法的数学结果可以在 rat 中表示，这些中间值也可能使函数产生错误的结果。这是怎么回事？

[练习 4] 重新实现 rat_get_prod 函数，使其每次在 rat 中表示数学结果时都产生正确的结果。这可以通过两次调用 rat_get_normal 而不是一次调用来完成。

```
 6 typedef struct rat rat;
 7
 8 struct rat {
 9   bool sign;
10   size_t num;
11   size_t denom;
12 };
13
14 /* 返回 rat 类型值的函数 */
15 rat rat_get(long long num, unsigned long long denom);
16 rat rat_get_normal(rat x);
17 rat rat_get_extended(rat x, size_t f);
18 rat rat_get_prod(rat x, rat y);
19 rat rat_get_sum(rat x, rat y);
20
21
22 /* 操作指向 rat 的指针的函数 */
23 void rat_destroy(rat* rp);
24 rat* rat_init(rat* rp,
25               long long num,
26               unsigned long long denom);
27 rat* rat_normalize(rat* rp);
28 rat* rat_extend(rat* rp, size_t f);
29 rat* rat_sumup(rat* rp, rat y);
30 rat* rat_rma(rat* rp, rat x, rat y);
31
32 /* 作为练习来实现的函数 */
33 /** @brief Print @a x into @a tmp and return tmp. **/
34 char const* rat_print(size_t len, char tmp[len], rat const* x);
35 /** @brief Print @a x normalize and print. **/
36 char const* rat_normalize_print(size_t len, char tmp[len],
37                                 rat const* x);
38 rat* rat_dotproduct(rat rp[static 1], size_t n,
39                     rat const A[n], rat const B[n]);
40
41 #endif
```

总结

- 对于程序的每个部分，我们必须区分对象（我们在做什么？）、目的（我们这样做是为了什么？）、方法（我们怎么做？）以及实现（我们以什么方式做？）。
- 函数和类型接口是软件设计的本质。以后要进行更改代价会很高。
- 实现应该尽可能直白，并且在其控制流中显而易见。应避免复杂的推理，必要时应明确表达。

第11章 Chapter 11

指　针

本章涵盖了：

- 指针操作简介
- 使用带有结构、数组和函数的指针

指针是深入理解C语言的第一个真正的障碍。它们用于我们需要能够从代码的不同点访问对象的上下文中，或者用于动态构建数据的地方。

缺乏经验的程序员把指针和数组混淆是出了名的，因此在正确使用术语时可能会遇到困难，这点要注意。另一方面，指针是C语言最重要的特性之一。它们可以帮助我们从特定平台的细节中抽象出来，并使我们能够编写可移植的代码。所以，当你阅读这一章的时候，要有耐心，因为这对理解本书其余大部分内容是至关重要的。

术语**指针**[C]代表一种特殊的派生类型结构，它“指向”或“引用”某个东西。我们已经看到了这个结构的语法，一个类型（**引用类型**[C]）后面跟着一个 * 字符。例如，p0 是一个指向 **double** 型的指针：

```
double* p0;
```

这个概念是，我们有一个变量（指针）指向另一个对象的内存：

p0 ⟶ **double**

在本章中，我们必须对指针（箭头的左边）和所指向的未命名对象（右边）进行重要的区分。

我们第一次使用指针是为了打破函数调用方的代码和函数内部代码之间的障碍，从而允许我们编写非纯函数。此示例将是一个具有此原型的函数：

```
void double_swap(double* p0, double* p1);
```

这里我们看到有两个函数参数“指向”类型为 **double** 的对象。在本例中，函数 **double_swap** 交换（swap）这两个对象的内容。例如，当函数被调用时，**p0** 和 **p1** 分别指向调用方定义的 **double** 型变量 **d0** 和 **d1**：

```
              d0                                   d1
p0 ⟶ [double 3.5]                          [double 10] ⟵ p1
```

通过接收两个这样的对象的信息，**double_swap** 函数可以在不改变指针本身的情况下，有效地改变两个 **double** 对象的内容：

```
              d0                                   d1
p0 ⟶ [double 10]                          [double 3.5] ⟵ p1
```

使用指针，函数能够将更改直接应用于调用函数的变量，没有指针或数组的纯函数无法做到这一点。

在本章中，我们将详细讨论指针的不同操作（11.1 节）以及具有特定属性的指针的特定类型：结构（11.2 节）、数组（11.3 节）和函数（11.4 节）。

11.1 指针操作

指针是一个重要的概念，因此针对它，C 语言有几种操作和特性。最重要的是，特定的操作符允许我们处理指针和它们所指向的对象之间的“指向”和“被指向”的关系（11.1.1 节）。此外，指针被视为**标量**[C]：为它们定义了算术运算、偏移相加（11.1.2 节）和相减（11.1.3 节）；它们具有状态（11.1.4 节）；它们有一个专用的“空”状态（11.1.5 节）。

11.1.1 操作符的地址和对象

如果我们必须执行无法用纯函数表示的任务，那么事情就会变得更加复杂。我们必须深入研究那些不是函数变量的对象。指针是进行这项工作的合适的抽象概念。

因此，让我们使用之前的 **double_swap** 函数来交换两个 **double** 型对象 **d0** 和 **d1** 的内容。对于这个调用，我们使用一元**地址**[C]操作符“&”。它允许我们通过其**地址**[C]来引用一个对象。对函数的调用类似这样：

```
double_swap(&d0, &d1);
```

地址操作符返回的类型是**指针类型**[C]，可以使用我们见过的 * 符号来指定。函数的实现类似这样：

```
void double_swap(double* p0, double* p1) {
  double tmp = *p0;
  *p0 = *p1;
  *p1 = tmp;
}
```

在函数内部，指针 p0 和 p1 保存了函数要操作的对象的地址：在我们的例子中，是 d0 和 d1 的地址。但是函数对这两个变量 d0 和 d1 的名称一无所知，它只知道 p0 和 p1。

```
             <unknown>                         <unknown>
p0 ⟶ | double 3.5 |                  | double 10 | ⟵ p1
```

为了访问它们，使用了另一个与地址操作符相反的结构：一元**对象**[C]操作符“*”：*p0 是对应于第一个参数的对象。使用之前的调用，这将是 d0，类似地，*p1 是对象 d1[练习 1]。

```
                *p0                              *p1
p0 ⟶ | double 3.5 |                  | double 10 | ⟵ p1
```

请注意，* 字符在 double_swap 的定义中扮演两个不同的角色。在声明中，它创建一个新的类型（指针类型），而在表达式中，它**引用**[C]指针所**指向**[C]的对象。为了帮助区分同一符号的这两种用法，如果它改变一个类型（比如 double*），我们通常将 * 放到右边且中间没有空格。如果得到一个指针，则放到左边（*p0）。

请记住，在 6.2 节中，除了保存合法地址外，指针还可以是空或未指定。

要点 11.1 使用带有未指定或空指针的 * 具有未定义的行为。

但在实践中，这两种情况通常表现是不一样的。首先，可能是访问内存中的随机对象并对其进行修改。这通常会导致难以追踪的 bug，因为它会干涉到它不应该干涉的对象。第二，如果指针为空，在开发初期就会显现出来，并使程序崩溃。我们可以将其视为一个特性。

11.1.2 指针加法

我们已经看到，一个合法的指针保存其引用类型的对象的地址，但实际上 C 假设的不止这些：

要点 11.2 一个合法的指针指向引用类型数组的第一个元素。

或者换句话说，指针不仅可以用来指向引用类型的一个实例，还可以用来指向一个长度（n）未知的数组。

[练习 1] 写一个函数，它接收指向三个对象的指针，并循环变换这些对象的值。

0 $n-1$
p0 ⟶ double ········· double

指针和数组概念之间的这种纠缠在语法上又向前迈出了重要的一步。实际上，对于 `double_swap` 函数的定义，我们甚至不需要用指针表示法。在我们目前使用的表示法中，它同样可以写成

```
void double_swap(double p0[static 1], double p1[static 1]) {
  double tmp = p0[0];
  p0[0] = p1[0];
  p1[0] = tmp;
}
```

对接口使用数组表示法和使用 `[0]` 来访问第一个元素都是 C 语言中内置的简单**重写操作**[C]。稍后我们会看到更多。

简单的加法运算允许我们访问这个数组的后续元素。此函数对数组中的所有元素求和：

```
double sum0(size_t len, double const* a) {
  double ret = 0.0;
  for (size_t i = 0; i < len; ++i) {
    ret += *(a + i);
  }
  return ret;
}
```

这里，表达式 `a+i` 是指向数组中第 *i* 个元素的指针：

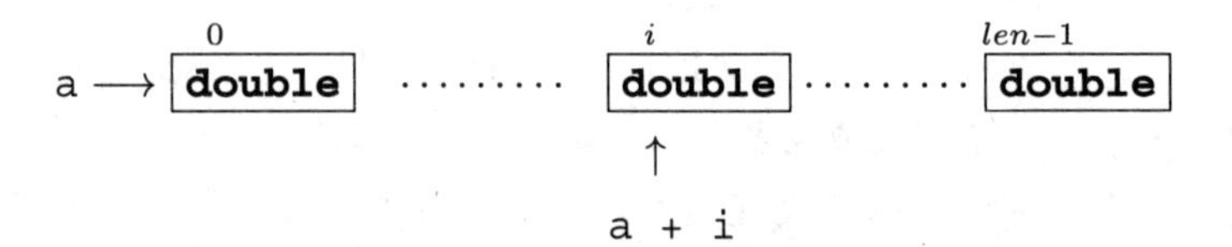

指针加法可以通过不同的方式完成，所以下面的函数以完全相同的顺序对数组求和：

```
double sum1(size_t len, double const* a) {
  double ret = 0.0;
  for (double const* p = a; p < a+len; ++p) {
    ret += *p;
  }
  return ret;
}
```

```
double sum2(size_t len, double const* a) {
  double ret = 0.0;
  for (double const*const aStop = a+len; a < aStop; ++a) {
    ret += *a;
  }
  return ret;
}
```

在函数 sum1 的循环 i 中，我们有如下图示：

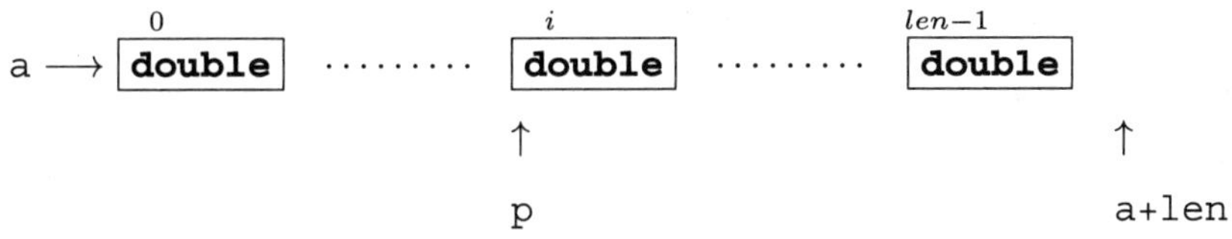

```
              0                    i                  len-1
a ⟶ [double] ········· [double] ········· [double]
                        ↑                              ↑
                        p                              a+len
```

指针 p 遍历数组元素，直到它大于或等于 a+len，第一个指针值位于数组之外。

对于函数 sum2，我们有如下图示：

```
    0                    i                  len-1
[double] ········· [double] ········· [double]
                    ↑                              ↑
                    a                              aStop
```

这里，a 指向数组的第 i 个元素。函数中不再引用第 0 个元素，而关于数组末尾的信息保存在变量 aStop 中。

这些函数可以用类似下面的方式调用：

```
double A[7] = { 0, 1, 2, 3, 4, 5, 6, };
double s0_7 = sum0(7, &A[0]);    // 对于所有数
double s1_6 = sum0(6, &A[1]);    // 对于最后的 6
double s2_3 = sum0(3, &A[2]);    // 对于中间的 3
```

不幸的是，我们无法知道隐藏在指针后面的数组的长度，因此我们必须将它作为参数传递给函数。我们在 6.1.3 节中看到的 **sizeof** 技巧在这里不起作用。

要点 11.3 数组对象的长度不能从指针重建。

这里，我们看到了与数组的第一个重要区别。

要点 11.4 指针不是数组。

如果我们通过指针将数组传递给函数，那么保持数组的实际长度是很重要的。这就是为什么在本书中我们更喜欢指针接口的数组表示法：

```
double sum0(size_t len, double const a[len]);
double sum1(size_t len, double const a[len]);
double sum2(size_t len, double const a[len]);
```

它们指定了与前面所示的完全相同的接口，但是它们向代码的普通读者阐明了 a 应该有 len 元素。

11.1.3 指针减法和差

迄今为止，我们讨论过的指针算法涉及一个整数和指针的加法，还有一个逆操作可以

从指针中减去一个整数。如果我们想反向访问数组元素，可以使用如下方法：

```
double sum3(size_t len, double const* a) {
  double ret = 0.0;
  double const* p = a+len-1;
  do {
    ret += *p;
    --p;
  } while (p > a);
  return ret;
}
```

这里，p 从 a+(len-1) 开始，第 i 次循环时，图示为：

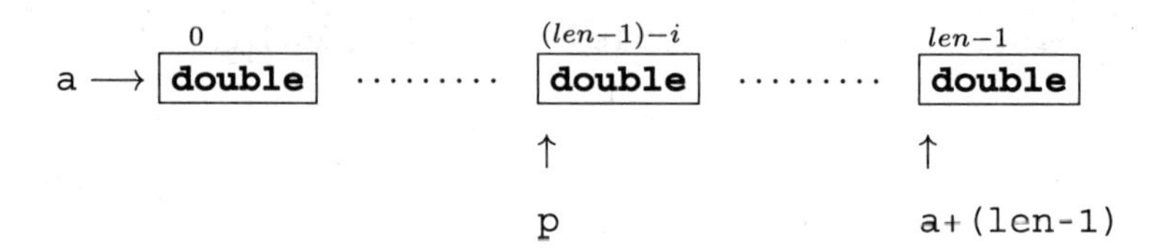

注意，这个函数中的求和顺序是相反的[⊖]。

还有一个操作，**指针差** [C]，它接受两个指针并计算出一个整数值，来表示它们在元素位置上的差。为了说明这一点，我们将 sum3 扩展为一个新版本，该版本检查一个错误条件(其中一个数组元素是无穷大)。在这种情况下，我们希望打印一条完整的错误信息，并将错误原因返回给调用方[⊖]：

```
double sum4(size_t len, double const* a) {
  double ret = 0.0;
  double const* p = a+len-1;
  do {
    if (isinf(*p)) {
      fprintf(stderr,
              "element \%tu of array at \%p is infinite\n",
              p-a,           // 指针的区别!
              (void*)a);     // 输出指针值
      return *p;
    }
    ret += *p;
    --p;
  } while (p > a);
  return ret;
}
```

这里，我们使用表达式 p-a 来计算元素在数组中的实际位置。

只有当两个指针指向同一个数组对象的元素时才允许这样做：

要点 11.5 只能从数组对象元素中减去指针。

⊖ 由于四舍五入的不同，结果可能与本系列的前三个函数的结果略有不同。

⊖ isinf 来自 math.h 头文件。

这个差值就是所对应的数组元素的索引的差：

```
double A[4] = { 0.0, 1.0, 2.0, -3.0, };
double* p = &A[1];
double* q = &A[3];
assert(p-q == -2);
```

我们已经强调了对象大小的正确类型是 **size_t**，一种无符号类型，在许多平台上与 **unsigned** 类型不同。这与指针差的类型有对应关系：一般来说，我们不能假设一个简单的 **int** 型足够大可以容纳所有可能的值。因此，标准头文件 stddef.h 为我们提供了另一种类型。在大多数的架构中，它只是对应于 **size_t** 的有符号整型，但是我们不应该太在意。

要点 11.6 所有的指针差都具有 **ptrdiff_t** 类型。

要点 11.7 使用 **ptrdiff_t** 对位置或大小的有符号差进行编码。

函数 sum4 还显示了打印指针值来进行调试的方法。我们使用格式字符 %p，指针参数由 **(void*)**a 转换为模糊类型 **void***。就目前而言，可以把这个方法当成是已知的，我们还没有完全了解它（更多细节将在 12.4 节中介绍）。

要点 11.8 打印时，将指针值转换为 **void***，并使用格式 %p。

11.1.4 指针合法性

在前面（要点 11.1），我们看到必须要对指针包含（或不包含）的地址小心。指针有一个值，它所包含的地址，这个值可以变。

如果指针没有合法地址，则将其设置为 0，这非常重要，你不应忘记它。它有助于检查和跟踪指针是否已被设置。

要点 11.9 指针有真值。

为了避免烦琐的比较（要点 3.3），在 C 程序中你经常会看到这样的代码：

```
char const* name = 0;

// 做一些最后设置名称的事情

if (name) {
  printf("today's name is %s\n", name);
} else {
  printf("today we are anonymous\n");
}
```

因此，控制所有指针变量的状态非常重要。我们必须确保指针变量始终为空，除非它们指向我们要操作的合法对象。

要点 11.10 尽量将指针变量设置为 0。

在大多数情况下，确保这一点的最简单方法是明确地将指针变量初始化（要点 6.22）。

我们已经看到了一些不同类型表示的示例：平台在对象中存储特定类型值的方式。例如，一种类型（比如 **size_t**）的表示可能对另一种类型（比如 **double**）完全没有意义。只要我们直接使用变量，C 的类型系统将会进行保护从而不会混淆这些表示。**size_t** 对象一直是这样访问的，并且永远不会被解释为（无意义的）**double**。

如果我们不认真地使用它们，指针可能会打破这个屏障，并将我们带到试图将 **size_t** 的表示解释为 **double** 的代码中。通常，C 甚至为那些被解释为特定类型时毫无意义的位模式创造了一个术语：一个该类型的**陷阱表示**[C]。这个措辞（陷阱）带有恐吓的意思。

要点 11.11 访问一个拥有其类型的陷阱表示的对象具有未定义的行为。

如果你这样做了，可能会有糟糕的事情发生，所以请不要尝试。

因此，不仅必须将指针设置为对象（或 null），而且此类对象还必须具有正确的类型。

要点 11.12 当要获取值时，指向的对象必须是指定的类型。

作为一个直接的结果，指向数组边界之外的指针不能获取到值。

```
double A[2] = { 0.0, 1.0, };
double* p = &A[0];
printf("element %g\n", *p); // 引用对象
++p;                        // 有效的指针
printf("element %g\n", *p); // 引用对象
++p;                        // 有效的指针，没有对象
printf("element %g\n", *p); // 引用非对象
                            // 未定义的行为
```

这里，在最后一行，**p** 的值超出了数组的边界。即使这可能是一个合法对象的地址，我们对它所指向的对象一无所知。因此，即使 **p** 在那时是合法的，以 **double** 类型访问其内容也是没有意义的，而且 C 语言通常禁止这样的访问。

在前面的示例中，只要不访问最后一行的对象，指针加法就没有问题。指针的合法值是数组元素的所有地址和数组之外的地址。否则，在示例中带有指针加法的 **for** 循环将无法稳定地工作。

要点 11.13 指针必须指向一个合法的对象或合法对象之外的一个位置，或者为空。

所以这个例子只正常工作到最后一行，因为最后一个 **++p** 使指针值为数组外的一个元素。这个版本的例子仍然遵循与前一个类似的模式：

```
double A[2] = { 0.0, 1.0, };
double* p = &A[0];
printf("element %g\n", *p); // 引用对象
p += 2;                     // 有效的指针，没有对象
printf("element %g\n", *p); // 引用非对象
                            // 未定义的行为
```

而最后这个例子可能在增量操作时崩溃：

```
double A[2] = { 0.0, 1.0, };
double* p = &A[0];
```

```
printf("element %g\n", *p); // 引用对象
p += 3;                     // 无效的指针相加
                            // 未定义的行为
```

11.1.5 空指针

你可能想知道，在所有关于指针的讨论中，为什么还没有使用宏 **NULL**。可惜的是，因为"值为 0 的泛型指针"这个简单的概念并没有取得成功。

C 有一个**空（null）指针** C 的概念，它对应于任何指针类型的 0 值㊀。这里，

```
double const*const nix = 0;
double const*const nax = nix;
```

nix 和 nax 将是值为 0 的指针对象。但不幸的是，**空（null）指针常量** C 并不是你所期望的。

首先，这里的术语常量指的是编译时的常量，而不是 Const 限定的对象。因此，两个指针对象都不是空指针常量。其次，这些常量的允许类型是受限制的：它可以是整型或 **void*** 类型的任何常量表达式。其他指针类型是不允许的，我们将在 12.4 节中学习该"类型"的指针。

C 标准中对宏 **NULL** 的扩展的定义相当宽松，它必须是一个空指针常量。因此，C 编译器可以为它选择以下任何一种选项：

扩展	类型
0U	unsigned
0 '\0' 值为 0 的枚举常量	signed
0UL 0L	unsigned long signed long
0ULL 0LL	unsigned long long signed long
(void*)0	void*

常用的值是 0、0L 和（**void***）0㊁。

重要的是，C 标准没有规定 **NULL** 后面的类型。通常，人们用它来强调他们谈论的是一个指针常量，但它在很多平台上并不存在。在我们还没有完全掌握的上下文中使用 **NULL** 甚至是危险的。它主要出现在具有可变参数的函数上下文中，我们将在 16.5.2 节中进行讨论。目前，我们将寻求最简单的解决方案：

㊀ 注意 null 和 **NULL** 的大小写不同。

㊁ 理论上来讲，**NULL** 还有更多的扩展，比如 ((**char**)+0) 和 ((**short**)-0)。

要点 11.14 不要使用 **NULL**。

NULL 隐藏的东西比它阐明的要多。要么使用 0，要么如果你真的想强调该值是一个指针，直接使用魔法令牌序列 **(void*)0**。

11.2 指针和结构

指向结构类型的指针对于 C 语言中的大多数代码来说都是至关重要的，因此已经制定了一些特定的规则和工具来简化这种典型的用法。例如，让我们考虑一下对以前遇到的 **struct timespec** 进行规范化。在下面的函数中使用指针参数可以让我们直接操作对象：

timespec.c

```
10 /**
11  ** @brief compute a time difference
12  **
13  ** This uses a @c double to compute the time. If we want to
14  ** be able to track times without further loss of precision
15  ** and have @c double with 52 bit mantissa, this
16  ** corresponds to a maximal time difference of about 4.5E6
17  ** seconds, or 52 days.
18  **
19  **/
20 double timespec_diff(struct timespec const* later,
21                      struct timespec const* sooner){
22   /* 注意: tv_sec 可能是一个无符号类型。 */
23   if (later->tv_sec < sooner->tv_sec)
24     return -timespec_diff(sooner, later);
25   else
26     return
27       (later->tv_sec - sooner->tv_sec)
28       /* tv_nsec 是已知的一种有符号类型。 */
29       + (later->tv_nsec - sooner->tv_nsec) * 1E-9;
30 }
```

为了方便起见，这里我们使用了一个新的操作符 **->**。这个类似箭头的符号表示指针作为左操作数，该操作数“指向”作为右操作数的底层 **struct** 的一个成员。它相当于 ***** 和 **..** 的组合。为了达到同样的效果，我们必须使用括号并写成 **(*a).tv_sec** 而不是 **a->tv_sec**。这个看起来有点笨拙，所以大家更愿意使用 **->** 操作符。

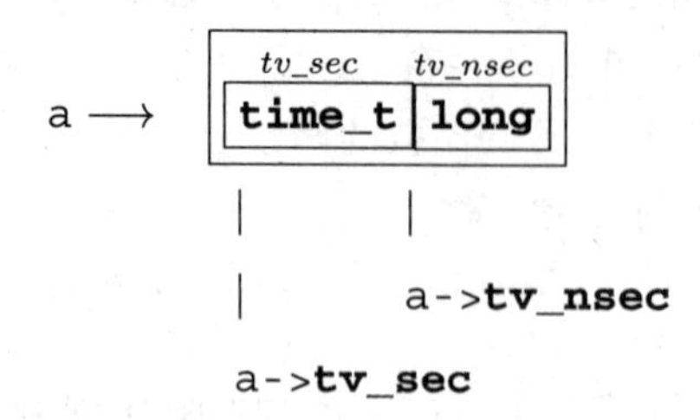

注意，像 a->tv_nsec 这样的结构不是指针，而是 long 类型的对象，即本身是数字。

作为另一个例子，让我们再次考虑我们在 10.2.2 节中介绍过的用于有理数的 rat 类型。对指向清单 10.1 中类型的指针进行操作的函数可以写成如下形式：

rationals.c

```
 95  void rat_destroy(rat* rp) {
 96    if (rp) *rp = (rat){ 0 };
 97  }
```

函数 rat_destroy 确保对象中存在的所有数据都被删除，并将所有位都设置为 0：

rationals.c

```
 99  rat* rat_init(rat* rp,
100                long long num,
101                unsigned long long denom) {
102    if (rp) *rp = rat_get(num, denom);
103    return rp;
104  }
```

rationals.c

```
106  rat* rat_normalize(rat* rp) {
107    if (rp) *rp = rat_get_normal(*rp);
108    return rp;
109  }
```

rationals.c

```
111  rat* rat_extend(rat* rp, size_t f) {
112    if (rp) *rp = rat_get_extended(*rp, f);
113    return rp;
114  }
```

其他三个函数是对我们已经知道的纯函数的简单**包装**[C]。我们使用两个指针操作来测试合法性，然后，如果指针是合法的，就指向所涉及的对象。因此，即使指针参数为空，也可以安全地使用这些函数[练习 2][练习 3]。

[练习 2] 实现清单 10.1 中所声明的 rat_print 函数。这个函数应该使用 -> 来访问其 rat* 参数的成员。打印输出的格式应为 ±*nom*/*denum*。

[练习 3] 通过将 rat_normalize 和 rat_print 相结合，来实现 rat_print_normalized。

所有四个函数都检查并返回它们的指针参数。这是一种方便地组合此类函数的策略，就像我们在下面两个算术运算函数的定义中所看到的：

rationals.c

```
135  rat* rat_rma(rat* rp, rat x, rat y) {
136    return rat_sumup(rp, rat_get_prod(x, y));
137  }
```

`rat_rma` 函数“rational multiply add（有理数乘加）”全面展示了它的目的：将另外两个函数参数的乘积加到 `rp` 所指向的对象中。使用以下函数进行加法操作：

rationals.c

```
116  rat* rat_sumup(rat* rp, rat y) {
117    size_t c = gcd(rp->denom, y.denom);
118    size_t ax = y.denom/c;
119    size_t bx = rp->denom/c;
120    rat_extend(rp, ax);
121    y = rat_get_extended(y, bx);
122    assert(rp->denom == y.denom);
123
124    if (rp->sign == y.sign) {
125      rp->num += y.num;
126    } else if (rp->num > y.num) {
127      rp->num -= y.num;
128    } else {
129      rp->num = y.num - rp->num;
130      rp->sign = !rp->sign;
131    }
132    return rat_normalize(rp);
133  }
```

函数 `rat_sumup` 是一个比较复杂的示例，我们对指针参数应用了两个维护函数 [练习 4]。

另一个特殊规则适用于指向结构类型的指针：即使结构类型本身是未知的，也可以使用它们。这种**不透明结构**[C] 通常用于将库函数接口及其实现严格地分开。例如，一个虚构的类型 `toto` 可以出现在一个包含文件中，如下所示：

```
/* 结构体 toto 的前向声明 */
struct toto;
struct toto* toto_get(void);
void toto_destroy(struct toto*);
void toto_doit(struct toto*, unsigned);
```

程序员和编译器使用类型 `struct toto` 都不需要更多的信息。函数 `toto_get` 可用于获取指向类型为 `struct toto` 的对象的指针，无论它在定义函数的编译单元中是如何

[练习 4] 实现清单 10.1 中的 `rat_dotproduct` 函数，使其计算 $\sum_{i=0}^{n-1} A[i] * B[i]$，并返回 `*rp` 中的值。

定义的。编译器不会受到影响，因为它知道所有指向结构的指针都具有相同的表示，而不管底层类型的特定定义是什么。

通常，这样的接口使用了空指针是特殊的这一事实。在前面的例子中，`toto_doit(0,42)` 可能是一个合法的用例。这就是为什么很多C程序员不喜欢指针隐藏在 **typedef** 中的原因：

```
/* 结构体 toto_s 和用户类型 toto 的前向声明 */
typedef struct toto_s* toto;
toto toto_get(void);
void toto_destroy(toto);
void toto_doit(toto, unsigned);
```

这是合法的C，但它隐藏了这样一个事实：0是 `toto_doit` 可能接收到的一个特殊值。

要点 11.15　不要将指针隐藏在 **typedef** 中。

这和我们之前做的为 **struct** 引入一个 **typedef** 名是不一样的：

```
/* 结构体 toto 和 typedef toto 的前向声明 */
typedef struct toto toto;
toto* toto_get(void);
void toto_destroy(toto*);
void toto_doit(toto*, unsigned);
```

在这里，接口接收指针这个事实是非常明显的。

挑战 12　文本处理器

对于文本处理器，你可以使用双向链表来存储文本吗？其思想是通过一个 **struct** 来表示文本的"blob（二进制大对象）"，该 **struct** 包含一个字符串（用于文本）和指向前面和后面 blob 的指针。

你能否构建一个函数，使其在给定的点将一个文本 blob 一分为二？

将两个连续的文本 blob 连在一起的函数？

一个贯穿整个文本并将其以每行一个 blob 的形式呈现的函数？

你能否创建一个函数来打印整个文本或打印到文本由于屏幕大小的限制而被切断为止？

11.3　指针和数组

我们现在能够攻克理解数组和指针之间关系的主要障碍：C对指针和数组元素的访问使用相同的语法，并且它将函数的数组参数重写为指针。这两个特性为有经验的C程序员提供了捷径，但对于新手来说有点难以理解。

11.3.1 数组访问和指针访问是一样的

无论 A 是数组还是指针，下面的论述都成立：

要点 11.16 两个表达式 A[i] 和 *(A+i) 是等价的。

如果它是指针，我们能够理解第二个表达式。这里，它只是说我们可以写出和 A[i] 相同的表达式。将数组访问的概念应用于指针可以提高代码的可读性。等价并不意味着突然之间一个数组对象出现在本没有的地方。如果 A 是 null，那么 A[i] 会崩溃，*(A+i) 也一样。

如果 A 是一个数组，*(A+i) 向我们展示了 C 中最重要的规则之一的第一个应用，称为**数组到指针的退化**[C]：

要点 11.17 （数组退化）数组 A 的求值返回 &A[0]。

事实上，这就是为什么没有“数组值”以及它们所带来麻烦的原因所在（要点 6.3）。每当数组需要一个值时，它就会退化为一个指针，而且我们会丢失所有额外的信息。

11.3.2 数组参数和指针参数是一样的

由于退化，数组不能作为函数参数。无法调用这种带有数组参数的函数，在调用函数之前，我们提供给函数的数组将退化为指针，因此参数类型不匹配。

但是我们已经看到了带有数组参数的函数的声明，那么它们是如何工作的呢？C 的诀窍是将数组参数重写为指针。

要点 11.18 在函数声明中，任何数组参数都会重写到指针。

想一想这是什么意思。理解这个“主要特性”（或性格缺陷）是在 C 语言中轻松编写代码的关键。

回到 6.1.5 节的示例，使用数组参数编写的函数可以声明如下：

```
size_t strlen(char const* s);
char*  strcpy(char* target, char const* source);
signed strcmp(char const* s0, char const* s1);
```

它们是完全等价的，任何 C 编译器都应该能够互换地使用这两种形式。

使用哪一个是习惯、文化或其他社会环境的问题。我们在本书中遵循的规则是，如果我们假设数组不能为 null，那么就使用数组表示法。如果它对应于基类型的单个项，那么可以使用指针表示法，它可以为 null，来表示一个特殊条件。

如果一个参数在语义上是一个数组，如果可能的话，我们还需要注意我们期望的数组的大小是多少。为了实现这一点，通常最好在使用数组 / 指针之前指定好长度。接口如下：

```
double double_copy(size_t len,
                   double target[len],
                   double const source[len]);
```

这讲述了一个完整的故事。如果我们处理二维数组，这将变得更加有趣。一个典型的矩阵乘法如下所示：

```
void matrix_mult(size_t n, size_t k, size_t m,
                 double C[n][m],
                 double A[n][k],
                 double B[k][m]) {
   for (size_t i = 0; i < n; ++i) {
     for (size_t j = 0; j < m; ++j) {
       C[i][j] = 0.0;
       for (size_t l = 0; l < k; ++l) {
         C[i][j] += A[i][l]*B[l][j];
       }
     }
   }
}
```

原型的可读性较差，并且可以观察到一旦我们重写了

```
void matrix_mult(size_t n, size_t k, size_t m,
                 double (C[n])[m],
                 double (A[n])[k],
                 double (B[k])[m]);
void matrix_mult(size_t n, size_t k, size_t m,
                 double (*C)[m],
                 double (*A)[k],
                 double (*B)[m]);
```

最里面的部分作为指针，参数类型不再是一个数组，而是一个指向数组的指针。所以没有必要重写后面的部分。

要点 11.19 只重写数组参数的最里层部分。

最后，通过使用数组表示法，我们得到了很多。我们毫不费力地将指向 VLA 的指针传递给函数。在函数内部，我们可以使用常规索引来访问矩阵的元素。跟踪数组的长度不需要太多的技巧：

要点 11.20 在数组参数之前声明长度参数。

在你第一次使用它们的时候就必须知道。

不幸的是，C 通常不能保证带有数组长度参数的函数总能被正确地调用。

要点 11.21 函数数组参数的合法性必须由程序员来保证。

如果在编译时已知数组长度，编译器可能会发出警告。但是，当数组长度是动态时，你通常需要自己处理：要小心。

11.4 函数指针

还有另一种结构可以使用地址运算符 & ：函数。我们在讨论 **atexit** 函数（8.7 节）时

看到了这个概念，它是一个接收函数参数的函数。这个规则与我们之前描述的数组退化的规则相似：

要点 11.22 （函数退化） 没有跟着 `(` 的函数 `f` 退化为指向其开始的指针。

在语法上，函数和函数指针也类似于类型声明中的数组，可以作为函数参数：

```
typedef void atexit_function(void);
// 同一类型的两个等价定义，类型隐藏了指针。
typedef atexit_function* atexit_function_pointer;
typedef void (*atexit_function_pointer)(void);
// 同一函数的五个等价声明。
void atexit(void f(void));
void atexit(void (*f)(void));
void atexit(atexit_function f);
void atexit(atexit_function* f);
void atexit(atexit_function_pointer f);
```

在编写函数声明时，哪种语义上等价的方法更具可读性，这肯定会引起很多争论。第二个版本是带括号的 `(*f)`，很难读懂；第五个版本不受欢迎，因为它在类型中隐藏了一个指针。在其他版本中，我个人更喜欢第四个版本而不是第一个版本。

C 库函数有几个接收函数参数的函数。我们已经看到了 **`atexit`** 和 **`at_quick_exit`**。`stdlib.h` 中的另一对函数提供了用于搜索（**`bsearch`**）和排序（**`qsort`**）的通用接口：

```
typedef int compare_function(void const*, void const*);

void* bsearch(void const* key, void const* base,
              size_t n, size_t size,
              compare_function* compar);

void qsort(void* base,
           size_t n, size_t size,
           compare_function* compar);
```

它们都接收一个数组 `base` 作为参数。第一个元素的地址作为一个 **`void`** 指针传递，因此所有类型信息都丢失了。为了能够正确地处理数组，函数必须知道各个元素的大小（`size`）以及元素的个数（`n`）。

此外，它们还接收一个比较函数来作为参数，该函数提供了元素的排序信息。通过使用这样的函数指针，**`bsearch`** 和 **`qsort`** 函数非常通用，可以与任何允许值排序的数据模型一起使用。`base` 参数引用的元素可以是任何类型 `T`（**`int`**、**`double`**、字符串或应用程序定义的类型），只要 `size` 参数正确地描述了 `T` 的大小，并且只要 `compar` 指向的函数知道如何正确地比较类型 `T` 的值。

这种函数的简单版本如下：

```
int compare_unsigned(void const* a, void const* b){
  unsigned const* A = a;
  unsigned const* B = b;
  if (*A < *B) return -1;
```

```
  else if (*A > *B) return +1;
  else return 0;
}
```

按照惯例，这两个参数指向要进行比较的元素，如果 a 小于 b，则返回值为负。如果相等，则返回值为 0，否则返回值为正。

int 的返回类型似乎表明可以更简单地进行 **int** 比较：

```
/* 一个整数比较的无效实例 */
int compare_int(void const* a, void const* b){
  int const* A = a;
  int const* B = b;
  return *A - *B;    // 可能会溢出!
}
```

但这是不对的。例如，如果 *A 很大，比如是 **INT_MAX**，而 *B 是负数，那么它们的差可能比 **INT_MAX** 大。

由于使用了 **void** 指针，那么使用此机制时应始终注意，类型转换可封装成如下这样：

```
/* 提供无符号搜索和排序的开头。 */

/* 这里没有使用内联，我们总是使用函数指针。 */
extern int compare_unsigned(void const*, void const*);

inline
unsigned const* bsearch_unsigned(unsigned const key[static 1],
                        size_t nmeb, unsigned const base[nmeb]) {
   return bsearch(key, base, nmeb, sizeof base[0], compare_unsigned);
}

inline
void qsort_unsigned(size_t nmeb, unsigned base[nmeb]) {
   qsort(base, nmeb, sizeof base[0], compare_unsigned);
}
```

这里，**bsearch**（二进制搜索）搜索一个比较后等于 key[0] 的元素并返回它，或者如果没有找到这样的元素，则返回一个空指针。它假设数组 base 已经按照比较函数给出的顺序进行了正确的排序。这个假设有助于加快搜索速度。虽然这在 C 标准没有明确规定，但你可以预料对 **bsearch** 的调用永远不会比对 compar 的 $\lceil \log_2(n) \rceil$ 次调用多。

如果 **bsearch** 找到一个等于 *key 的数组元素，它将返回这个元素的指针。注意，这在 C 的类型系统中产生了一个漏洞，因为它返回一个非限定的指针，指向一个有效类型可能是 **const** 限定的元素。一定要小心使用。在我们的示例中，我们只需简单地将返回值转换为 **unsigned const***，这样我们就永远不会在 bsearch_unsigned 的调用端看到一个非限定指针。

qsort 这个名称是从 quick sort（快速排序）算法派生出来的。该标准没有强制选择排序算法，但是预期的比较调用次数应该是 $n\log_2(n)$ 量级的，就像快速排序一样。对于上界没有保证，你可以假设它的最坏情况的复杂度最多是二次方程 $O(n^2)$。

虽然有一个通用型指针类型 **void***，它可以用作对象类型的泛型指针，但是对于函数指针来说，不存在这样的泛型类型或隐式转换。

要点 11.23 函数指针必须与其确切类型一起使用。

这样一个严格的规则是必要的，因为具有不同原型的函数的调用约定可能会有很大的不同[⊖]，而且指针自己并不跟踪这些。

下面的函数有一个小问题，因为参数的类型与我们期望的比较函数的类型不一样：

```
/* int 比较函数的另一个无效示例。 */
int compare_int(int const* a, int const* b){
  if (*a < *b) return -1;
  else if (*a > *b) return +1;
  else return 0;
}
```

当你尝试将此函数与 `qsort` 一起使用时，编译器应该会报错，说该函数拥有错误的类型。我们在前面给出的使用 `void const*` 参数的例子应该几乎与这个无效示例的效果一样，但是它可以保证在所有 C 平台上都可以运行。

使用 `(...)` 操作符调用函数和函数指针的规则与使用数组、指针和 `[...]` 操作符的规则相似：

要点 11.24 函数调用操作符 `(...)` 适用于函数指针。

```
double f(double a);

// 抽象状态机中对 f, steps 的等价调用
f(3);          // Decay → call
(&f)(3);       // Address of → call
(*f)(3);       // Decay → dereference → decay → call
(*&f)(3);      // Address of → dereference → decay → call
(&*f)(3);      // Decay → dereference → address of → call
```

因此，从技术上讲，就抽象状态机而言，指针退化总是被执行的，而函数是通过函数指针来调用的。第一个“自然”调用隐藏了 `f` 标识符的求值，其结果放在函数指针中。

考虑到所有这些，我们可以像使用函数一样使用函数指针：

```
// In a header
typedef int logger_function(char const*, ...);
extern logger_function* logger;
enum logs { log_pri, log_ign, log_ver, log_num };
```

这声明了一个全局变量 `logger`，它将指向一个输出日志信息的函数。使用函数指针

⊖ 例如，平台应用程序二进制接口（Application Binary Interface，ABI）可以传递特殊硬件寄存器中的浮点数。

可以让使用这个模块的用户动态选择一个特定的函数：

```
// In a .c file (TU)
extern int logger_verbose(char const*, ...);
static
int logger_ignore(char const*, ...) {
  return 0;
}
logger_function* logger = logger_ignore;

static
logger_function* loggers = {
  [log_pri] = printf,
  [log_ign] = logger_ignore,
  [log_ver] = logger_verbose,
};
```

这里，我们定义了实现这种方法的工具。特别是，函数指针可以用作数组的基类型（这里是 `loggers`）。注意，我们使用了两个外部函数（**`printf`** 和 `logger_verbose`）和一个对数组进行初始化的 **`static`** 函数（`logger_ignore`）：存储类不是函数接口的一部分。

`logger` 变量可以像其他指针类型一样赋值。我们可以在刚开始的某处有：

```
if (LOGGER < log_num) logger = loggers[LOGGER];
```

然后，可以在任何地方使用此函数指针来调用相应的函数：

```
logger("Do we ever see line \%lu of file \%s?", __LINE__+0UL, __FILE__);
```

这个调用使用了特殊的宏 **`__LINE__`** 和 **`__FILE__`** 来表示行号和源文件的名称。我们将在 16.3 节中更详细地讨论它们。

在使用指向函数的指针时，你应该始终意识到这样做会引入对函数的间接调用。编译器首先必须获取 `logger` 的内容，然后才能在找到的地址处调用函数。这造成一定的开销，在对时间有严格要求的代码中应该避免。

挑战 13　普通导数

你能扩展实数和复数的导数（挑战 2 和 5），使它们接收函数 **`F`**，并把值 **`x`** 作为参数吗？

你能用普通实数导数来实现牛顿求根法吗？

你能找到多项式的实数零点吗？

你能找到多项式的复数零点吗？

挑战 14 普通排序

你能把你的排序算法（挑战 1）扩展到其他排序键吗？

你能否将不同排序键的函数压缩为与 **qsort** 具有相同标识的函数吗：即接收指向数据、大小信息，以及将比较函数作为参数的通用指针？

你能将排序算法的性能比较（挑战 10）扩展到 C 库函数 **qsort** 吗？

总结

- 指针可以指向对象和函数。
- 指针不是数组，但可以指向数组。
- 函数的数组参数被自动重写为对象指针。
- 函数的函数参数被自动重写为函数指针。
- 函数指针类型在被赋值或调用时必须完全匹配。

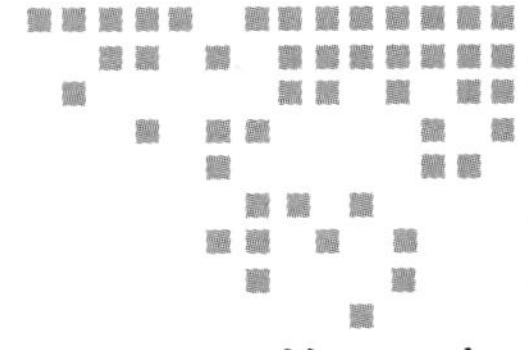

第 12 章 Chapter 12

C 内存模型

本章涵盖了：

- 理解对象表示
- 使用非类型化指针和类型转换
- 使用有效的类型和对齐限制对象访问

指针为我们提供了程序执行环境和状态的某种抽象，即 *C 内存模型*。我们可以将一元运算符 `&` 应用于（几乎）所有对象[⊖]来获取它们的地址，并使用它来检查和改变程序的执行状态。

这种通过指针访问对象的方法仍然是一种抽象概念，因为从 C 语言的角度来看，没有对对象的“实际”位置进行区分。它可能驻留在你电脑的 RAM 或磁盘文件中，或与月球上温度传感器的 IO 端口相对应，你不必关心。无论如何，C 都会做正确的事情。

实际上，在现代操作系统中，通过指针所得到的就是所谓的*虚拟内存*，它基本上是一种虚构的东西，就是把进程的地址空间映射到机器的物理内存地址。所有这些都是为了确保程序执行的某些属性而设计的：

- *可移植性*：你不必关心特定机器上的物理内存地址。
- *安全*：读取或写入不属于进程所拥有的虚拟内存既不会影响操作系统，也不会影响任何其他进程。

C 唯一需要关心的是指针地址对象的*类型*。每个指针类型都派生自另一种类型，即它的基类型，而且每个派生类型都是不同的新类型。

⊖ 只有用关键字 `register` 声明的对象没有地址，参见第 2 级的 13.2.2 节。

要点 12.1 具有不同基类型的指针类型是不同的。

除了提供物理内存的虚拟视图外，内存模型还简化了对象本身的视图。它假设每个对象都是字节的集合，即对象表示（12.1 节）[⊖]，参见图 12.1 中的示意图。检查对象表示的一个方便工具是 union（12.2 节）。直接访问对象表示（12.3 节）允许我们进行一些微调；但另一方面，它也打开了对抽象状态机进行不必要的或有意识操作的大门：用于非类型化指针（12.4 节）和类型转换的工具（12.5 节）。有效类型（12.6 节）和对齐（12.7 节）描述了对这种操作的形式限制和平台约束。

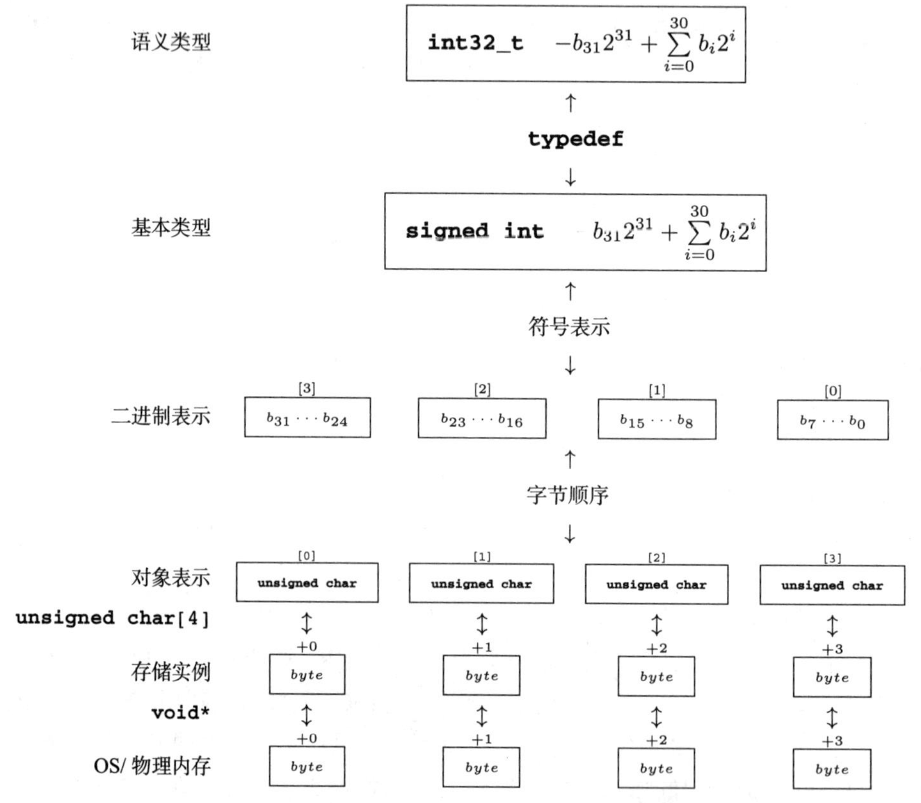

图 12.1 `int32_t` 的值 – 内存模型的不同级别。一个将这种类型映射到 32 位 `signed int` 的平台的例子，该 32 位 `signed int` 有两个补码符号表示和小端格式对象表示

12.1 统一内存模型

尽管通常所有对象都是类型化的，但是内存模型还做了另一个简化：所有对象都是**字节**[C] 的集合。我们在数组中介绍的 `sizeof` 操作符根据对象使用的字节来度量对象的大

⊖ 对象表示与我们在 5.1.3 节中看到的二进制表示相关，但不是一回事。

小。根据定义，有三种不同的类型使用正好一个字节的内存：字符类型 **char**、**unsigned char** 和 **signed char**。

要点 12.2 根据定义，sizeof(char) 是 1。

不仅可以将所有对象的大小作为较低级别的字符类型“计算”，甚至可以将它们作为此类字符类型的数组进行检查和操作。稍后，我们将看到如何实现这一目标，但目前只需注意以下几点：

要点 12.3 每个对象 A 都可以看作是 **unsigned char[sizeof A]**。

要点 12.4 指向字符类型的指针是特殊的。

不幸的是，用于构成所有其他对象类型的类型都是从 **char** 派生来的，这是我们看到的字符串的字符类型。这仅仅是一个历史上的意外，你不必太多关注。特别是，你应该清楚地区分这两个不同的用例。

要点 12.5 对字符和字符串数据使用 **char** 类型。

要点 12.6 使用 **unsigned char** 类型作为所有对象类型的原子。

signed char 类型不如其他两种类型重要。

正如我们所看到的，**sizeof** 操作符根据对象所占用的 **unsigned char** 数来计算其大小。

要点 12.7 **sizeof** 操作符可以应用于对象和对象类型。

在前面的讨论中，我们还可以区分 **sizeof** 的两个语法变体：带括号和不带括号。虽然应用程序对对象的语法可以有两种形式，但类型的语法需要括号：

要点 12.8 T 类型的所有对象的大小由 **sizeof(T)** 给出。

12.2 union

现在让我们来看一种检查对象单个字节的方法。我们的首选工具是 **union**。它们的声明与 **struct** 相似，但语义不同：

endianness.c

```
2  #include <inttypes.h>
3
4  typedef union unsignedInspect unsignedInspect;
5  union unsignedInspect {
6    unsigned val;
7    unsigned char bytes[sizeof(unsigned)];
8  };
9  unsignedInspect twofold = { .val = 0xAABBCCDD, };
```

这里的不同之处在于，**union** 不会将不同类型的对象收集到一个更大的对象中，而是用不同类型的解释覆盖一个对象。因此，它是检查另一种类型对象的单个字节的完美工具。

让我们首先尝试找出单个字节的期望值。稍微滥用一下语言，让我们把与字节对应的无符号数的不同部分作为*表示数字*。由于我们将字节视为 **unsigned char** 类型，所以它们的值可以是 **0...UCHAR_MAX**（包含），因此我们将数字解释为以 **UCHAR_MAX+1** 为基数的数字。在这个例子中，在我的机器上，类型为 **unsigned** 的值可以用 **sizeof (unsigned) == 4** 这样的表示数字来表示，我选择了值 0xAA、0xBB、0xCC 和 0xDD 按从最高到最低的顺序来表示数字。完整的 **unsigned** 值可以使用以下表达式来计算，其中 **CHAR_BIT** 是字符类型中位的个数：

```
1  ((0xAA << (CHAR_BIT*3))
2       |(0xBB << (CHAR_BIT*2))
3       |(0xCC << CHAR_BIT)
4       |0xDD)
```

通过前面定义的 **union**，我们从两个不同的方面来查看同一个 twofold 对象：twofold.val 表示其为一个 **unsigned** 值，twofold.bytes 表示其为一个 **unsigned char** 数组。我们将 twofold.bytes 的长度选择为正好等于 twofold.val 的大小，所以它正好代表了它的字节。因此给我们提供了一种方法来检查一个 **unsigned** 值的**对象表示**[C]，它的所有表示数字：

endianness.c

```
12     printf("value is 0x%.08X\n", twofold.val);
13     for (size_t i = 0; i < sizeof twofold.bytes; ++i)
14       printf("byte[%zu]: 0x%.02hhX\n", i, twofold.bytes[i]);
```

在我的电脑上，我收到如下所示的结果[⊖]：

```
0   ~/build/modernC% code/endianness
1   value is 0xAABBCCDD
2   byte[0]: 0xDD
3   byte[1]: 0xCC
4   byte[2]: 0xBB
5   byte[3]: 0xAA
```

在我的机器上，我们看到首先输出的是整数的最低位（最右边的）数字，然后是次低位数字，依此类推。最后，输出最高位（最左边的）数字。因此，在我的机器上，这样一个整数的内存表示在高位数字之前有低位数字。

这不是由标准规范的，而是一种由实现定义的行为。

⊖ 在你自己的机器上测试代码。

要点 12.9 算术类型的表示数字的内存顺序是由实现定义的。

也就是说，平台提供方可能会决定先提供具有最高顺序数字的存储顺序，然后逐个打印低顺序数字。为我的机器指定的存储顺序，即 endianness[C]（字节的存储顺序），称为 little-endian[C]（从最小的数字开始）。低地址存放数据的最高有效字节的系统称为 big-endian[C]㊀。这两种顺序都是现代处理器类型常用的。有些处理器甚至可以在两种顺序之间动态切换。

前面的输出还显示了另一种由实现定义的行为：我使用了我所用平台上的特性，即使用两个十六进制数字可以很好地打印一个表示数字。换句话说，我假设 `UCHAR_MAX+1` 是 `256`，`unsigned char` 中值的位数 `CHAR_BIT` 是 8。同样，这是由实现定义的行为：尽管大多数平台都有这些属性㊁，但仍然有一些平台具有更宽广的字符类型。

要点 12.10 在大多数体系结构中，`CHAR_BIT` 是 8，`UCHAR_MAX` 是 255。

在本例中，我们研究了最简单的算术基类型（无符号整型）在内存中的表示。其他基类型具有更复杂的内存表示：有符号整型必须对符号进行编码；浮点类型必须对符号、尾数和指数进行编码；指针类型可以遵循任何符合底层体系结构的内部约定[练习 1][练习 2][练习 3]。

12.3 内存和状态

所有对象的值构成抽象状态机的状态，从而构成特定执行的状态。C 的内存模型通过 `&` 操作符为（几乎）所有对象提供了一个唯一的位置，可以通过指针从程序的不同部分对这个位置进行访问和修改。

在许多可能的情况下，这样做使确定执行的抽象状态变得更加困难：

这里，我们（以及编译器）只看到函数 `blub` 的声明，没有定义。所以对于该函数对其参数所指向的对象做了什么，我们无法得出结论。特别是，我们不知道变量 `d` 是否被修改了，以致 `c + d` 可以是任何值。程序必须检查内存中的对象 `d`，以找出调用 `blub` 后的值是什么。

现在让我们看看这样一个函数，它接收两个指针参数：

```
1  double blub(double const* a, double* b);
2
3  int main(void) {
4    double c = 35;
5    double d = 3.5;
6    printf("blub is %g\n", blub(&c, &d));
7    printf("after blub the sum is %g\n", c + d);
```

㊀ 这些名称源于这样一个事实，即数字是从最大的数还是从最小的数开始存储的。

㊁ 尤其是所有 POSIX 系统。

[练习 1] 设计一个类似的 `union` 类型来研究指针类型的字节，例如 `double*`。

[练习 2] 使用这样的 `union`，调查数组中两个连续元素的地址。

[练习 3] 比较不同执行过程之间同一变量的地址。

```
8  }
```

```
1  double blub(double const* a, double* b) {
2    double myA = *a;
3    *b = 2*myA;
4    return *a;       // 可能是 myA 或 2*myA
5  }
```

这样一个函数可以在两种不同的假设下运行。首先，如果使用两个不同的地址作为参数进行调用，*a 将保持不变，返回值将与 myA 相同。但是，如果两个参数相同，比如调用是 blub(&c, &c)，那么对 *b 的赋值也将改变 *a。

通过不同指针访问同一对象的现象称为**别名**[C]，这是遗漏优化的常见原因。无论两个指针一直使用别名，还是从不使用别名，在这两种情况下，执行的抽象状态都会大大减少，而优化器常常可以充分利用这些知识。因此，C 强制将可能的别名限制为同一类型的指针。

要点 12.11（别名） 除了字符类型，只有具有相同基类型的指针才可以使用别名。

要想看到这条规则的效果，请考虑对我们前面的示例稍微修改一下：

```
1  size_t blob(size_t const* a, double* b) {
2    size_t myA = *a;
3    *b = 2*myA;
4    return *a;       // 必须是 myA
5  }
```

因为这里的两个参数具有不同的类型，所以 C 假设它们不是针对同一个对象的。实际上，以 blob(&e, &e) 的方式调用该函数是一个错误，因为这永远不会与 blob 的原型相匹配。因此，在 return 语句中，我们可以确保对象 *a 没有改变，并且已经在变量 myA 中保存了所需的值。

有一些方法可以欺骗编译器，使用指向同一对象的指针来调用这样的函数。我们稍后会看到一些这样的欺骗行为。不要这样做：这是一条通往悲伤和绝望的道路。如果这样做了，程序的行为将变得不确定，因此必须保证（证明！）不会发生别名的操作。

相反，我们应该尝试编写这样的程序，它可以保护变量不会进行别名处理，有一个简单的方法可以做到这一点。

要点 12.12 避免使用 & 运算符。

根据给定变量的属性，编译器可能会看到该变量的地址从未被获取，因此该变量根本就不能取别名。在 13.2 节中，我们将看到变量或对象的哪些属性可能会影响这样的决定，以及 register 关键字如何防止我们无意中获取地址。稍后，在 15.2 节中，我们将看到如何使用 restrict 关键字指定指针参数的别名属性，即使它们具有相同的基类型。

12.4 指向非特定对象的指针

正如我们所看到的，对象表示提供了对象 X 作为数组 unsigned char[sizeof X]

的视图。该数组的起始地址（类型为 **unsigned char***）提供了对剥离了原始类型信息的内存的访问。

C 发明了一个强大的工具来更通用地处理这类指针，即指向无类型 **void** 的指针。

要点 12.13 任何对象指针都可以转换成 **void*** 或从 **void*** 转换成指针。

注意，这里只讨论对象指针，而不是函数指针。想象一个 **void*** 指针，它保存一个现有对象的地址，该对象作为一个指针指向一个保存了该对象的存储实例，参见图 12.1。作为对这样一种层次结构的类比，你可以考虑电话簿中的条目：一个人的名字对应于指向一个对象的标识符，用分类“移动电话”“家庭”或“工作”来对应一个类型，而电话号码本身就是某种地址（就其本身而言，你通常不感兴趣）。但是，即使是电话号码也会从另一个电话所在的位置（即对象下面的存储实例）的特定信息中抽象出来，或者从另一个电话自身的特定信息中抽象出来。例如，如果它在固定电话网络或移动网络上，那么网络必须做哪些事情才能真正地将你与另一端的人相连接。

要点 12.14 对象具有存储、类型和值。

向 **void*** 的转换不仅定义得很好，而且还可以保证在指针值方面表现良好。

要点 12.15 将对象指针转换为 **void***，然后再转换回同一类型是 identity（身份）操作。

因此，当转换为 **void*** 时，唯一丢失的是类型信息，而值保持不变。

要点 12.16 （avoid[2*]）避免 **void***。

它完全删除了与地址关联的任何类型信息。应尽量避免。另一种方法则不那么重要，特别是当你有一个返回 **void*** 的 C 库函数调用时。

void 本身作为一种类型不应该被用于变量声明，因为这不会产生一个我们可以用来做任何事情的对象。

12.5 显式转换

查看对象 X 的对象表示的一种方便的方法是以某种方式将指向 X 的指针转换成类型为 **unsigned char*** 的指针：

```
double X;
unsigned char* Xp = &X; // 错误：不允许隐式转换
```

幸运的是，不允许将 **double*** 隐式地转换为 **unsigned char***。我们必须以某种方式进行显式转换。

我们已经看到，在许多地方，某种类型的值被隐式转换为另一种类型的值（5.4 节），并且在进行任何操作之前，窄整型首先被转换为 **int** 型。鉴于此，窄型只有在非常特殊的情况下才有意义：

- ❑ 必须节省内存。你需要使用一个非常大的小值数组。非常大在这里的意思是数百万或数十亿。在这种情况下，存储这些值可能会给你带来一些好处。
- ❑ 对字符和字符串使用 **char**。但是你不能用它们做算术运算。
- ❑ 使用 **unsigned char** 检查对象的字节。但是，同样，你不能用它们做算术运算。

指针类型的转换更加微妙，因为它们可以改变对象的类型解释。对于数据指针，只允许两种形式的隐式转换：从 **void*** 的转换和到 **void*** 的转换，以及向目标类型添加限定符的转换。让我们来看一些例子：

```
1  float f = 37.0;          // 转换：浮动
2  double a = f;            // 转换：返回双精度
3  float* pf = &f;          // 具体类型
4  float const* pdc = &f;   // 转换：添加一个限定符
5  void* pv = &f;           // 转换：指向 void* 的指针
6  float* pfv = pv;         // 转换：来自 void* 的指针
7  float* pd = &a;          // 错误：指针类型不兼容
8  double* pdv = pv;        // 未定义的行为（如果使用）
```

前两个使用 **void***（**pv** 和 **pfv**）的转换已经有点棘手了：我们来回转换指针，但是我们注意到 **pfv** 的目标类型与 **f** 相同，所以一切正常。

接下来是错误的部分。在 **pd** 的初始化过程中，编译器可以保护我们不受严重错误的影响：将指针分配给具有不同大小和解释的类型会导致严重的损害。任何符合条件的编译器都必须给出对这一行的诊断。你现在已经很明白了，代码不应该产生编译器警告（要点 1.4），你知道在修复此类错误之前不应该继续往下走。

最后一行更糟：它有一个错误，但是这个错误在语法上没有问题。这个错误可能没有被发现的原因是，我们对 **pv** 的第一次转换已经从所有类型信息中去除了指针。所以，一般来说，编译器不知道指针背后的对象类型是什么。

除了到目前为止看到的隐式转换之外，C 还允许我们使用**强制转换**[C]进行显式转换[⊖]。使用强制转换，你是在告诉编译器，你比它更清楚，指针后面的对象类型不是它所想的那样，它应该闭嘴。我在现实生活里遇到的大多数用例中，编译器是对的，而程序员是错的：即使是经验丰富的程序员也可能滥用强制转换来隐藏与类型相关的糟糕的设计决策。

要点 12.17 不要使用强制转换。

它们剥夺了你宝贵的信息，如果仔细选择类型，你只会在非常特殊的场合需要它们。

其中一种情况是，你希望在字节层面上检查对象的内容。正如我们在 12.2 节中看到的，围绕对象构建一个 **union** 可能并不总是可行的（或者可能太复杂），因此我们可以在这里进行强制转换：

⊖ 将表达式 X 强制转换为类型 T，其形式为 (T)X。可以把它想象为“强制转换拼写”。

endianness.c

```
15    unsigned val = 0xAABBCCDD;
16    unsigned char* valp = (unsigned char*)&val;
17    for (size_t i = 0; i < sizeof val; ++i)
18      printf("byte[%zu]: 0x%.02hhX\n", i, valp[i]);
```

在这个方向上（从“指向对象的指针”到“指向字符类型的指针”），强制转换基本上是无害的。

12.6 有效类型

为了处理指针可能提供的同一对象的不同视图，C引入了有效类型的概念。它大大限制了访问对象的方式。

要点 12.18（有效类型） 对象必须通过其有效类型或指向字符类型的指针来访问。

由于 **union** 变量的有效类型是 **union** 类型，而不是任何成员类型，所以可以放宽 **union** 成员的规则：

要点 12.19 具有有效 **union** 类型的对象的任何成员都可以随时被访问，只要字节表示等同于访问类型的合法值。

对于迄今为止我们所看到的所有对象，很容易确定有效类型：

要点 12.20 变量或复合字面量的有效类型是其声明的类型。

稍后，我们将看到另一类更为复杂的对象。

请注意，此规则没有例外，并且我们不能改变此类变量或复合字面量的类型。

要点 12.21 变量和复合字面量必须通过其声明的类型或通过指向字符类型的指针来访问。

还要观察所有这些字符类型的不对称性。任何对象都可以被看作是由 **unsigned char** 组成的，但是 **unsigned char** 数组不能通过其他类型来使用：

```
unsigned char A[sizeof(unsigned)] = { 9 };
// 有效但无用，就像大多数类型转换一样。
unsigned* p = (unsigned*)A;
// 错误：访问的类型既不是有效类型
// 也不是字符类型。
printf("value \%u\n", *p);
```

这里，访问 ***p** 是错误的，之后的程序状态是未定义的。这与我们之前处理 **union** 时的情况形成了强烈的对比：请参阅12.2节，在该节中，我们实际上可以将字节序列视为 **unsigned char** 或 **unsigned** 数组。

如此严格规定的原因是多方面的。在C标准中引入有效类型的第一个动机是处理别名，如我们在12.3节中看到的。事实上，别名规则（要点12.11）是从有效类型规则（要点 12.18）派生出来的。只要不涉及 **union**，编译器就知道我们不能通过 **size_t*** 访问 **double** 类型，因此它可以假设对象是不同的。

12.7 对齐

指针转换的反向（从“指向字符类型的指针”到“指向对象的指针”）并不是完全无害的，这不仅仅是因为可能存在别名。这与 C 内存模型的另一个特性有关：**对齐**[C]。大多数非字符类型的对象不能从任意字节位置开始，它们通常从一个**词的界限**[C]开始。然后，类型的对齐描述了该类型的对象可以从哪个字节位置开始。

如果我们强制一些数据进行错误对齐，就会发生非常糟糕的事情，看一下下面的代码：

```
1  #include <stdio.h>
2  #include <inttypes.h>
3  #include <complex.h>
4  #include "crash.h"
5
6  void enable_alignment_check(void);
7  typedef complex double cdbl;
8
9  int main(void) {
10   enable_alignment_check();
11   /* 复杂值和字节的叠加。 */
12   union {
13     cdbl val[2];
14     unsigned char buf[sizeof(cdbl[2])];
15   } toocomplex = {
16     .val = { 0.5 + 0.5*I, 0.75 + 0.75*I, },
17   };
18   printf("size/alignment: %zu/%zu\n",
19          sizeof(cdbl), _Alignof(cdbl));
20   /* 运行所有偏移，并在未对齐时崩溃。 */
21   for (size_t offset = sizeof(cdbl); offset; offset /=2) {
22     printf("offset\t%zu:\t", offset);
23     fflush(stdout);
24     cdbl* bp = (cdbl*)(&toocomplex.buf[offset]); // 对齐!
25     printf("%g\t+%gI\t", creal(*bp), cimag(*bp));
26     fflush(stdout);
27     *bp *= *bp;
28     printf("%g\t+%gI", creal(*bp), cimag(*bp));
29     fputc('\n', stdout);
30   }
31 }
```

这从一个类似于我们之前看到的 **union** 声明开始。同样，我们有一个数据对象（在本例中是 **complex double[2]** 类型），我们用一个 **unsigned char** 数组覆盖它。除了这部分稍微复杂一点之外，乍一看并没有什么大的问题。但是如果在我的机器上执行这个程序，我会得到如下结果：

```
0   ~/.../modernC/code (master % u=) 14:45 <516>$ ./crash
1   size/alignment: 16/8
2   offset 16: 0.75 +0.75I 0 +1.125I
3   offset 8: 0.5 +0I 0.25 +0I
4   offset 4: Bus error
```

程序崩溃了，会显示一个**总线错误**[C]，这是“数据总线对齐错误”之类的缩写。真正出问题的行是：

crash.c

```
23      fflush(stdout);
24      cdbl* bp = (cdbl*)(&toocomplex.buf[offset]); // 对齐!
```

在右边，我们看到了一个指针转换：一个 **unsigned char*** 被转换成一个 **complex double***。使用 **for** 循环，就可以对从 toocomplex 开始的字节偏移量 offset 执行强制转换。这些是 2 的幂：16、8、4、2 和 1。正如你在上面的输出中所看到的，当对齐为其大小的一半时，**complex double** 仍然工作得很好，但当对齐为其大小的四分之一时，程序就崩溃了。

有些体系结构比其他体系结构更能容忍偏差，在这种情况下，我们可能不得不强制系统出错。我们在刚开始时使用下面的函数来强制程序崩溃：

> enable_alignment_check：启用对 i386 处理器的对齐检查。
>
> 英特尔的 i386 处理器家族在接收数据偏差方面相当宽容。当移植到其他不那么宽容的体系结构时，可能会产生烦人的 bug。
>
> 此函数还允许对该系列或处理器进行此问题的检查，以便确保你能够尽早地检测到此问题。
>
> 我在 Ygdrasil 的博客上找到了代码：
>
> **void enable_alignment_check(void);**

如果你对可移植代码感兴趣（如果你还留在此页的话，你可能感兴趣），那么在开发阶段出现的早期错误是非常有用的[⊖]。因此，可以考虑使一个功能崩溃。有关这个主题的有趣的讨论，请参阅 Ygdrasil 的博客。

在前面的代码示例中，我们还看到了一个新的操作符 **alignof**（或者是 **_Alignof**，如果你没有包含 stdalign.h 的话），它为我们提供了特定类型的对齐。很少有机会在实际的代码中使用它。

⊖ 对于在该函数中使用的代码，请参考 crash.h 的源代码来进行检查。

另一个关键字可用于强制分配指定的对齐：**alignas**（或 **_Alignas**）。它的参数可以是类型，也可以是表达式。如果数据是以某种方式对齐的，那么你就会知道你的平台可以更有效地执行某些操作，这将非常有用。

例如，就像我们之前所看到的，要强制将 **complex** 变量对齐为其大小，而不是其一半大小，你可以使用：

```
alignas(sizeof(complex double)) complex double z;
```

或者如果你知道你的平台对 **float[4]** 数组有高效的向量指令：

```
alignas(sizeof(float[4])) float fvec[4];
```

这些操作符对于有效类型规则（要点 12.18）来说没有用。即便有

```
alignas(unsigned) unsigned char A[sizeof(unsigned)] = { 9 };
```

12.6 节末尾的示例仍然是无效的。

总结

- 内存和对象模型有几个抽象层：物理内存、虚拟内存、存储实例、对象表示和二进制表示。
- 每个对象都可以看作是一个 **unsigned char** 数组。
- **union** 用于在同一对象表示上覆盖不同的对象类型。
- 根据特定数据类型的需要，可以对内存进行不同的对齐。特别是，并不是所有的 **unsigned char** 数组都可以用来表示任何对象类型。

第 13 章 Chapter 13

存　储

本章涵盖了：

- ❑ 使用动态分配创建对象
- ❑ 存储和初始化规则
- ❑ 理解对象的生命周期
- ❑ 处理自动存储

到目前为止，我们在程序中处理的大多数对象都是变量：也就是说，是在具有特定的类型和指向对象的标识符的常规声明中声明的对象。有时，它们在代码中定义的位置与声明的位置不同，但即使这样的定义也会使用类型和标识符来指向它们。我们很少看到的另一类对象是用类型而不是标识符指定的：复合字面量，如 5.6.4 节中所介绍的。

所有这些对象、变量或复合字面量的**生命周期**[C] 都取决于程序的语法结构。它们具有对象生存期和标识符可见度，既可以跨越整个程序执行过程（全局变量、全局字面量和使用 **static** 声明的变量），也可以绑定到函数中的一个语句块[⊖]。

我们还看到，对于某些对象，区分不同的实例是很重要的：当我们在递归函数中声明一个变量时。递归调用层次结构中的每个调用都有自己的此变量实例。因此，可以方便地区分与对象不完全相同的另一个实体，即存储实例。

在本章中，我们将处理另一种创建对象的机制，称为动态分配（13.1 节）。实际上，该机制创建的存储实例仅被视为字节数组，没有任何视为对象的解释。它们只有在我们储存东西时才会获得一种类型。

这样，我们对不同的可能性有了几乎完全的了解，因此我们可以讨论存储持续时间、

⊖ 事实上，这是一种简化。我们很快就会看到细节。

对象生命周期和标识符可见度的不同规则（13.2 节）。我们还将深入研究初始化规则（13.4 节），因为这些规则对于创建的不同对象有很大的不同。

此外，我们还提出了两个题外话。第一个是更详细的对象生命周期视图，它允许我们在 C 代码中的某点访问对象（13.3 节）。第二个是简要介绍了具体体系结构的内存模型的实现（13.5 节），特别是如何在你特定的机器上处理自动存储。

13.1 malloc 和友元

对于必须处理不断增长的数据集合的程序，我们目前看到的对象类型限制太多。为了处理不同的用户输入、Web 查询、大型交互图和其他不规则数据、大型矩阵和音频流，可以方便地动态回收对象的存储实例，然后当不再需要它们时将其释放掉。这种方案称为**动态分配**[C]，有时简称为分配。

以下是 `stdlib.h` 提供的一组函数，旨在为分配的存储提供这样一个接口：

```
#include <stdlib.h>
void* malloc(size_t size);
void free(void* ptr);
void* calloc(size_t nmemb, size_t size);
void* realloc(void* ptr, size_t size);
void* aligned_alloc(size_t alignment, size_t size);
```

前两个，**malloc**（内存分配）和 **free**，是目前最著名的。正如它们的名字所示，**malloc** 为我们动态地创建了一个存储实例，然后 **free** 并销毁它。其他三个函数是 **malloc** 的专用版本：**calloc**（清除分配）将新存储实例的所有位都设置为 0，**realloc** 增加或缩小存储，**aligned_alloc** 确保非默认对齐。

所有这些函数都使用 **void***：也就是说，使用没有类型信息的指针。能够为这一系列函数指定这样一个“非类型”指针可能是整个 **void*** 指针游戏存在的理由。这样，它们就可以普遍适用于所有类型。下面的例子为一个 **double** 向量分配了一块大的存储空间，`livingPeople()` 中的每个成员一个元素[练习 1]：

```
size_t length = livingPeople();
double* largeVec = malloc(length * sizeof *largeVec);
for (size_t i = 0; i < length; ++i) {
  largeVec[i] = 0.0;
}
...

free(largeVec);
```

因为 **malloc** 不知道要存储的对象的后续用途或类型，所以存储的大小是以字节为单位指定的。在这里给出的习惯用法中，我们只指定了一次类型信息，作为 `largeVec` 的指

[练习 1] 不要尝试这个分配，但要计算平台上所需的大小。在你的平台上分配这样一个向量是否可行？

针类型。通过在 **malloc** 调用的参数中使用 **sizeof *largeVec**，我们可以确保分配了正确的字节数。即使我们之后将 largeVec 变为类型 **size_t***，分配也会进行调整。

我们经常遇到的另一个习惯用法是只获取我们想要创建的对象类型的大小，类型为 **double** 的有 length 个元素的数组：

```
double* largeVec = malloc(sizeof(double[length]));
```

我们已经被强制转换的引入所困扰，这是明确的转换。需要注意的是，对 **malloc** 的调用保持原样，从 **malloc** 的返回类型 **void*** 到目标类型的转换是自动的，不需要进行任何干预。

要点 13.1 不要将 **malloc** 和友元的返回强制转换。

这样的强制转换不仅是多余的，而且当我们忘记包含了头文件 stdlib.h 时，执行明确的转换甚至会适得其反：

```
/* 如果我们忘记包含 stdlib.h，很多
   编译器仍然会假设：*/
int malloc();              // 错误的功能接口！
...
double* largeVec = (void*)malloc(sizeof(double[length]));
                                    |
                              int <--
                               |
                       void* <--
```

旧的 C 编译器然后假设返回 **int**，并触发从 **int** 到指针类型的错误转换。我看到过很多由这个错误引发的崩溃和小的 bug，特别是初学者在他们的代码中一直在追随错误的建议。

在前面的代码中，作为下一步，我们初始化刚刚通过赋值分配的存储：在这里，都是 0.0。只有通过这些赋值，largeVec 的各个元素才能成为“对象”。这样的赋值提供了有效的类型和值。

要点 13.2 通过 **malloc** 分配的存储未初始化，而且没有类型。

13.1.1 具有可变数组大小的一个完整例子

现在让我们来看一个例子，在这个例子中，使用 **malloc** 分配的动态数组比使用简单的数组变量更具灵活性。下面的接口描述了一个 **double** 值的循环缓冲区，称为 circular：

circular.h

circular：用于 **double** 值循环缓冲区的不透明类型。

这个数据结构允许在后面添加 **double** 值，并在前面获取它们。每个这样的结构都有它可以存储的最大的元素数量。

```
typedef struct circular circular;
```

circular.h

ircular_append：将值为 value 的新元素追加到缓冲区 c。
返回：如果新元素追加成功，则返回 c，否则返回 0。

```
circular* circular_append(circular* c, double value);
```

circular.h

circular_pop：从 c 中删除最先存入的元素并返回其值。
返回：如果删除的元素存在，则返回该元素，否则返回 0.0。

```
double circular_pop(circular* c);
```

其思想是，从 0 个元素开始，只要存储的元素数量不超过一定的限制，就可以将新元素追加到缓冲区或从缓冲区前面删除。存储在缓冲区中的各个元素可以通过以下函数进行访问：

circular.h

circular_element：返回指向缓冲区 c 中指向 pos 位置的指针。
返回：指向缓冲区中在 pos 位置的元素的指针，否则返回 0。

```
double* circular_element(circular* c, size_t pos);
```

因为我们的类型 circular 需要为循环缓冲区分配和释放空间，所以我们需要提供一致的函数来初始化和销毁该类型的实例。该功能由两对函数提供：

circular.h

circular_init：将循环缓冲区 c 初始化为最多可容纳 max_len 个元素。
仅可以在未初始化的缓冲区上使用此函数。
使用此函数初始化的每个缓冲区都必须通过调用 circular_destroy 来销毁。

```
circular* circular_init(circular* c, size_t max_len);
```

circular.h

circular_destroy：销毁循环缓冲区 c。
c 必须已通过调用 circular_init 进行了初始化。

```
void circular_destroy(circular* c);
```

circular.h

circular_new：分配和初始化一个最多可容纳 len 个元素的循环缓冲区。
使用此函数分配的每个缓冲区都必须通过调用 circular_delete 来删除。

```
circular* circular_new(size_t len);
```

circular.h

circular_delete：删除循环缓冲区 c。
c 必须已通过调用 circular_new 进行了分配。

```
void circular_delete(circular* c);
```

第一对将应用于现有对象。它们接收一个指向此类对象的指针，并确保分配或释放缓冲区空间。第二对中的第一个创建一个对象并对其初始化。最后一个销毁该对象，然后释放内存空间。

如果我们使用常规数组变量，那么一旦创建了这样一个对象，我们可以存储在 circular 中的元素的最大数量就会被固定下来。我们希望更灵活，所以可以通过 circular_resize 函数来提高或降低此限制，并且元素的数量可以使用 circular_getlength 进行查询：

circular.h

circular_resize：将容量调整到 max_len。

```
circular* circular_resize(circular* c, size_t max_len);
```

circular.h

circular_getlength：返回存储的元素数量。

```
size_t circular_getlength(circular* c);
```

然后，使用函数 circular_element，其行为类似于一个 double 型数组：使用当前长度内的一个位置调用它，我们可以获得存储在该位置的元素的地址。

结构的隐含定义如下：

circular.c

```
5  /** @brief the hidden implementation of the circular buffer type */
6  struct circular {
7    size_t start;    /** 元素 0 的位置 */
8    size_t len;      /** 元素存储的数量 */
9    size_t max_len;  /** 最大容量 */
10   double* tab;     /** 保存数据的数组 */
11 };
```

其思想是指针成员 tab 总是指向长度为 max_len 的数组对象。在某个时间点上，缓冲区中的元素将从 start 处开始，并且存储在缓冲区中的元素的数量在成员 len 中保存。表 tab 内的位置是按 max_len 的模来计算的。

下表象征性地表示了此循环数据结构的一个实例，其中 max_len=10、start=2 和 len=4。

表索引	0	1	2	3	4	5	6	7	8	9
缓冲区内容	garb	garb	6.0	7.7	81.0	99.0	garb	garb	garb	garb
缓冲区位置			0	1	2	3				

我们看到缓冲区内容（6.0、7.7、81.0 和 99.0 这四个数）连续放置在 tab 所指的数组对象中。

下面的方案表示一个具有同样四个数的循环缓冲区，但是元素的存储空间是被包裹的。

表索引	0	1	2	3	4	5	6	7	8	9
缓冲区内容	81.0	99.0	garb	garb	garb	garb	garb	garb	6.0	7.7
缓冲区位置	2	3							0	1

这种数据结构的初始化需要调用 malloc 来为 tab 成员提供内存。另外的是

circular.c

```
13 circular* circular_init(circular* c, size_t max_len) {
14   if (c) {
15     if (max_len) {
16       *c = (circular){
17         .max_len = max_len,
18         .tab = malloc(sizeof(double[max_len])),
19       };
20         // 分配失败。
```

```
20          // Allocation failed.
21          if (!c->tab) c->max_len = 0;
22        } else {
23          *c = (circular){ 0 };
24        }
25      }
26      return c;
27    }
```

注意，这个函数始终检查指针参数 c 的合法性。而且，通过在条件的两个分支中分配复合字面量，它可以确保将所有其他成员初始化为 0。

库函数 **malloc** 可能因为各种原因而失败。例如，以前对内存系统的调用可能会使其耗尽，或者为分配而回收的大小可能太大。在一个通用的系统中，比如你可能用于学习的系统，这样的失败是很少见的（除非是自动触发的），但是对其进行检查仍然是一个好习惯。

要点 13.3 **malloc** 通过返回空指针值来指示失败。

销毁这样一个对象更简单：我们只需检查指针，然后我们可以无条件地 **free** tab 成员。

circular.c

```
29  void circular_destroy(circular* c) {
30    if (c) {
31      free(c->tab);
32      circular_init(c, 0);
33    }
34  }
```

库函数 **free** 有一个很友好的属性，它接受一个 null 参数，在这种情况下它不执行任何操作。

其他一些函数的实现使用一个内部函数来计算缓冲区的“循环”方面。该内部函数被声明为 **static**，因此其只对那些函数可见，并且不影响标识符名字空间（要点 9.8）。

circular.c

```
50  static size_t circular_getpos(circular* c, size_t pos) {
51    pos += c->start;
52    pos %= c->max_len;
53    return pos;
54  }
```

现在，获取一个指向缓冲区元素的指针非常简单。

circular.c

```
68  double* circular_element(circular* c, size_t pos) {
69    double* ret = 0;
70    if (c) {
71      if (pos < c->max_len) {
72        pos = circular_getpos(c, pos);
73        ret = &c->tab[pos];
74      }
75    }
76    return ret;
77  }
```

有了所有这些信息，你现在应该能够很好地实现除了一个函数接口之外的所有函数接口了[练习 2]。比较困难的是 **circular_resize**。它首先进行长度计算，然后处理一些情形，这些情形中的请求会对表进行扩大或缩小。这里，我们有一个命名约定，即使用 **o**（old）作为变量名的第一个字符，该变量名在更改之前指向某个特性，在更改之后使用 **n**（new）作为其值。通过使用案例分析过程中发现的值，函数的末尾使用复合字面量来组成新的结构：

circular.c

```
92  circular* circular_resize(circular* c, size_t nlen) {
93    if (c) {
94      size_t len = c->len;
95      if (len > nlen) return 0;
96      size_t olen = c->max_len;
97      if (nlen != olen) {
98        size_t ostart = circular_getpos(c, 0);
99        size_t nstart = ostart;
100       double* otab = c->tab;
101       double* ntab;
102       if (nlen > olen) {
138       }
139       *c = (circular){
140         .max_len = nlen,
141         .start = nstart,
142         .len = len,
143         .tab = ntab,
144       };
145     }
146   }
147   return c;
148 }
```

现在让我们试着填补前面代码中的空白，看看将对象扩大的第一种情形。其中最重要的部分是调用 **realloc**：

[练习 2] 编写所缺的那些函数的实现。

circular.c

```
103        ntab = realloc(c->tab, sizeof(double[nlen]));
104        if (!ntab) return 0;
```

对于这个调用，realloc 接收指向现有对象的指针以及重新分配后应该具有的新大小。它返回一个指向具有所需大小的新对象的指针或 null。在紧接其后的行中，我们检查后一种情形，如果无法重新分配对象，则终止函数。

函数 realloc 有一些有趣的特性：

- 返回的指针可能与参数相同，也可能不同。由运行时系统自行决定是否可以执行适当的调整（例如，对象背后是否有可用的空间，或者是否必须提供一个新对象）。但是，无论如何，即使返回的指针是相同的，对象也被认为是一个新的对象（具有相同的数据）。这特别意味着所有从原始指针派生出的指针都是无效的。
- 如果参数指针和返回的指针是不同的（也就是说，对象已经被复制），那么就不需要对之前的指针做任何事情（甚至不应该做）。旧的对象已经处理好了。
- 尽可能保留对象的现有内容：
  - 如果对象扩大了，则对应于之前大小的对象的初始部分保持不变。
  - 如果对象缩小了，则重新分配的对象的内容对应于调用之前的初始部分。
- 如果返回 0（也就是说，运行时系统无法满足重新分配的请求），则旧的对象不变。所以，什么损失也没有。

既然我们知道新接收的对象具有我们想要的大小，那么我们必须确保 tab 仍然表示一个循环缓冲区。如果之前的情形与第一个表中的情形相同，那么我们不会对前面的（对应于缓冲区元素的部分是连续的）执行任何操作。所有数据都保存完好。

如果我们的循环缓冲区被包裹，我们必须做一些调整：

circular.c

```
105        // 两个独立的块
106        if (ostart+len > olen) {
107          size_t ulen = olen - ostart;
108          size_t llen = len - ulen;
109          if (llen <= (nlen - olen)) {
110            /* 在旧端之后，把下部分复制到上面。 */
111            memcpy(ntab + olen, ntab,
112                   llen*sizeof(double));
113          } else {
114            /* 把上部分移动到新端上。 */
115            nstart = nlen - ulen;
116            memmove(ntab + nstart, ntab + ostart,
117                    ulen*sizeof(double));
118          }
119        }
```

下表说明了第一个子情形更改前后内容的差异，中下部分在添加的部分中找到了足够的空间：

表索引	0	1	2	3	4	5	6	7	8	9			
旧内容	81.0	99.0	~~garb~~	~~garb~~	~~garb~~	~~garb~~	~~garb~~	~~garb~~	6.0	7.7			
旧位置	2	3							0	1			
新位置	~~2~~	~~3~~							0	1	2	3	
新内容	~~81.0~~	~~99.0~~	~~garb~~	~~garb~~	~~garb~~	~~garb~~	~~garb~~	~~garb~~	6.0	7.7	81.0	99.0	~~garb~~
表索引	0	1	2	3	4	5	6	7	8	9	10	11	12

另一种情形是，中下部分不适合新分配的部分，也是类似的。这一次，缓冲区的上半部分被移到了新表的末尾：

表索引	0	1	2	3	4	5	6	7	8	9	
旧内容	81.0	99.0	~~garb~~	~~garb~~	~~garb~~	~~garb~~	~~garb~~	~~garb~~	6.0	7.7	
旧位置	2	3							0	1	
新位置	2	3								0	1
新内容	81.0	99.0	~~garb~~	~~garb~~	~~garb~~	~~garb~~	~~garb~~	~~garb~~	~~6.0~~	6.0	7.7
表索引	0	1	2	3	4	5	6	7	8	9	10

不过，对这两种情形的处理显示出一种微妙的差别。第一种情形是用 **memcpy** 处理的，复制操作的源元素和目标元素不能重叠，因此在这里使用 **memcpy** 是安全的。对于另一种情形，正如我们在示例中看到的，源元素和目标元素可能重叠，因此需要使用限制较少的 **memmove** 函数[练习 3]。

13.1.2 确保动态分配的一致性

在我们的两个代码示例中，对分配函数（如 **malloc**、**realloc** 和 **free**）的调用应该总是成对出现的。这不一定出现在同一个函数中，但在大多数情况下，两者出现次数的简单统计应该是相同的：

要点 13.4 对于每一个分配，一定有一个 **free**。

如果没有的话，这可能表明存在***内存泄漏***[C]：已分配的对象丢失。这可能会导致平台的资源耗尽，表示其性能很差或随时可能崩溃。

要点 13.5 对于每一个 **free**，一定有一个 **malloc**、**calloc**、**aligned_alloc** 或 **realloc**。

但是要注意，**realloc** 很容易混淆分配的简单统计：因为如果使用现有对象调用它，那么它会同时提供释放（对于旧对象）和分配（对于新对象）服务。

[练习 3] 实现表的收缩：在调用 **realloc** 之前重新组织表内容非常重要。

内存分配系统其实很简单，因此只允许对用 **malloc** 分配的指针或该指针为 null 时使用 **free**。

要点 13.6 只有当指针是由 **malloc**、**calloc**、**aligned_alloc** 或 **realloc** 返回的，才可使用它们调用 **free**。

它们一定不能

- 指向其他方式分配的对象（也就是说，变量或复合字面量）；
- 已经被释放了；
- 只指向已分配对象的一小部分。

否则的话，你的程序将崩溃。更严重的是，这将完全破坏程序执行的内存，这是最糟糕的崩溃情形之一。一定要小心。

13.2 存储持续时间、生命周期和可见度

我们已经在不同的地方看到，标识符的可见度和它所引用的对象的可访问性不是一回事。作为一个简单的例子，以清单 13.1 中的变量 x 为例。

清单 13.1 一个使用局部变量进行隐藏的例子

```
 1  void squareIt(double* p) {
 2    *p *= *p;
 3  }
 4  int main(void) {
 5    double x = 35.0;
 6    double* xp = &x;
 7    {
 8      squareIt(&x);  /* 指向 double x */
 9      ...
10      int x = 0;     /* 阴影 double x*/
11      ...
12      squareIt(xp);  /* 有效使用 double x */
13      ...
14    }
15    ...
16    squareIt(&x);    /* 指向 double x */
17    ...
18  }
```

这里，第 5 行声明的标识符 x 的可见度范围从该行开始，一直到 **main** 函数的末尾，但是有一个明显的中断：从第 10 行到第 14 行，这个可见度被另一个变量 x **隐藏**[C]。

要点 13.7 标识符仅在其作用域内可见，从其声明开始。

要点 13.8 标识符的可见度可以被下级作用域中相同名字的标识符遮蔽。

我们还看到，标识符的可见度和它所表示的对象的可用性不是一回事。首先，所有对 squareIt 的调用都使用 **double x** 对象，尽管在定义函数时标识符 x 不可见。然后，

在第12行，我们将 **double x** 变量的地址传递给函数 squareIt，尽管标识符在这里被遮蔽。

另一个例子涉及使用存储类 **extern** 标记的声明。这些声明总是指定一个静态存储持续时间的对象，该对象应该会在文件范围内定义⊖，参见清单13.2。

清单 13.2 一个使用 extern 变量进行遮蔽的例子

```
1  #include <stdio.h>
2
3  unsigned i = 1;
4
5  int main(void) {
6    unsigned i = 2;        /* 一个新对象 */
7    if (i) {
8      extern unsigned i;   /* 一个现有对象 */
9      printf("%u\n", i);
10   } else {
11     printf("%u\n", i);
12   }
13 }
```

这个程序对名为 i 的变量有三个声明，但是只有两个定义：第6行的声明和定义隐藏了第3行的声明和定义。反过来，第8行的声明遮蔽了第6行，但它指向的对象与第3行定义的对象相同[练习 4]。

要点 13.9 变量的每次定义都会创建一个新的、不同的对象。

在接下来的代码中，**char** 数组 A 和 B 用不同的地址标识不同的对象。表达式 A == B 必须始终为 false：

```
1 char const A[] = { 'e', 'n', 'd', '\0', };
2 char const B[] = { 'e', 'n', 'd', '\0', };
3 char const* c = "end";
4 char const* d = "end";
5 char const* e = "friend";
6 char const* f = (char const[]){ 'e', 'n', 'd', '\0', };
7 char const* g = (char const[]){ 'e', 'n', 'd', '\0', };
```

但是总共有多少个不同的数组对象呢？视情况而定。编译器有很多种选择：

要点 13.10 只读对象字面量可能会重叠。

在前面的示例中，我们有三个字符串字面量和两个复合字面量。这些都是对象字面量，它们是只读的：根据定义字符串字面量是只读的，这两个复合字面量是 **const** 限定的。它们中的四个具有完全相同的基类型和内容（'e'、'n'、'd'、'\0'），因此四个指针 c、d、f 和 g 都可以初始化为一个 **char** 数组的同一地址。编译器甚至可以节省更多的内存：利用

⊖ 事实上，这样一个对象可以在另一个转换单元的文件范围内定义。

[练习 4] 此程序打印哪个值？

end 出现在 friend 的末尾这一事实，这个地址可能只是 `&e[3]`。

正如我们从这些例子中所看到的，对象的可用性不仅是标识符或定义的位置（对于字面量）的词汇属性，而且还取决于程序的执行状态。一个对象的**生命周期**[C]有起点和终点：

要点 13.11　对象有一个生命周期，在生命周期之外不能被访问。

要点 13.12　在其生命周期以外引用对象会有未定义行为。

如何定义一个对象的起始点和终点取决于我们用来创建它的工具。我们为 C 中的对象区分了四种不同的**存储持续时间**[C]：**静态的**[C]（在编译时确定的）、**自动的**[C]（在运行时自动确定的）、**分配的**[C]（由函数调用 **malloc** 和友元明确确定的）和**线程**[C]（绑定到某个执行线程时）。

表 13.1 概述了声明及其存储类、初始化、链接、存储持续时间和生命周期之间的复杂关系。在不了解太多细节的情况下，它所展示的关键字和底层术语的用法是相当混乱的。Tentative（不确定的）表示仅当没有其他带有初始值设定的定义时，定义才是隐含的。如果在该声明之前已经满足了另一个具有内部链接的声明，则 Induced（诱发的）表示该链接是内部的，否则，是外部的。

表 13.1　相关对象的存储类、作用域、标识符的链接和存储持续时间

类	作用域	定义	链接	持续时间	生命周期
已初始化	文件	是	外部的	静态的	全部执行时间
extern, 已初始化	文件	是	外部的	静态的	全部执行时间
复合字面量	文件	是	N/A	静态的	全部执行时间
字符串字面值	任何	是	N/A	静态的	全部执行时间
static, 已初始化	任何	是	内部的	静态的	全部执行时间
未初始化	文件	不确定	外部的	静态的	全部执行时间
extern, 未初始化	任何	否	诱发的	静态的	全部执行时间
static, 未初始化	任何	不确定	内部的	静态的	全部执行时间
thread_local	文件	是	外部的	线程	整个线程
extern thread_local	任何	否	外部的	线程	整个线程
static thread_local	任何	是	内部的	线程	整个线程
复合字面量	块	是	N/A	自动的	定义块
Non-VLA			None		
Non-VLA, **auto**			None		
register			None		
VLA	块	是	None	自动的	从定义到块结束
函数返回数组	块	是	None	自动的	直到表达式末尾

首先，与名称所提示的不同，存储类 **extern** 可能指向具有外部或内部链接的标识符[⊖]。这里，除了编译器之外，带有链接的标识符通常由另一个外部程序，即**链接器**[C]来管理。这样的标识符在程序启动时被初始化，甚至在它进入 **main** 程序之前，而链接器会确

⊖ 注意，链接是标识符的属性，而不是它们所表示的对象的属性。

保这一点。从不同的对象文件访问的标识符需要外部链接，这样它们就都可以访问相同的对象或函数，因此链接器能够建立对应关系。

我们已经看到的具有外部链接的重要标识符是 C 的库函数。它们位于系统**库**[C]中，通常称为 `libc.so` 之类的东西，而不是存在你创建的对象文件中。否则，与其他对象文件没有连接的全局、文件作用域、对象或函数应该具有内部链接。所有其他标识符都没有链接[⊖]。

然后，静态存储持续时间与用存储类 `static` 声明变量是不同的。后者只是强制一个变量或函数具有内部链接。这样的变量可以在文件作用域（全局）或块作用域（局部）中声明[⊜]。你可能还没有明确地调用平台的链接器。通常，它的执行隐藏在你正在调用的编译器前端的后面，动态链接器可能只在程序启动时才起作用，而不会被注意到。

对于存储持续时间的前三种类型，我们已经看到了很多例子。线程存储持续时间（`_Thread_local` 或 `thread_local`）与 C 的线程 API 有关，我们将在后面的第 18 章中看到线程 API。

分配的存储持续时间很简单：这样一个对象的生命周期从创建它的相应调用 `malloc`、`calloc`、`realloc` 或 `aligned_alloc` 开始。它以调用 `free` 或 `realloc` 为结束，或者，如果没有发出这样的调用，则在程序执行结束时结束。

另外两种关于存储时间的情况需要更多的解释，因此我们将在接下来更详细地讨论它们。

13.2.1 静态存储持续时间

具有静态存储持续时间的对象可以通过两种方式定义：

- 在文件作用于中定义的对象。变量和复合字面量可以具有此属性。
- 在函数块中声明并具有存储类说明符 `static` 的变量。

这样的对象有一个生命周期，即整个程序执行的时间。因为在执行任何应用程序代码之前，它们都被认为是活动的，所以只能使用在编译时已知的表达式进行初始化，或者可以由系统的进程启动过程进行解析。这里有一个例子：

```
1  double A = 37;
2  double* p
3     = &(double){ 1.0, };
4  int main(void) {
5    static double B;
6  }
```

这里定义了四个静态存储持续时间的对象，分别用 `A`、`p` 和 `B`，以及在第 3 行中定义的复合字面量来标识的。其中三个是 `double` 类型，一个是 `double*` 类型。

⊖ 对于 `extern` 来说，一个更好的关键字可能是 `linkage`。

⊜ 在这个上下文中，理解了任何形式的链接都意味着静态的存储持续时间，那么对 `static` 来说，一个更好的关键字可能是 `internal`。

所有四个对象从一开始就被正确初始化。其中三个是明确初始化的，而 B 是用 0 隐式初始化的。

要点 13.13 具有静态存储持续时间的对象总是被初始化。

p 的初始化就是一个例子，它需要的魔力比编译器本身提供的略微多一点儿。它使用另一个对象的地址。这样的地址通常只能在执行开始时计算。这就是为什么大多数 C 实现都需要链接器，正如我们前面所讨论的。

B 的例子表明，其生命周期是整个程序执行时间的对象不一定在整个程序中可见。**extern** 示例也表明，在其他地方定义的具有静态存储持续时间的对象可以在较窄的作用域内变得可见。

13.2.2 自动存储持续时间

这是最复杂的情形：自动存储持续时间的规则是隐式的，因此最需要解释。有几种可以明确或隐式定义对象的情况，这些情况都属于这一类：

- 任何未声明为 **static**、而声明为 **auto**（默认的）或 **register** 的块范围变量
- 块范围复合字面量
- 函数调用返回的一些临时对象

对于自动对象的生命周期来说，最简单也是最新的情形是对象不是可变长数组（VLA）。

要点 13.14 除非它们是 VLA 或临时对象，否则自动对象具有与它们定义块的执行时间相对应的生命周期。

也就是说，大多数局部变量是在程序执行进入到定义它们的作用域时创建的，在程序执行离开该作用域时销毁它们。但是，由于递归，同一对象的多个**实例** [C] 可能同时存在：

要点 13.15 每个递归调用都会创建一个自动对象的新的本地实例。

具有自动存储持续时间的对象在优化方面有一个很大的优势：编译器通常可以看到此类变量的全部使用情况，并根据这些信息决定它是否可以作为别名。这就是 **auto** 和 **register** 变量发挥作用的区别之处：

要点 13.16 & 运算符不允许用于 **register** 声明的变量。

这样，我们就不会无意中获取 **register** 变量的地址（要点 12.12）。因此我们得到：

要点 13.17 用 **register** 声明的变量不能别名。

因此，通过 **register** 变量声明，可以强制编译器告诉我们在哪里获取变量的地址，这样我们就可以识别出可能具有某种优化潜力的点。这对于所有非数组且不包含数组的变量都很有效。

要点 13.18 将性能临界代码中非数组的局部变量声明为 **register**。

数组在这里扮演了一个特殊的角色，因为在几乎所有的上下文中，它们都退化为其第一个元素的地址。对于数组，我们需要能够获取地址。

要点 13.19 带有存储类 **register** 的数组是无用的。

还有一种情况需要对数组进行特殊处理。函数的某些返回值实际上可以是嵌合体：具有临时生命周期的对象。正如你现在所知道的，函数通常返回值，而且这些值是不可寻址的。但是，如果返回类型包含数组类型，则必须能够隐式地获取地址，所以 [] 操作符定义得很好。因此，下面的函数返回的是一个临时对象，我们可以使用成员表示符 .ory[0] 隐式地获取该对象的地址：

```
1 struct demo { unsigned ory[1]; };
2 struct demo mem(void);
3
4 printf("mem().ory[0] is %u\n", mem().ory[0]);
```

C 语言中存在具有临时生命周期的对象的唯一原因是能够访问此类函数返回值的成员。别把它们用在其他事情上。

要点 13.20 临时生命周期的对象是只读的。

要点 13.21 临时生命周期在封闭的完整表达式的结尾处终止。

也就是说，当它们所在的表达式的计算终止时，它们的生命也就结束了。例如，在前面的示例中，一旦构造了 **printf** 的参数，临时对象就不再存在。将其与复合字面量的定义进行比较：复合字面量将一直存在，直到 **printf** 的作用域结束。

13.3 题外话：在定义对象之前使用对象

下一章将更详细地介绍自动对象是如何产生（或不产生）的。这有点难，所以如果你现在还没有准备好，你可以跳过它，以后再回过头来做。为了理解 13.5 节关于具体的机器模型的内容，这是必要的，但这一节也是题外话。另外，它还在 14.5 节中介绍了新特性 **goto** 和标签，我们稍后会用它们来处理错误。

让我们回到普通自动对象的生命周期的规则（要点 13.14）。如果你仔细想想，就会发现它是相当特殊的：当进入到其定义的作用域时，此类对象的生命周期就开始了，而不是像人们可能预期的那样，在执行过程中首次遇到它的定义时才开始。

为了说明区别，让我们看一下清单 13.3，它是 C 标准文档中一个示例的变体。

清单 13.3 使用复合文字的做作的例子

```
3  void fgoto(unsigned n) {
4    unsigned j = 0;
5    unsigned* p = 0;
6    unsigned* q;
7   AGAIN:
8    if (p) printf("%u: p and q are %s, *p is %u\n",
9                  j,
10                 (q == p) ? "equal" : "unequal",
11                 *p);
12   q = p;
```

```
13    p = &((unsigned){ j, });
14    ++j;
15    if (j <= n) goto AGAIN;
16  }
```

如果以 `fgoto(2)` 调用这个函数，我们将对输出的行特别感兴趣。在我的电脑上，输出如下：

```
0    1: p and q are unequal, *p is 0
1    2: p and q are equal, *p is 1
```

不可否认，这段代码有点做作。它使用了一种我们还没有在实际中看到的新结构，`goto`。顾名思义，这是一个**跳转语句**[C]。在本例中，它指示计算机在**标签**[C] `AGAIN` 处继续执行。稍后，我们将看到使用 `goto` 更有意义的环境。这里的演示目的只是跳过复合字面量的定义。

因此，让我们看看在执行期间 `printf` 调用会发生什么情况。对于 `n == 2`，执行会遇到对应的行三次，但是因为 `p` 最初是 `0`，在第一段中，`printf` 调用自己被跳过了。这一行中三个变量的值是

j	p	q	printf
0	0	不确定	跳过
1	j=0 的字面量地址	0	打印
2	j=1 的字面量地址	j=0 的字面量地址	打印

这里我们看到，对于 `j==2` 的两个指针，`p` 和 `q` 保存在不同循环中获得的地址。那么，为什么打印输出会说两个地址是相等的呢？这只是巧合吗？或者是否存在未定义的行为，因为我在定义复合字面量之前的某个地方就使用了它？

C 标准规定这里显示的输出必须产生。特别地，对于 `j==2`，`p` 和 `q` 的值相等且合法，它们所指向的对象的值为 `1`。或者，换一种说法，在这个例子中，`*p` 的使用被很好地定义了，尽管在语法上，`*p` 的计算先于对象的定义。而且，只有一个这样的复合字面量，因此 `j==2` 的地址是相等的。

要点 13.22 对于非 VLA 的对象，生命周期从进入定义的作用域时开始，离开该作用域时结束。

要点 13.23 自动变量和复合字面量的初始值设定在每次遇到定义时都会进行求值。

在本例中，复合字面量被访问了三次，并依次设置为 `0`、`1` 和 `2`。

对于 VLA，生命周期由不同的规则给出。

要点 13.24 对于 VLA，生命周期在遇到定义时开始，在离开可见度范围时结束。

所以对于 VLA，我们使用 `goto` 这个奇怪的做法是无效的：我们不允许在定义之前就在代码中使用指向 VLA 的指针，即使我们仍然在同一个块中。之所以对 VLA 进行这种特

殊处理，是因为它们的大小是一个运行时属性，因此在进入声明块时无法为其分配空间。

13.4 初始化

在 5.5 节中，我们讨论了初始化的重要性。确保程序在定义良好的状态下启动，并在整个执行过程中保持这种状态是至关重要的。对象的存储持续时间决定了它是如何初始化的。

要点 13.25 默认情况下静态对象或线程存储持续时间被初始化。

你可能还记得，这种默认初始化与将对象的所有成员初始化为 0 是一样的。特别是，默认初始化对于基类型非常有效，因为这些基类型的 0 值可能有一个特殊的表示：即指针和浮点类型。

对于其他对象，无论是自动的还是已分配的，我们必须做些什么。

要点 13.26 对自动对象或已分配的存储持续时间必须进行明确的初始化。

实现初始化的最简单方法是进行初始值设定，它在变量和复合字面量变为可见时将它们置于定义良好的状态。对于作为 VLA 或通过动态分配方式分配的数组，这是不可能的，因此我们必须通过赋值来提供初始化。原则上，每次分配这样一个对象时，我们都可以手工来执行，但是这样的代码变得难以阅读和维护，因为初始化部分可能看上去把定义和使用分隔开来。避免这种情况的最简单方法是将初始化封装到函数中：

要点 13.27 系统地为每种数据类型提供初始化函数。

这里，重点是要系统化：对于这些初始化函数应该如何工作以及它们应该如何命名，你应该有一个一致的约定。要了解这一点，让我们回到 `rat_init`，即 `rat` 数据类型的初始化函数。它为这些函数实现了一个特定的 API：

- 对于类型 `toto`，初始化函数名为 `toto_init`。
- 此类 `_init` 函数的第一个参数是指向要初始化的对象的指针。
- 如果指向对象的指针为 null，则该函数不执行任何操作。
- 可以提供其他参数来为某些成员传递初始值。
- 函数返回它所接收的对象的指针，如果发生错误则返回 0。

有了这些属性，这样的函数可以很容易地用于指针的初始值设定：

```
rat const* myRat = rat_init(malloc(sizeof(rat)), 13, 7);
```

注意这有几个优点：

- 如果 `malloc` 的调用失败并返回 0，那么唯一的作用就是 `myRat` 被初始化为 0。因此 `myRat` 总是处于一种定义良好的状态。
- 如果我们不想在之后更改对象，我们可以从一开始就将指针目标限定为 `const`。对新对象的所有修改都发生在右边的初始化表达式中。

因为这样的初始化可以出现在很多地方，所以我们也可以将其封装成另一个函数：

```
1  rat* rat_new(long long numerator,
2               unsigned long long denominator) {
3    return rat_init(malloc(sizeof(rat)),
4                    numerator,
5                    denominator);
6  }
```

使用该函数的初始化变成

```
rat const* myRat = rat_new(13, 7);
```

像我这样对宏上瘾的人甚至可以很容易地定义一个泛型宏，它可以彻底地完成这样的封装：

```
#define P99_NEW(T, ...) T ## _init(malloc(sizeof(T)), __VA_ARGS__)
```

这样，我们就可以将之前的初始化写成

```
rat const* myRat = P99_NEW(rat, 13, 7);
```

这样做的好处是至少与 `rat_new` 变体一样可读，但是它避免了为我们所定义的所有类型进行额外的这样函数的声明。

许多人不赞成这样的宏定义，所以有些项目可能不会将其作为一个通用策略来接受，但你至少应该意识到还是有这种可能性的。它使用了两个我们还没有遇到的宏特性：

- 使用 `##` 操作符实现令牌连接。这里，`T ## _init` 将参数 `T` 和 `_init` 合并到一个令牌中：对于 `rat`，它将生成 `rat_init`；对于 `toto`，它将生成 `toto_init`。
- 结构 `...` 提供了可变长参数列表。在第一个参数之后传递的整组参数可以作为 `__VA_ARGS__` 在宏扩展中访问。这样，我们就可以根据相应的 `_init` 函数的需要将任意数量的参数传递给 `P99_NEW`。

如果我们必须通过 `for` 循环来初始化数组，情况会变得更糟。这里也很容易用一个函数来进行封装：

```
1  rat* rat_vinit(size_t n, rat p[n]) {
2    if (p)
3      for (size_t i = 0; i < n; ++i)
4        rat_init(p+i, 0, 1);
5    return p;
6  }
```

有了这样一个函数，初始化就变得很简单了：

```
rat* myRatVec = rat_vinit(44, malloc(sizeof(rat[44])));
```

在这里，封装成一个函数确实更好，因为重复使用 size 很容易引入错误：

```
1  rat* rat_vnew(size_t size) {
2    return rat_vinit(size, malloc(sizeof(rat[size])));
3  }
```

13.5 题外话：机器模型

到目前为止，我们主要是从内部讨论C代码，使用语言的内部逻辑来描述所发生的事情。本章是一个可选的偏离了这一点的话题：它是对具体架构的机器模型的简单了解。我们将更详细地了解如何将一个简单的函数转换成这个模型，特别是如何实现自动存储持续时间。如果你真的不能忍受，可以暂时跳过。否则，记住不要惊慌，然后一头钻进去。

传统上，计算机架构是用 von Neumann（冯·诺依曼）模型㊀来描述的。在这个模型中，处理单元有一个有限数量的硬件寄存器，它可以保存整数值，主内存可以保存程序和数据，并且是线性寻址的，还有一个有限指令集，描述了可以使用这些组件执行的操作。

通常用于描述CPU所能理解的机器指令的中间编程语言称为**汇编语言**[C]，它们仍然建立在冯·诺伊曼模型的基础之上。并不是只有一种独特的汇编语言（如C语言，它适用于所有平台），而是有一整套考虑到不同特性的专业用语：CPU、编译器或操作系统。这里使用的汇编器是 `gcc` 编译器用于 `x86_64` 处理器体系结构的汇编器[练习5]。如果你不知道那是什么意思，别担心，这只是这种架构的一个例子。

清单13.4显示了清单13.3中的函数 `fgoto` 的汇编输出。这种汇编代码使用**指令**[C]对硬件寄存器和内存位置进行操作。例如，行 `movl $0, -16(%rbp)` 将值0存储（移动）到内存中的某个位置，该位置比寄存器 `%rbp` 指定的位置低16个字节。汇编程序还包含标识程序中某些点的**标签**[C]。例如，`fgoto` 是函数的**入口点**[C]，而 `.L_AGAIN` 是C语言中 `goto` 标签 `AGAIN` 在汇编程序中的对应项。

你可能已经猜到，右侧 `#` 字符后面的文字是注释，这些注释试图将各个汇编程序指令链接到对应的C语言中的指令。

清单13.4 `fgoto` 函数的汇编版本

```
10          .type   fgoto, @function
11  fgoto:
12          pushq   %rbp              # Save base pointer
13          movq    %rsp, %rbp        # Load stack pointer
14          subq    $48, %rsp         # Adjust stack pointer
15          movl    %edi, -36(%rbp)   # fgoto#0 => n
16          movl    $0, -4(%rbp)      # init j
```

㊀ 由 J. Presper Eckert 和 John William Mauchly 大约在1945年为ENIAC项目发明的；John von Neumann（约翰·冯·诺依曼，1903—1957，也被称为 Neumann János Lajos 和 Johann Neumann von Margitt），现代科学的先驱者之一，在《冯·诺依曼》[1945]一书中首次提出。

[练习5] 找出哪些编译器参数为你的平台生成汇编输出。

```
17          movq     $0, -16(%rbp)       # init p
18  .L_AGAIN:
19          cmpq     $0, -16(%rbp)       # if (p)
20          je       .L_ELSE
21          movq     -16(%rbp), %rax     #  p ==> rax
22          movl     (%rax), %edx        # *p ==> edx
23          movq     -24(%rbp), %rax     # (    == q)?
24          cmpq     -16(%rbp), %rax     # (p   ==   )?
25          jne      .L_YES
26          movl     $.L_STR_EQ, %eax    # Yes
27          jmp      .L_NO
28  .L_YES:
29          movl     $.L_STR_NE, %eax    # No
30  .L_NO:
31          movl     -4(%rbp), %esi      # j     ==> printf#1
32          movl     %edx, %ecx          # *p    ==> printf#3
33          movq     %rax, %rdx          # eq/ne ==> printf#2
34          movl     $.L_STR_FRMT, %edi  # frmt  ==> printf#0
35          movl     $0, %eax            # clear eax
36          call     printf
37  .L_ELSE:
38          movq     -16(%rbp), %rax     # p ==|
39          movq     %rax, -24(%rbp)     #       ==> q
40          movl     -4(%rbp), %eax      # j ==|
41          movl     %eax, -28(%rbp)     #       ==> cmp_lit
42          leaq     -28(%rbp), %rax     # &cmp_lit ==|
43          movq     %rax, -16(%rbp)     #              ==> p
44          addl     $1, -4(%rbp)        # ++j
45          movl     -4(%rbp), %eax      # if (j
46          cmpl     -36(%rbp), %eax     #        <= n)
47          jbe      .L_AGAIN            # goto AGAIN
48          leave                        # Rearange stack
49          ret                          # return statement
```

这个汇编函数使用硬件寄存器 **%eax**、**%ecx**、**%edi**、**%edx**、**%esi**、**%rax**、**%rbp**、**%rcx**、**%rdx** 和 **%rsp**。这比最初的冯·诺依曼计算机所拥有的寄存器要多得多，但是主要思想仍然存在：我们有一些通用寄存器，用来表示程序执行状态的值。另外两个角色非常特殊：**%rbp**（基指针）和 **%rsp**（堆栈指针）。

该函数处理内存中的一块保留区域（通常称为**堆栈**[C]），该区域保存其局部变量和复合字面量。该区域的"上端"由 **%rbp** 寄存器指定，并且使用相对于该寄存器的负偏移量来访问对象。例如，变量 n 在 **%rbp** 编码为 **-36(%rbp)** 之前的位置 **-36** 处找到。下表表示了函数 **fgoto** 保留的内存块的布局，以及在函数执行的三个不同位置所存储的值。

...printf					fgoto				调用方
位置 含义		−48	−36 n	−28 cmp_lit	−24 q	−16 p	−8	−4 j	rbp
初始化后	garb	garb	2	garb	garb	0	garb	0	
循环 0 后	garb	garb	2	0	0	rbp-28	garb	1	
循环 1 后	garb	garb	2	1	rbp-28	rbp-28	garb	2	

这个例子对于学习自动变量以及在执行进入函数时如何设置它们特别有意义。在这台特定的机器上，当进入 **fgoto** 时，有三个寄存器保存该调用的信息：**%edi** 保存函数参数 **n**；**%rbp** 指向调用函数的基地址；**%rsp** 指向内存中的顶部地址，对 **fgoto** 的调用可以在这里存储它的数据。

现在让我们考虑一下上面的汇编代码（清单 13.4）是如何进行设置的。在开始时，**fgoto** 执行三条指令来正确设置它的“世界”。它保存 **%rbp**，因为它需要这个寄存器来实现自己的目的，它将值从 **%rsp** 移到 **%rbp**，然后将 **%rsp** 减去 48。这里，48 是编译器为 **fgoto** 所需的所有自动对象计算的字节数。由于这种简单的设置类型，该过程保留的空间没有初始化，而是充满了垃圾。在接下来的三个指令中，其中三个自动对象被初始化（n、j 和 p），但是其他的自动对象直到稍后才被初始化。

设置完成后，函数就可以运行了。特别是，它可以很容易地调用另一个函数：**%rsp** 现在指向被调用函数可以使用的一个新内存区域的顶部。这可以在中间部分看到，在标签 .L_NO 之后。这部分实现对 **printf** 的调用：它将函数应该接收的四个参数按顺序存储在寄存器 **%edi**、**%esi**、**%ecx**、**%rdx** 中，清除 **%eax**，然后调用函数。

总而言之，为函数的自动对象（没有 VLA）设置内存区域只需要几条指令，而不管该函数有效使用了多少个自动对象。如果函数有更多的自动对象，则需要将数 48 修改为区域的新大小。

这样做的结果是：

- 自动对象通常从函数或作用域的开始就可用。
- 自动变量的初始化不是强制的。

这很好地映射了 C 语言中自动对象的生命周期规则和自动对象的初始化规则。

早期的汇编程序输出最多只完成了一半。它是在没有优化的情况下生成的，只是为了展示这种代码生成的基本假设。当使用优化时，**as-if** 规则（要点 5.8）允许我们对代码进行实质性的重组。通过完全优化，我的编译器可以生成类似清单 13.5 的结果。

清单 13.5 fgoto 函数的优化后的汇编版本

```
12         .type   fgoto, @function
13 fgoto:
14         pushq   %rbp                # Save base pointer
15         pushq   %rbx                # Save rbx register
16         subq    $8, %rsp            # Adjust stack pointer
17         movl    %edi, %ebp          # fgoto#0 => n
18         movl    $1, %ebx            # init j, start with 1
19         xorl    %ecx, %ecx          # 0    ==> printf#3
20         movl    $.L_STR_NE, %edx    # "ne" ==> printf#2
21         testl   %edi, %edi          # if (n > 0)
22         jne     .L_N_GT_0
23         jmp     .L_END
24 .L_AGAIN:
25         movl    %eax, %ebx          # j+1  ==> j
26 .L_N_GT_0:
```

```
27          movl    %ebx, %esi          # j     ==> printf#1
28          movl    $.L_STR_FRMT, %edi  # frmt ==> printf#0
29          xorl    %eax, %eax          # Clear eax
30          call    printf
31          leal    1(%rbx), %eax       # j+1   ==> eax
32          movl    $.L_STR_EQ, %edx    # "eq"  ==> printf#2
33          movl    %ebx, %ecx          # j     ==> printf#3
34          cmpl    %ebp, %eax          # if (j <= n)
35          jbe     .L_AGAIN            # goto AGAIN
36  .L_END:
37          addq    $8, %rsp            # Rewind stack
38          popq    %rbx                # Restore rbx
39          popq    %rbp                # Restore rbp
40          ret                         # return statement
```

正如你所看到的，编译器已经完全重新构造了代码。这段代码只是复制了原始代码的效果：它的输出与以前一样。但是它不使用内存中的对象，不比较指针是否相等，也不跟踪复合字面量。例如，它根本不实现 `j=0` 的循环。这个循环没有作用，所以被省略了。然后，对于其他循环，它将 `j=1` 的版本区分开来，其中 C 程序的指针 `p` 和 `q` 已知是不同的。然后，一般情况下必须增加 `j` 值，并相应地设置 **`printf`** 的参数 [练习 6][练习 7]。

我们在这里看到的都是不使用 VLA 的代码。这改变了场景，因为如果所需内存的大小不是常量，那么仅使用常量修改 **`%rsp`** 的方法将不起作用。对于 VLA，程序必须在执行期间根据 VLA 界限的实际值计算大小，必须相应地调整 **`%rsp`**，然后一旦执行离开 VLA 定义的作用域，必须撤销对 **`%rsp`** 的修改。因此，这里不能在编译时计算 **`%rsp`** 的调整值，但必须在程序执行期间确定。

总结

- 可以动态地分配和释放大量对象或大容量对象的存储空间。我们必须认真关注这个存储。
- 标识符可见度和存储持续时间是不同的。
- 必须对每种类型使用一致的策略、系统地进行初始化。
- C 的局部变量分配策略可以很好地映射到底层的函数栈处理。

[练习 6] 利用 p 被一次又一次地赋给同样的值的情况，编写一个 C 程序，使其更接近优化后的汇编程序版本。

[练习 7] 即使是优化后的版本也有改进的空间：循环的内部仍然可以缩短。编写一个 C 程序，可以在进行完全优化编译时探索这种潜力。

Chapter 14 第14章

涉及更多的处理和IO

本章涵盖了：

- ❑ 使用指针
- ❑ 格式化输入
- ❑ 处理扩展字符集
- ❑ 二进制流的输入和输出
- ❑ 检查错误并清理

现在我们已经了解了指针及其工作原理，接下来我们将介绍C库的一些新特性。如果不使用指针，C的文本处理是不完整的，因此我们将从本章14.1节中一个详细的示例开始。然后我们将讨论进行格式化输入的函数（14.1节）。这些需要指针作为参数，所以我们不得不将它们的表示推迟到现在。然后，提出了一个全新的函数系列来处理扩展字符集（14.3节）和二进制流（14.4节），我们通过讨论清理错误处理（14.4节）来结束本章和整个级别。

14.1 文本处理

作为第一个例子，考虑下面的程序，它从**stdin**读取一系列数字行，并使用一种标准化的方法将这些数字以逗号分隔的十六进制形式写入**stdout**：

numberline.c

```
246 int main(void) {
247   char lbuf[256];
248   for (;;) {
249     if (fgetline(sizeof lbuf, lbuf, stdin)) {
```

```
250         size_t n;
251         size_t* nums = numberline(strlen(lbuf)+1, lbuf, &n, 0);
252         int ret = fprintnumbers(stdout, "%#zX", ",\t", n, nums);
253         if (ret < 0) return EXIT_FAILURE;
254         free(nums);
255       } else {
256         if (lbuf[0]) {  /* 已读取部分行 */
257           for (;;) {
258             int c = getc(stdin);
259             if (c == EOF) return EXIT_FAILURE;
260             if (c == '\n') {
261               fprintf(stderr, "line too long: %s\n", lbuf);
262               break;
263             }
264           }
265         } else break;   /* 输入的常规结束 */
266       }
267     }
268   }
```

这个程序将工作分为三个不同的任务：

- fgetline 读取一行文本。
- numberline 将这样的一行拆分成一系列类型为 size_t 的数字。
- fprintnumbers 来打印它们。

核心是函数 numberline。它将接收到的 lbuf 字符串拆分成数字，分配一个数组来存储这些数字，并通过指针参数 np（如果提供了的话）返回这些数字的个数：

numberline.c

numberline：将字符串 lbuf 解释为用 base 表示的数字序列

返回：在 lbuf 中找到的新分配的数字数组

参数：

lbuf	应该是一个字符串
np	如果非空，则为存储在 *np 中的数字的个数
base	值为从 0 到 36，其解释与 strtoul 相同

备注：此函数的调用方负责释放返回的数组。

```
size_t* numberline(size_t size, char const lbuf[restrict size],
                   size_t*restrict np, int base);
```

该函数本身被分成两部分，它们执行完全不同的任务。其中一个执行解释行 numberline_inner 的任务。另一个是 numberline 自己，它只是第一个的包装，用于验证或确保第一个的前提条件。函数 numberline_inner 将 C 库函数 strtoull 放入一个循环中，该循环收集这些数字并返回它们的个数。

现在我们看看 **strtoull** 第二个参数的用法。这里，它是变量 next 的地址，next 用于跟踪数字结尾的字符串的位置。因为 next 是指向 char 的指针，所以 **strtoull** 的参数是指向 char 指针的指针：

numberline.c

```
 97  static
 98  size_t numberline_inner(char const*restrict act,
 99                          size_t numb[restrict], int base){
100    size_t n = 0;
101    for (char* next = 0; act[0]; act = next) {
102      numb[n] = strtoull(act, &next, base);
103      if (act == next) break;
104      ++n;
105    }
106    return n;
107  }
```

假设 **strtoull** 被称为 **strtoull**（“0789a”,&next,base）。根据参数 base 的值，对该字符串的解释是不同的。例如，如果 base 的值是 10，那么第一个非数字就是末尾的字符 'a'：

base	数字	数	*next
8	2	7	'8'
10	4	789	'a'
16	5	30874	'\0'
0	2	7	'8'

记住 base 0 的特殊规则。有效 base 是由字符串中的第一个（或前两个）字符推导出来的。这里，第一个字符是 '0'，因此字符串被解释为八进制，因此解析将在该 base 的第一个非数字处停止：'8'。

有两个条件可以结束对 numberline_inner 所接收的行的解析：

- act 指向一个字符串的终止处：指向一个 0 字符。
- 函数 **strtoull** 没有找到数字，在这种情况下，next 被设置为 act 的值。

这两个条件作为 **for** 循环的控制表达式和内部的 **if break** 条件。

注意，C 库函数 **strtoull** 有一个缺陷：第一个参数的类型是 char const*，而第二个参数的类型是 char**，没有 const 限定。这就是为什么我们必须将 next 作为 char* 类型，而不能使用 char const* 类型的原因。由于调用了 **strtoull**，我们可能会无意中修改一个只读字符串并使程序崩溃。

要点 14.1 字符串 strto... 转换函数不是 const 安全的。

现在，函数 numberline 本身为 numberline_inner 提供了连接作用：

- 如果 np 为 null，则设置为指向另外的项。
- 检查输入字符串的合法性。
- 一旦知道了所需的长度，就会分配一个用来存储值的合适的数组，并将其调整为适当的大小。

我们使用C库中的三个函数：**memchr**、**malloc** 和 **realloc**。在前面的例子中，**malloc** 和 **realloc** 的组合确保我们有一个所需长度的数组：

numberline.c

```
109  size_t* numberline(size_t size, char const lbuf[restrict size],
110                     size_t*restrict np, int base){
111    size_t* ret = 0;
112    size_t n = 0;
113    /* 首先检查字符串的有效性。 */
114    if (memchr(lbuf, 0, size)) {
115      /* 整数的最大数量被编码。
116         要了解这一点，可以看看序列 08 08 08 08 ...
117         并假设基数是 0. */
118      ret = malloc(sizeof(size_t[1+(2*size)/3]));
119
120
121      n = numberline_inner(lbuf, ret, base);
122
123      /* 假设收缩的 realloc 总是会成功的。 */
124      size_t len = n ? n : 1;
125      ret = realloc(ret, sizeof(size_t[len]));
126    }
127    if (np) *np = n;
128    return ret;
129  }
```

对 **memchr** 的调用将返回值为 0 的第一个字节的地址（如果有的话），或者 **(void*)0**（如果没有的话）。这里，它只是用来检查在第一个 size 字节中有一个 0 字符。这样，它就保证了所有在底层使用的字符串函数（特别是 **strtoull**）都对一个以 0 结尾的字符串进行操作。

使用 **memchr**，我们遇到了另一个有问题的接口。它返回一个可能指向只读对象的 **void***。

要点 14.2 **memchr** 和 **strchr** 搜索函数是不 **const** 安全的。

相反，返回字符串中索引位置的函数是安全的。

要点 14.3 **strspn** 和 **strcspn** 搜索函数是 **const** 安全的。

不幸的是，它们的缺点是不能被用来检查一个 **char** 数组是否实际上是一个字符串。所以它们不能被用在这里。

现在，让我们看看例子中的第二个函数：

numberline.c

fgetline：读取一行大小不超过 size-1 字节的文本。

'\n' 字符替换为 0。

返回：如果成功读取整行，则返回 *s*。否则，返回 0，*s* 包含可读行的最大部分。*s* 以 null 结尾。

```
char* fgetline(size_t size, char s[restrict size],
               FILE*restrict stream);
```

这与 C 的库函数 **fgets** 非常相似。第一个区别是接口：参数顺序不同，**size** 参数是 **size_t** 类型而不是 **int** 类型。与 **fgets** 一样，如果从流中读取失败，它会返回一个空指针。因此，在流上很容易检测到文件结束这个条件。

更重要的是，**fgetline** 可以更优雅地处理另一个关键情形。它检测下一个输入行是否太长，或者流的最后一行是否以 '\n' 字符结束：

numberline.c

```
131  char* fgetline(size_t size, char s[restrict size],
132                 FILE*restrict stream){
133    s[0] = 0;
134    char* ret = fgets(s, size, stream);
135    if (ret) {
136      /* s 是可写的，所以可以是 pos。 */
137      char* pos = strchr(s, '\n');
138      if (pos) *pos = 0;
139      else ret = 0;
140    }
141    return ret;
142  }
```

函数的前两行保证了 s 总是以 null 结尾：如果成功，要么是通过调用 **fgets**，要么是通过将其强制为一个空字符串。然后，如果读取了某些内容，则在 s 中找到的第一个 '\n' 字符将被替换为 0。如果没有找到，则读取部分行。在这种情况下，调用方可以检测这种情况并再次调用 fgetline 来尝试读取该行的剩余部分或检测文件结束这个条件[练习 1]。

除了 **fgets** 之外，它还使用来自 C 库函数中的 **strchr**。这个函数缺乏 **const** 保护在这里不是问题，因为 s 应该是可以修改的。不幸的是，我们需要使用已存在的接口自己来进行评估。

由于它涉及许多详细的错误处理，所以我们将在 14.5 节中详细介绍函数 fprintnu-

[练习 1] 改进示例的 **main** 程序，使其能够处理任意长的输入行。

mbers。出于我们的目的，这里我们只讨论 sprintnumbers 函数，这个函数很简单，因为它只写入字符串，而不是流，而且它只是假设它接收的缓冲区 buf 可以提供足够的空间：

numberline.c

sprintnumbers：打印 buf 中的数字序列 nums，使用 **printf** 格式 form，由 sep 字符分隔，以换行符结束。

返回：打印到 buf 的字符个数。

这假设 tot 和 buf 足够大，并且 form 是适合打印 **size_t** 的格式。

```
int sprintnumbers(size_t tot, char buf[restrict tot],
                  char const form[restrict static 1],
                  char const sep[restrict static 1],
                  size_t len, size_t nums[restrict len]);
```

函数 sprintnumbers 使用了一个我们还没有见过的 C 库函数：**sprintf**。它的格式化功能与 **printf** 和 **fprintf** 相同，只是它不打印到流，而是打印到一个 **char** 数组：

numberline.c

```
149 int sprintnumbers(size_t tot, char buf[restrict tot],
150                   char const form[restrict static 1],
151                   char const sep[restrict static 1],
152                   size_t len, size_t nums[restrict len]) {
153   char* p = buf;   /* buf 的下一个位置 */
154   size_t const seplen = strlen(sep);
155   if (len) {
156     size_t i = 0;
157     for (;;) {
158       p += sprintf(p, form, nums[i]);
159       ++i;
160       if (i >= len) break;
161       memcpy(p, sep, seplen);
162       p += seplen;
163     }
164   }
165   memcpy(p, "\n", 2);
166   return (p-buf)+1;
167 }
```

函数 **sprintf** 始终确保在字符串的末尾放置一个 0 字符。它返回该字符串的长度，即已写入的在 0 字符之前的字符数。在本例中，它用于更新指向缓冲区中当前位置的指针。**sprintf** 也存在一个严重的弱点：

要点 14.4 **sprintf** 没有提供针对缓冲区溢出的任何处理。

也就是说，如果第一个参数传递的缓冲区不足，就会发生糟糕的事情。这里，在 sprintnumbers 内部，就像 sprintf 一样，我们假设缓冲区足够大，可以容纳结果。如果我们不确定缓冲区是否可以容纳结果，我们可以使用 C 库函数 **snprintf**：

```
1  int snprintf(char*restrict s, size_t n, char const*restrict form, ...);
```

此外，此函数还确保写入 s 的字节数不超过 n。如果返回值大于或等于 n，则将字符串截断，只写入 n 个字节。特别是，如果 n 为 0，则没有任何内容写入 s。

要点 14.5 格式化未知长度的输出时使用 **snprintf**。

总之，**snprintf** 有很多不错的特性：

- 缓冲区不会溢出。
- 成功调用后，s 是一个字符串。
- 当 n 和 s 设为 0 调用时，**snprintf** 只返回已写入的字符串的长度。

利用它，使用一个简单的 **for** 循环来计算一行上的所有数字的长度，如下所示：

numberline.c

```
182      /* 计数字符数。 */
183      for (size_t i = 0; i < len; ++i)
184        tot += snprintf(0, 0, form, nums[i]);
```

稍后我们将看到如何在 fprintnumbers 上下文中使用它。

挑战 15 字符串中的个文本处理

我们已经讨论了很多关于文本处理的内容，所以让我们看看是否可以在实际中使用它。

你能在字符串中搜索给定的单词吗？

能否替换字符串中的一个单词并返回新内容的副本？

你能为字符串实现一些正则表达式匹配函数吗？例如，查找一个字符类，如 [A-Q] 或 [^0-9]，与 *（意思是“任何内容”）匹配，或与 ? 匹配（意思是“任何字符”）。

或者可以为 POSIX 字符类，如 [[: alpha:]]、[[: digit:]] 等实现一个正则表达式匹配函数吗？

或者你可以将所有这些功能组合在一起来在字符串中搜索一个正则表达式吗？

可以用正则表达式来对特定的单词进行替换查询吗？

能使用分组来扩展正则表达式吗？

能使用分组扩展来进行替换查询吗？

14.2 格式化输入

与用于格式化输出的 **printf** 函数系列类似，C 库有一系列用于格式化输入的函数：**fscanf** 用于任意流的输入，**scanf** 用于 **stdin**，**sscanf** 用于字符串。例如，下面的代码将从 **stdin** 中读取含有三个 **double** 值的一行数据：

```
1  double a[3];
2  /* 读取并处理包含三个双精度值的整行。 */
3  if (scanf(" %lg %lg %lg ", &a[0], &a[1], &a[2]) < 3) {
4     printf("not enough input values!\n");
5  }
```

表 14.1 至 14.3 概述了说明符的格式。不幸的是，这些函数比 **printf** 更难于使用，而且它们的约定也与 **printf** 有细微的差异。

表 14.1 **scanf** 和类似函数的格式规范，一般语法为 [XX][WW][LL]SS

XX	*	赋值抑制
WW	字段宽度	最大输入字符数
LL	修饰符	选择目标类型的宽度
SS	说明符	选择转换

表 14.2 scanf 和类似函数的格式说明符

SS	转换	指针指向	跳过空格	类似于函数
'd'	十进制	有符号类型	是	**strtol**, base 为 10（指十进制系统）
'i'	十进制，八进制或十六进制	有符号类型	是	**strtol**, base 为 0
'u'	十进制	无符号类型	是	**strtoul**, base 为 10
'o'	八进制	无符号类型	是	**strtoul**, base 为 8（指八进制系统）
'x'	十六进制	无符号类型	是	**strtoul**, base 为 16（指十六进制系统）
'aefg'	浮点	浮点类型	是	**strtod**
'%'	'%' 字符	未分配	否	
'c'	字符	字符类型	否	**Memcpy**
's'	非空白	字符类型	是	带有 "\f\n\r\t\v" 的 **strcspn**
'[‘	扫描集	字符串类型	否	**strspn** 或 **strcspn**
'p'	地址	**void**	是	
'n'	字符个数	有符号类型	否	

表 14.3 scanf 和类似函数的格式修饰符

字符	类型
"hh"	**Char** 类型
"h"	**Short** 类型
""	**signed**, **unsigned**, **float**, **char** 数组和字符串
"l"	**long** 整型，**double**, **wchar_t** 字符和字符串
"ll"	**long long** 整型
"j"	**intmax_t**, **uintmax_t**
"z"	**size_t**
"t"	**ptrdiff_t**

（续）

字符	类型
"L"	long double

- 为了能够返回所有格式的值，参数是指向被扫描类型的指针。
- 空白处理很微妙，有时是出乎意料的。格式中的空格字符' '匹配任何一个空格序列：空格、制表符和换行符。这样的序列可能是空的，或者包含几个换行符。
- 字符串处理是不同的。因为 **scanf** 函数的参数是指针，所以 "%c" 和 "%s" 格式都指向 **char*** 类型的参数。其中 "%c" 读取固定大小（默认为 1）的字符数组，"%s" 匹配任何非空白字符序列并添加终止字符 0。
- 与 **printf** 相比，格式中的类型规范有细微的差异，特别是对于浮点类型。为了保持两者之间的一致性，最好对 **double** 使用 "%lg" 或类似格式，对于 **long double**、**printf** 和 **scanf** 最好使用 "%Lg"。
- 有一个基本的工具来识别字符类。例如，可以使用 "%[aeiouAEIOU]" 格式扫描拉丁字母中的元音。

使用 'l' 修饰符、字符或字符集的说明符（'c'、's'、'['）将输入的多字节字符序列转换为宽字符 **wchar_t** 参数，请参见 14.3 节。

在这样一个字符类规范中，符号 ^ 如果在开始处被发现，则会对类求反。因此，"%[^\n]%*[\n]" 扫描整个行（必须为非空），然后丢弃行尾的换行符。

这些特性使得 **scanf** 函数系列难以使用。例如，我们这个看似简单的示例有一个缺陷（或特性），即它不局限于读取单个输入行，而是很乐意接受分布在多行上的三个 **double** 值[练习 2]。在大多数情况下，如果你有一个常规的输入模式，例如一系列数字，则最好避免使用它们。注意，**float*** 和 **double*** 参数的重要性对 **printf** 格式来说是不同的。

14.3 扩展字符集

到目前为止，我们只使用了有限的一组字符来指定我们的程序或打印在控制台上的字符串文本的内容：一组由拉丁字母、阿拉伯数字和一些标点符号组成的字符。这种限制是一种历史上的偶然，一方面，它起源于美国计算机工业早期的市场统治，另一方面，最初需要用非常有限的比特来对字符进行编码㊀。正如我们在基本数据单元中使用类型名 **char** 时所看到的，文本字符和不可分割的数据组件的概念在一开始并没有很好地分离。

[练习 2] 修改示例中的格式字符串，使其仅接受单行上的三个数字，由空格分隔，并跳过终止换行符（最终在空格之前）。

㊀ 主要用于基本字符集的字符编码称为 ASCII：American standard code for information interchange（美国信息交换标准码）。

我们从拉丁语中继承了字符集，但作为一种口语，拉丁语早已消亡。它的字符集不足以对其他语言的语音特征进行编码。在欧洲语言中，英语有一个特殊的地方，它用 ai、ou 和 gh 等字母的组合来编码缺失的发音，而不是像它的大多数近亲那样用变音符号、特殊字符或连字符（fär ínó）来编码。所以对于其他使用拉丁字母的语言来说，这种可能性已经相当有限了。但是对于使用完全不同的文字（希腊文、俄文）甚至完全不同的概念（中文、日文）的语言和文化来说，这种有限的美国字符集显然是不够的。

在全球市场扩张的最初几年，不同的计算机制造商、国家和组织或多或少地为各自的社区提供了本地语言支持，并在没有协调的情况下增加了对图形字符、数学排版、音乐乐谱等的专门支持。简直是一片混乱。因此，在许多情况下，在不同的系统、国家和文化之间交换文本信息是困难的，甚至是不可能的。编写可在不同语言和不同计算平台环境中使用的可移植代码类似于黑色艺术。

幸运的是，这些年来的困难现在已经基本解决了，在现代系统中，我们可以编写可移植代码，其通过统一的方式使用“扩展”字符。下面的代码片段显示了这是如何工作的：

mbstrings-main.c

```
87    setlocale(LC_ALL, "");
88    /* 多字节字符打印仅在区域设置
89       被切换后才能工作。 */
90    draw_sep(TOPLEFT " © 2014 jɛnz 'gʊzˌtɛt ", TOPRIGHT);
```

也就是说，在接近程序开始时，我们切换到“本地”语言环境，然后我们可以使用并输出包含扩展字符的文本：这里是语音（即所谓的 IPA）。其输出类似于：

```
┌────© 2014 jɛnz 'gʊz,tɛt ─────────────────────────────┐
```

实现这一目标的方法非常简单。我们有一些宏，它们包含垂直和水平条以及左上角和右上角的字符串字面量：

mbstrings-main.c

```
43 #define VBAR "\u2502"      /**< a vertical bar character   */
44 #define HBAR "\u2500"      /**< a horizontal bar character */
45 #define TOPLEFT "\u250c"   /**< topleft corner character   */
46 #define TOPRIGHT "\u2510"  /**< topright corner character  */
```

以及一个特别的函数，可以很好地格式化输出行：

mbstrings-main.c

draw_sep：绘制由水平线分隔的多字节字符串的开始和结束。

```
void draw_sep(char const start[static 1],
              char const end[static 1]) {
  fputs(start, stdout);
  size_t slen = mbsrlen(start, 0);
  size_t elen = 90 - mbsrlen(end, 0);
  for (size_t i = slen; i < elen; ++i) fputs(HBAR, stdout);
  fputs(end, stdout);
  fputc('\n', stdout);
}
```

它使用一个函数来计算多字节字符串（**mbsrlen**）中打印字符的个数，并使用我们的老朋友 **fputs** 和 **fputc** 进行文本输出。

首先调用 **setlocale** 是非常重要的。否则，如果将扩展集中的字符输出到终端，就会看到垃圾数据。但是，一旦你发出了对 **setlocale** 的调用，并且你的系统安装良好，那么放置在多字节字符串 "fär ínóff" 中的这些字符应该不会有太大的问题。

多字节字符是一个字节序列，它被解释为表示扩展字符集的单个字符，而多字节字符串是包含此类多字节字符的字符串。幸运的是，它们与我们目前处理过的普通字符串是兼容的。

要点 14.6 多字节字符不包含空字节。

要点 14.7 多字节字符串以空结尾。

因此，对于多字节字符串，许多标准的字符串函数（如 **strcpy**）都可以进行处理。但是，它们也带来了一个难题：不能再直接从 **char** 数组的元素数量或通过函数 **strlen** 来推导出打印字符的数量。这就是为什么在前面的代码中，我们使用（非标准）函数 mbsrlen：

mbstrings.h

mbsrlen：解释 mbs 中的 mb 字符串，并在解释为宽字符串时返回其长度。

返回：mb 字符串的长度，如果发生编码错误，则返回 -1。

只要将一个状态参数传递给这个函数，并且该参数与以 mbs 开头的 mb 字符一致，就可以通过字符串将该函数集成到搜索序列中。此函数不会修改状态本身。

备注：0 状态表示无须考虑任何上下文即可扫描 mbs。

```
size_t mbsrlen(char const*restrict mbs,
               mbstate_t const*restrict state);
```

从描述中可以看出，解析单个多字节字符的多字节字符串可能会稍微复杂一些。特别是，通常我们需要通过类型 **mbstate_t** 来保持解析状态，该类型通过头文件 wchar.h 中的 C 标准库函数提供的[⊖]。这个头文件为多字节字符串和字符，以及宽字符类型 **wchar_t**

⊖ 头文件 uchar.h 也提供了这种类型。

提供了实用程序。我们稍后会看到。

但首先，我们必须引入另一个国际标准：ISO 10646，或 Unicode[2017]。顾名思义，Unicode 试图为字符代码提供一个统一的框架。它提供了一个巨大的表[⊖]，基本上囊括了迄今为止人类所想到的所有字符概念。这里的概念非常重要：我们必须从某种类型的特定字符的打印形式或字形中理解，例如，“拉丁文大写字母 A”在当前文本中可以作为 A, *A*, 或 `A` 出现。其他类似于“希腊大写字母 Alpha”这样的概念字符甚至可能用相同或相似的字形 Α 打印出来。

Unicode 将每个字符概念或用其自己的术语表示的*代码点*放在语言或技术上下文中。除了字符的定义之外，Unicode 还将其归类为大写字母，并将其与其他代码点相关联，比如声明 A 是 a 的大写。

如果你需要特定语言的特殊字符，那么很有可能你的键盘上就有这些字符，并且你可以将它们输入到多字节字符串中，以便在 C 语言中按原样编码。也就是说，你的系统可以配置为将 ä 的整个字节序列直接插入到文本中，并为你执行所有必需的操作。如果你没有或者不希望这样做，可以使用我们在前面的宏 **HBAR** 中使用的技术。这里，我们使用了 C11 中新的转义序列：一个反斜杠和一个 *u*，后面跟 4 个十六进制数字，来编码一个 Unicode 代码点。例如，“带分音符的拉丁字母 a”的代码点是 228 或 `0xE4`。在多字节字符串中，它的读数为 `"\u00E4"`。由于 4 个十六进制数字只能寻址 65,536 个代码点，所以也可以选择使用 8 个十六进制数字，并引入反斜杠和大写 U，但是你只会在非常特殊的环境中才会遇到这种情况。

在前面的示例中，我们使用这样的 Unicode 规范对四个图形字符进行了编码，这些字符很可能在任何键盘上都没有。有几个网站可以让你找到你所需要的任何字符的代码点。

如果我们不仅仅想用多字节字符和字符串做简单的输入/输出，事情就变得有点复杂了。简单的字符计数已经不是一件容易的事情：**strlen** 没有给出正确的答案，而且其他字符串函数如 **strchr**、**strspn** 和 **strstr** 也不能按预想的进行工作。幸运的是，C 标准为我们提供了一组替换函数，这些函数通常以 **wcs** 而不是 `str` 作为前缀，它们将用于宽字符串。我们前面介绍的 `mbsrlen` 函数可以编码为

mbstrings.c

```
30 size_t mbsrlen(char const*s, mbstate_t const*restrict state) {
31   if (!state) state = MBSTATE;
32   mbstate_t st = *state;
33   size_t mblen = mbsrtowcs(0, &s, 0, &st);
34   if (mblen == -1) errno = 0;
35   return mblen;
36 }
```

⊖ 现在，Unicode 大约有 110,000 个代码点。

这个函数的核心是使用库函数 **mbsrtowcs**（“可重新开始的多字节字符串（mbs）到宽字符串（wcs)”），它构成了 C 标准提供的用于处理多字节字符串的原语之一：

```
1 size_t mbsrtowcs(wchar_t*restrict dst, char const**restrict src,
2                  size_t len, mbstate_t*restrict ps);
```

所以一旦我们解密了名字的缩写，我们就知道这个函数应该把 mbs，`src` 转换成 wcs，`dst`。这里，`wchar_t` 类型的宽字符（wc）用来对扩展字符集中的一个字符进行精确编码，而这些宽字符用于形成 wcs 的方式与 `char` 组成普通字符串的方式几乎相同：它们是含有这种宽字符，并以 null 结尾的数组。

C 标准对 `wchar_t` 使用的编码没有太多限制，但是现在任何正常的环境都应该使用 Unicode 作为其内部表示。你可以使用两个宏来进行检查，如下所示：

mbstrings.h

```
24 #ifndef __STDC_ISO_10646__
25 # error "wchar_t wide characters have to be Unicode code points"
26 #endif
27 #ifdef __STDC_MB_MIGHT_NEQ_WC__
28 # error "basic character codes must agree on char and wchar_t"
29 #endif
```

现代平台通常使用 16 位或 32 位整型来实现 `wchar_t`。如果你只使用 `\uXXXX` 表示法中的以 4 个十六进制数字表示的代码点，那么你通常不应该太关心使用哪个类型。那些有效地使用 16 位的平台不能使用 `\UXXXXXXXX` 表示法中的其他代码点，但是这不会给你带来太多麻烦。

宽字符和宽字符串字面量遵循我们所看到的类似于 `char` 和字符串的规则。对于二者来说，前缀 `L` 表示宽字符或字符串，例如，`L'ä'` 和 `L'\u00E4'` 是相同的字符，类型都是 `wchar_t`，`L"b\u00E4"` 是由三个类型为 `wchar_t` 的元素组成的数组，其中包含宽字符 `L'b'`、`L'ä'` 和 `0`。

宽字符的分类也是通过类似于简单字符 `char` 的方法来完成的。头文件 `wctype.h` 提供了必要的函数和宏。

回到 **mbsrtowcs**，该函数将多字节字符串 `src` 解析为与多字节字符（mbc）对应的片段，并将相应的代码点分配给 `dst` 中的宽字符。参数 `len` 描述所产生的 wcs 可能具有的最大长度。参数 `state` 指向一个变量，该变量存储 mbs 的最终解析状态，稍后我们将简要讨论这个概念。

如你所见，函数 **mbsrtowcs** 有两个特性。首先，当 `dst` 为空指针进行调用时，它不存储 wcs，而只返回 wcs 应有的大小。其次，如果对 mbs 编码不正确，就会产生代码错误。在这种情况下，函数返回 `(size_t)-1`，并将 **errno** 设置为值 **EILSEQ**(参见 `errno.h`)。

mbsrlen 的部分代码实际上是通过再次将 errno 设置为 0 来修复这个错误策略的。

现在让我们看看第二个函数，它将帮助我们处理 mbs：

mbstrings.h

mbsrdup：将 s 中的字节序列解释为 mb 字符串，并将其转换为宽字符串。

返回：一个由 malloc 新分配的具有适当长度的宽字符串，如果发生编码错误，则返回 0。

备注：只要将一个状态参数传递给该函数，而且这个参数与以 c 开始的 mb 字符一致，那么这个函数就可以通过一个字符串集成到一个这样的搜索序列中。该函数不会修改状态本身。

state 为 0 表示可以在不考虑任何环境的情况下对 s 进行扫描。

```
wchar_t* mbsrdup(char const*s, mbstate_t const*restrict state);
```

此函数返回一个新分配的 wcs，其内容与 mbs s 在输入端所接收到的内容相同。除了 state 参数，它的实现很简单：

mbstrings.c

```
38 wchar_t* mbsrdup(char const*s, mbstate_t const*restrict state) {
39   size_t mblen = mbsrlen(s, state);
40   if (mblen == -1) return 0;
41   mbstate_t st =  state ? *state : *MBSTATE;
42   wchar_t* S = malloc(sizeof(wchar_t[mblen+1]));
43   /* 我们知道 s 转换很好，所以没有错误检查 */
44   if (S) mbsrtowcs(S, &s, mblen+1, &st);
45   return S;
46 }
```

在确定了目标字符串的长度之后，我们使用 malloc 来分配空间，使用 mbsrtowcs 来复制数据。

为了对 mbs 的解析有更细粒度的控制，标准提供了 mbrtowc 函数：

```
1 size_t mbrtowc(wchar_t*restrict pwc,
2                const char*restrict s, size_t len,
3                mbstate_t* restrict ps);
```

在这个接口中，参数 len 表示 s 中扫描单个多字节字符的最大位置。由于通常我们不知道这样的多字节编码是如何在目标机器上工作的，所以我们必须做一些猜测来帮助我们确定 len。为了把这种试探性想法进行封装，我们设计了以下接口。它的语义与 mbrtowc

相似，但避免了 len 的要求：

mbstrings.h

mbrtow：将 c 中的字节序列解释为 mb 字符，并通过 C 将其作为宽字符返回。

返回：mb 字符的长度，如果发生编码错误，则返回 -1。

只要将相同的 state 参数传递给所有对该函数或类似函数的调用，就可以通过字符串将该函数集成到这样一个搜索序列中。

备注：state 为 0 表示可以在不考虑任何环境的情况下对 c 进行扫描。

```
size_t mbrtow(wchar_t*restrict C, char const c[restrict
static 1], mbstate_t*restrict state);
```

此函数返回字符串中标识为第一个多字节字符的字节数，如果出现错误，则返回 -1。对于 len 不够大的情况，**mbrtowc** 还有另一个可能的返回值 -2。该实现使用这个返回值来检测这种情况，并调整 len，直到找到合适的值：

mbstrings.c

```
14  size_t mbrtow(wchar_t*restrict C, char const c[restrict static 1],
15                mbstate_t*restrict state) {
16    if (!state) state = MBSTATE;
17    size_t len = -2;
18    for (size_t maxlen = MB_LEN_MAX; len == -2; maxlen *= 2)
19      len = mbrtowc(C, c, maxlen, state);
20    if (len == -1) errno = 0;
21    return len;
22  }
```

这里，**MB_LEN_MAX** 是一个标准值，在大多数情况下，它是 len 的一个很好的上限。

现在让我们来看看另一个函数，它使用 mbrtow 的功能来识别 mbc，并使用它在 mbs 中进行搜索：

mbstrings.h

mbsrwc：将 s 中的字节序列解释为 mb 字符串，并搜索宽字符 C。

返回：s 中第一次出现对应于 C 的 mb 序列的位置，如果发生编码错误，则为 0。

如果出现的次数小于 occurrence，则返回最后一次发生的位置。因此，特别情况下，当使用 **SIZE_MAX**（或 -1）时，将总是返回最后一次发生的位置。

备注：只要将相同的 state 参数传递给所有对该函数或类似函数的调用，并且从这个函数返回的位置继续搜索，这个函数就可以通过一个字符串集成到这样的搜索序列中。

state 为 0 表示可以在不考虑任何环境的情况下对 s 进行扫描。

```
char const* mbsrwc(char const s[restrict static 1],
                   mbstate_t*restrict state,
                   wchar_t C, size_t occurrence);
```

mbstrings.c

```
68 char const* mbsrwc(char const s[restrict static 1], mbstate_t*restrict state
     ,
69                    wchar_t C, size_t occurrence) {
70   if (!C || C == WEOF) return 0;
71   if (!state) state = MBSTATE;
72   char const* ret = 0;
73
74   mbstate_t st = *state;
75   for (size_t len = 0; s[0]; s += len) {
76     mbstate_t backup = st;
77     wchar_t S = 0;
78     len = mbrtow(&S, s, &st);
79     if (!S) break;
80     if (C == S) {
81       *state = backup;
82       ret = s;
83       if (!occurrence) break;
84       --occurrence;
85     }
86   }
87   return ret;
88 }
```

如前所述，如果我们有一个一致的环境，那么所有使用多字节字符串和简单 IO 的编码都可以正常工作：也就是说，如果它在源代码中使用与其他文本文件和终端上相同的多字节编码。不幸的是，并非所有环境都使用相同的编码，因此在将文本文件（包括源文件）或可执行文件从一个环境传输到另一个环境时可能会遇到困难。除了大字符表的定义之外，Unicode 还定义了三种目前广泛使用的编码，并有望最终取代所有其他编码：UTF-8、UTF-16 和 UTF-32，分别用于 8 位、16 位和 32 位单词的 Unicode 转换格式。自 C11 以来，C 语言就包含了对这些编码基本的、直接的支持，而不必依赖于语言环境。具有这些编码的字符串字面量可以被编码为 `u8"text"`、`u"text"` 和 `U"text"`，它们分别为 **`char[]`**、**`char16_t[]`** 和 **`char32_t[]`** 类型。

现代平台上的多字节编码很可能是 UTF-8，这样你就不需要这些特殊的字面量和类型了。在必须确保其中一种编码的情况下，例如在网络通信中，它们通常很有用。在传统平台上可能会更困难，可参见 http://www.nubaria.com/en/blog/?p=289 了解 Windows 平台的概况。

14.4 二进制流

在 8.3 节，我们简要地提到了流的输入和输出也可以在二进制模式下执行，这与我们目前使用的常规文本模式不同。要了解它们之间的区别，请记住，文本模式 IO 不会将传递给 **printf** 或 **fputs** 的字节一对一地写入到目标文件或设备：

- 根据目标平台的不同，可以将 '\n' 字符编码为一个或多个字符。
- 换行之前的空格可以去掉。
- 多字节字符可以从执行字符集（程序的内部表示）转换成文件所在的文件系统的字符集。

从文本文件中读取数据也类似。

如果我们处理的数据是人类可读的文本，那么所有这些都是可以的。我们自认为 IO 函数和 **setlocale** 一起使这个机制非常透明。但是，如果我们对读取或写入二进制数据感兴趣，就像它们在某些 C 对象中一样，这可能是一个很大的负担，并产生很大的困难。特别是，二进制数据可以隐式地映射到文件行尾的约定，因此对此类数据的写入可以改变文件的内部结构。

如前所述，流可以在二进制模式下打开。对于这样的流，文件中的外部表示与内部表示之间所有的转换都将被跳过，并按这样的方式写入或读取流的每个字节。从我们目前所看到的接口来看，只有 **fgetc** 和 **fputc** 可以轻便地处理二进制文件。所有其他的接口可能依赖于某种形式的行尾转换。

为了更方便地读写二进制流，C 库有一些更适合的接口：

```
1  size_t fread(void* restrict ptr, size_t size, size_t nmemb,
2               FILE* restrict stream);
3  size_t fwrite(void const*restrict ptr, size_t size, size_t nmemb,
4               FILE* restrict stream);
5  int fseek(FILE* stream, long int offset, int whence);
6  long int ftell(FILE* stream);
```

fread 和 **fwrite** 的使用相对简单。每个流都有一个用于读写的当前文件位置。如果成功，这两个函数将从该位置开始读取或写入 size*nmemb 个字节，然后将文件位置更新为新值。这两个函数的返回值都是已读或已写的字节数，通常为 size*nmemb，因此如果返回值小于该值，则意味着发生了错误。

函数 **ftell** 和 **fseek** 可用于对文件位置进行操作：**ftell** 以字节为单位返回文件开始的位置，**fseek** 根据参数的 offset 和 whence 对文件进行定位。这里，whence 可以有以下值：**SEEK_SET** 指向文件的开始，**SEEK_CUR** 指向调用前当前文件的位置㊀。

通过这四个函数，我们可以在表示文件的流中有效地向前和向后移动，并读取或写入文件的任何字节。例如，这可以用于将内部表示的大对象写入到文件中，之后可以用其他程序来读取它，而不需要执行任何修改。

不过，这个接口有一些限制。为了方便地进行工作，流必须以二进制模式打开。在某些平台上，IO 总是二进制的，因为没有有效的转换执行。因此，不幸的是，不使用二进制模式的程序可能在这些平台上可以正常地工作，但当移植到其他平台时就会失败。

要点 14.8 对使用 **fread** 或 **fwrite** 的流以二进制模式打开。

因为这可以用于对象的内部表示，所以它只能在使用相同表示的平台和程序执行之间移植：相同的 endian-ness（字节的存储顺序）。不同的平台、操作系统甚至程序执行都可以有不同的表示。

要点 14.9 以二进制模式写入的文件不能在平台之间进行移植。

对文件定位使用 **long** 类型可以限制文件的大小，**ftell** 和 **fseek** 可以轻松地将这些文件处理为 **LONG_MAX** 字节。在大多数现代平台上，这相当于 2GiB[练习3]。

要点 14.10 **fseek** 和 **ftell** 不适合非常大的文件偏移量。

14.5 错误检查和清理

C 程序会遇到很多错误情况。错误可能是编程错误、编译器或操作系统软件中的 bug、硬件错误、某些情况下的资源耗尽（如内存不足）或这些错误的组合。为了使程序更加可靠，我们必须检测这种错误情况，并妥善地处理。

作为第一个示例，请以函数 **fprintnumbers** 的以下描述为例，该函数延续了我们在 14.1 节中讨论的一系列函数：

numberline.c

fprintnumbers：使用 **printf** 格式形式在流中打印一系列数字 nums，用 sep 字符分隔，以换行符结束。

返回：打印到流的字符数，或出错时返回负值。

如果 len 为 0，则打印空行并返回 1。

可能返回的错误是：

- 如果 stream 未准备好写入，则返回 **EOF**（为负数）

㊀ 还有查找文件结束位置的 **SEEK_END**，但是它可能有平台定义的问题。

[练习3] 编写一个函数 fseekmax，它使用 **intmax_t** 而不是 **long** 类型，并通过对 **fseek** 的多种组合调用来获得较大的查询值。

- **-EOVERFLOW**：如果需要写入的字符数超过 **INT_MAX**，包括 len 大于 **INT_MAX** 的情况
- **-EFAULT**：如果 stream 或 numb 为 0
- **-ENOMEM**：如果发生了内存错误

此函数将 **errno** 保留为与输入时发生的值相同的值。

```
int fprintnumbers(FILE*restrict stream,
                  char const form[restrict static 1],
                  char const sep[restrict static 1],
                  size_t len, size_t numb[restrict len]);
```

如你所见，该函数区分了四种不同的错误情况，这些错误情况通过返回负常量值来表示。这些值的宏通常由平台的 errno.h 提供，并且都以大写字母 E 开头。不幸的是，C 标准只强制使用 **EOF**（为负值）和 **EDOM**、**EILSEQ** 和 **ERANGE**（为正值）。可能提供也可能不提供其他值。因此，在代码的初始部分，我们有一系列预处理器语句，为那些缺失的值提供默认值：

numberline.c

```
36 #include <limits.h>
37 #include <errno.h>
38 #ifndef EFAULT
39 # define EFAULT EDOM
40 #endif
41 #ifndef EOVERFLOW
42 # define EOVERFLOW (EFAULT-EOF)
43 # if EOVERFLOW > INT_MAX
44 #  error EOVERFLOW constant is too large
45 # endif
46 #endif
47 #ifndef ENOMEM
48 # define ENOMEM (EOVERFLOW+EFAULT-EOF)
49 # if ENOMEM > INT_MAX
50 #  error ENOMEM constant is too large
51 # endif
52 #endif
```

我们的想法是确保所有这些宏都有不同的值。现在函数本身的实现如下所示：

numberline.c

```
169 int fprintnumbers(FILE*restrict stream,
170                   char const form[restrict static 1],
171                   char const sep[restrict static 1],
```

```
172                      size_t len, size_t nums[restrict len]) {
173   if (!stream)       return -EFAULT;
174   if (len && !nums)  return -EFAULT;
175   if (len > INT_MAX) return -EOVERFLOW;
176
177   size_t tot = (len ? len : 1)*strlen(sep);
178   int err = errno;
179   char* buf = 0;
180
181   if (len) {
182     /* 计数字符数。 */
183     for (size_t i = 0; i < len; ++i)
184       tot += snprintf(0, 0, form, nums[i]);
185     /* 我们返回 int，所以我们必须限制最大大小。 */
186     if (tot > INT_MAX) return error_cleanup(EOVERFLOW, err);
187   }
188
189   buf = malloc(tot+1);
190   if (!buf) return error_cleanup(ENOMEM, err);
191
192   sprintnumbers(tot, buf, form, sep, len, nums);
193   /* 一次打印整行。 */
194   if (fputs(buf, stream) == EOF) tot = EOF;
195   free(buf);
196   return tot;
197 }
```

错误处理几乎占据了整个函数的编码工作。前三行处理在进入函数时发生的错误，并反映遗漏的先决条件，或者用附录 K 的语言（参见 8.1.4 节）来表示**违反了运行时约束**[C]。

动态运行时错误更难处理。特别是，C 库中的一些函数可能使用伪变量 **errno** 来传递错误情况。如果我们想捕获并修复所有错误，就必须避免对全局的执行状态进行任何更改，包括对 **errno** 的更改。这是通过保存进入函数时的当前值，并在调用函数 error_cleanup 发生错误时恢复该值来实现的：

numberline.c

```
144 static inline int error_cleanup(int err, int prev) {
145   errno = prev;
146   return -err;
147 }
```

函数的核心是通过 **for** 循环来计算输入数组中的字节总数。在循环体中，使用带有两个 0 参数的 **snprintf** 来计算每个数的大小。然后使用 14.1 节中的函数 sprintnumbers 来生成一个通过 **fputs** 输出的大字符串。

注意，在成功调用 **malloc** 之后，没有错误退出。如果从调用 **fputs** 的返回中检测到错误，则将相关信息存储在变量 tot 中，但不会跳过对 **free** 的调用。因此，即使发生这样的输出错误，任何已分配的内存也不会发生泄漏。这里，处理一个可能的 IO 错误相对比较简单，因为对 **fputs** 的调用发生在对 **free** 的调用附近。

需要多加注意函数 fprintnumbers_opt：

numberline.c

```
199 int fprintnumbers_opt(FILE*restrict stream,
200                       char const form[restrict static 1],
201                       char const sep[restrict static 1],
202                       size_t len, size_t nums[restrict len]) {
203   if (!stream)        return -EFAULT;
204   if (len && !nums)   return -EFAULT;
205   if (len > INT_MAX) return -EOVERFLOW;
206
207   int err = errno;
208   size_t const seplen = strlen(sep);
209
210   size_t tot = 0;
211   size_t mtot = len*(seplen+10);
212   char* buf = malloc(mtot);
213
214   if (!buf) return error_cleanup(ENOMEM, err);
215
216   for (size_t i = 0; i < len; ++i) {
217     tot += sprintf(&buf[tot], form, nums[i]);
218     ++i;
219     if (i >= len) break;
220     if (tot > mtot-20) {
221       mtot *= 2;
222       char* nbuf = realloc(buf, mtot);
223       if (buf) {
224         buf = nbuf;
225       } else {
226         tot = error_cleanup(ENOMEM, err);
227         goto CLEANUP;
228       }
229     }
230     memcpy(&buf[tot], sep, seplen);
231     tot += seplen;
232     if (tot > INT_MAX) {
233       tot = error_cleanup(EOVERFLOW, err);
234       goto CLEANUP;
235     }
236   }
237   buf[tot] = 0;
238
239   /* 一次性打印整行 */
240   if (fputs(buf, stream) == EOF) tot = EOF;
241  CLEANUP:
242   free(buf);
243   return tot;
244 }
```

它试图通过立即打印数字而不是首先计算所需的字节数来进一步优化过程。这可能会在执行过程中遇到更多的错误情况，我们必须确保最终调用 **free** 来解决这些问题。第一种情况是我们最初分配的缓冲区太小。如果调用 **realloc** 来进行扩大失败了，我们不得不退出。如果遇到字符串的总长度超过 **INT_MAX** 这种不太可能出现的情况，也是这样来处理。

在这两种情况下，函数使用 **goto** 跳转到清理代码部分，然后再调用 **free**。对于 C 语言，这是一种成熟的技术，能够确保清理完成，同时避免了难以阅读的嵌套的 **if-else** 条件。**goto** 的规则相对简单：

要点 14.11　goto 标签在包含它们的整个函数中都是可见的。

要点 14.12　goto 只能跳转到同一函数内的标签。

要点 14.13　goto 不应跳过变量的初始化。

从 Dijkstra[1968] 的一篇文章开始，在编程语言中使用 **goto** 和类似的跳转一直以来都有着激烈的争论。你仍然会发现有些人对这里给出的代码非常反对，但是让我们试着务实一些：有或没有 **goto** 的代码可能很难看，而且很难理解。中心思想是使函数的“正常”控制流不要受到干扰，并清楚地标记只有在使用 **goto** 或 **return** 的特殊情况下才会发生的对控制流的改变。稍后，在 17.5 节中，我们将看到 C 中的另一个工具，它允许对控制流进行重大的改变：**setjmp/longjmp**，它使我们能够跳转到函数调用堆栈中其他的地方。

挑战 16　流中的文本处理

对于流中的文本处理，能否从 **stdin** 读取、将修改后的文本扔到 **stdout**，并在 **stderr** 上报告诊断结果吗？能否计算单词列表出现的次数？能否计算正则表达式出现的次数？能否将某个单词全部替换为另一个单词？

挑战 17　文本处理器的复杂性

你能扩展你的文本处理器（挑战 12）来使用多字节字符吗？

你还能将其扩展为进行正则表达式处理吗，例如搜索一个单词、使用另一个单词对某个单词进行简单的查询替换、使用正则表达式对某个特定的单词进行查询替换，并且应用正则表达式进行分组吗？

总结

- C 库有几个用于文本处理的接口，但是我们必须注意 **const** 限定和缓冲区溢出。
- 对指针类型、字符串的 null 终止、空白和新行分隔使用 **scanf**（和类似的函数）进行格式化输入会存在一些小问题。如果可能的话，你应该将 **fgets** 与 **strtod** 或类似的、更专门化的函数组合使用。

- 扩展字符集最好使用多字节字符串来处理。需要注意的是，这些字符串可以像普通字符串一样用于输入和输出。
- 应该使用 `fwrite` 和 `fread` 将二进制数据写入二进制文件。这些文件依赖于平台。
- 对 C 库函数的调用应该检查是否返回错误。
- 处理错误情况会导致复杂的案例分析。它可以由特定于函数的代码块来组织，我们可以使用 `goto` 语句跳转到这个代码块。

第3级 

深　入

高山乌鸦在高海拔的稀薄空气中生活和繁衍，在喜马拉雅山脉8000米以上的地方曾被发现。

在本级中，我们将更深入地探讨特定主题的细节。首先，性能是选择C语言而不是其他编程语言的主要原因之一。因此，第15章对所有C软件设计人员来说是必读内容。

第二个主题是C特有的特性：类似函数的宏。由于它们比较复杂而且比较难看，其他编程社区对它们非常反感。但是，在一定程度上掌握它们是很重要的，因为它们允许我们提供易于使用的接口，例如用于泛类型编程和更复杂的参数检查。

然后，第17章和第18章将展示如何削弱程序顺序执行这种通常的假设，以允许异步处理问题（使用长跳转或信号处理程序）或并行执行线程。这些都伴随着与保证数据一致性相关的具体问题，因此我们将在第19章进行探讨，该章将更深入地讨论原子数据的处理和一般的同步。

Chapter 15 第 15 章

性　　能

本章涵盖了：

- ❑ 编写内联函数
- ❑ 限制指针
- ❑ 测量和检验性能

一旦你觉得用C语言编程变得熟练了，你可能会尝试做一些复杂的事情来“优化”你的代码。无论你认为你在优化什么，都有可能出现错误：不成熟的优化可能会在可读性、可靠性、可维护性等方面造成比较大的损害。

Knuth[1974] 说出了这样的话，这应该是你在这一级的座右铭：

要点 D　不成熟的优化是万恶之源。

C语言良好的性能常常被认为是其被广泛使用的主要原因之一。虽然许多C程序在编写复杂代码方面比其他编程语言表现得更好一些，但C语言在这方面付出了很大的代价，尤其是在安全方面。这是因为在很多地方，C语言并没有强制执行规则，而是将验证规则的责任交给了程序员。有关这种情况的比较重要的例子包括：

- ❑ 数组的越界访问
- ❑ 访问未初始化的对象
- ❑ 在对象的生命周期结束之后对它们进行访问
- ❑ 整数溢出

这些可能导致程序崩溃、数据丢失、结果错误、敏感信息暴露，甚至造成财产或生命的损失。

要点 15.1　不要用安全来换取性能。

近年来，C 编译器变得越来越好了，基本上，它们会报出所有在编译时可以检测到的问题。但是，在试图变得聪明的代码中的严重问题仍然可能无法发现。这些问题中有许多是可以避免的，或至少可以通过非常简单的方法检测出来：

- 应该初始化所有块作用域变量，这样可以消除一半未初始化对象的问题。
- 在合适的情况下，动态分配应该使用 **calloc** 而不是 **malloc**。这避免了另外四分之一未初始化对象的问题。
- 对于动态分配的更复杂的数据结构，应该实现特定的初始化函数。这样就消除了其余的未初始化对象的问题。
- 接收指针的函数应该使用数组语法，并区分不同的情况：
  - 指向类型的单个对象的指针——这些函数应该使用 **static** 1 表示法，从而表明它们期待的指针是非空的：

```
void func(double a[static 1]);
```

  - 指向已知数量对象集合的指针——这些函数应该使用 **static** N 表示法，从而表明它们期望一个指向至少为该数量的元素的指针：

```
void func(double a[static 7]);
```

  - 指向未知数量对象集合的指针——这些函数应该使用 VLA 表示法：

```
void func(size_t n, double a[n]);
```

  - 指向类型的单个对象的指针或空指针——这样的函数必须保证即使接收到空指针，执行仍处于定义状态：

```
void func(double* a);
```

编译器的构建者只开始对这些情况进行检查，所以你的编译器可能还不会检测到这些错误。尽管如此，将它们写下来并使自己清楚将帮助你避免越界错误。

- 如果可能的话，应该避免使用块作用域（局部）变量的地址。因此，最好用 **register** 来标记复杂代码中的所有变量。
- 使用无符号整型作为循环索引，并明确地处理循环。例如，后者可以通过比较循环变量与递增前类型的最大值来实现。

不管一些都市神话是怎么说的，应用这些规则通常不会对代码的性能产生负面影响。

要点 15.2 优化器足够聪明，可以消除未使用的初始化。

要点 15.3 函数指针参数的不同表示法会导致相同的二进制代码。

要点 15.4 不获取局部变量的地址对优化器有帮助，因为它会阻止别名。

一旦我们应用了这些规则并确保了我们的实现是安全的，就可以查看程序的性能了。

好的性能是由什么构成的，以及我们如何衡量它，本身就是一个难题。关于性能的第一个问题应该始终是相关的：例如，将一个交互式程序的运行时间从 1 ms 提高到 0.9 ms 通常是毫无意义的，而将花费在这种改进上的所有努力投入其他地方可能会更好。

为了装备必要的工具来评估性能的瓶颈，我们将讨论如何测量性能（15.3 节）。在本章的最后进行这个讨论，是因为在我们完全了解如何测量性能之前，我们必须更好地了解用于提高性能的工具。

在许多情况下，我们可以帮助编译器（以及它的未来版本）更好地优化代码，因为我们可以指定代码的某些属性，而这些属性是编译器无法自动推断的。C 为此目的引入了关键字，这些关键字非常特殊，因为它们约束的不是编译器，而是程序员。它们都具有这样的属性：从它们所在的合法代码中删除它们并不会改变语义。由于这个属性，它们有时会体现为无用的甚至过时的特性。当你遇到这样的语句时一定要小心：做出这样声明的人往往对 C、其内存模型或其可能的优化并没有深刻的理解。特别是，他们似乎对因果关系也没有深刻的理解。

引入这些优化的关键字是 **register**（C90）、**inline**、**restrict**（这两个都来自 C99）和 **alignas**（在 C11 中是 **_Alignas**）。如上所示，这四种方法都有一个属性，即可以在不改变语义的情况下，在合法程序中被省略。

在 13.2 节中，我们在某种程度上谈到了 **register**，因此我们将不再详细讨论它。只需记住，它可以帮助避免在函数中局部定义的对象之间的别名。如前所述，我认为这是一个在 C 社区中被严重低估的特性。我甚至向 C 委员会提出了一些想法（Gustedt[2016]），关于这个特性如何成为 C 未来改进的核心，这些未来改进将包括任何对象类型的全局常量，以及为小的纯函数提供更多的优化机会。

在 12.7 节中，我们还讨论了 C11 的 **alignas** 和相关的 **alignof**。它们可以帮助在缓存边界上定位对象，从而改善内存访问。关于这个特殊的特性，我们将不再深入讨论。

剩下的两个特性，C99 的 **inline**（15.1 节）和 **restrict**（15.2 节），它们的可用性有很大不同。**inline** 相对容易使用且没有危险。它是一个使用非常广泛的工具，可以确保短函数的代码可以在函数的调用端直接集成和优化。**restrict** 放宽了对基于类型的别名这方面的考虑，以实现更好的优化。因此，它使用起来很微妙，如果使用不当会造成相当大的危害。它经常出现在库接口中，但是很少出现在用户代码中。

15.3 节将深入讨论性能测量和代码检查，从而使我们能够评估性能本身以及导致性能好或坏的因素。

15.1 内联函数

对于 C 程序，编写模块化代码的标准工具是函数。正如我们所看到的，函数有几个优点：

- ❑ 它们清楚地将接口和实现分开。因此，这允许我们在从一个修订版到另一个修订版的过程中增量地改进代码，或者在认为有必要时重写功能。
- ❑ 如果我们通过全局变量来避免与代码的其余部分进行通信，我们就可以确保函数访问的状态是局部的。这样，状态只出现在调用的参数和局部变量中。因此，优化的机会可能更容易被发现。

不幸的是，从性能的角度来看，函数也有一些缺点：

- ❑ 即使在现代平台上，函数调用也有一定的开销。通常，在调用函数时，会留出一些堆栈空间，并初始化或复制局部变量。控制流跳转到可执行文件中的另一个点，该点可能在执行缓存中，也可能不在执行缓存中。
- ❑ 根据平台的调用约定，如果一个函数的返回值是 **struct**，那么整个返回值可能必须复制到函数的调用方期望得到结果的地方。

如果碰巧调用方（比如 fcaller）和被调用方（比如 fsmall）的代码出现在同一个翻译单元（TU）中，那么一个好的编译器可能会通过内联来避免这些缺点。这里，编译器所做的事情相当于用 fsmall 本身的代码来代替对 fsmall 的调用。这样就没有产生调用，也就没有调用方面的开销。

更好的是，由于 fsmall 的代码现在是内联的，所以 fsmall 的所有指令都可以在新的上下文中看到。编译器可以检测一些内容，例如：

- ❑ 从未执行的死分支
- ❑ 对结果已知的表达式的重复计算
- ❑ 函数（被调用时）只能返回某种类型的值

要点 15.5 内联可以得到许多优化机会。

传统的 C 编译器只能内联那些它知道定义的函数：只知道声明是不够的。因此，程序员和编译器的构建者已经研究了通过使函数的定义可见来增加内联的可能性。没有语言的额外支持，有两种策略可以做到这一点：

- ❑ 将项目的所有代码连接到一个大文件中，然后在一个巨大的 TU 中编译所有代码。系统地执行这样的操作并不像听起来那么容易：我们必须确保源文件的连接顺序不会产生定义的再循环，并且没有命名冲突（例如，有两个 TU，每个都有一个 **static** 函数 **init**）。
- ❑ 将应该内联的函数放在头文件中，然后由所有需要它们的 TU 包含进去。为了避免在每个 TU 中定义多个函数符号，这些函数必须声明为 **static**。

如果第一种方法对大型项目不可行，那么第二种方法相对容易实施。然而，它也有缺点：

- ❑ 如果函数太大而不能被编译器内联，那么它就会在每个 TU 中单独实例化。也就是说，如果函数太大，那么可能会有很多副本，并增加最终可执行文件的大小。
- ❑ 获取这样一个函数的指针将会给出当前 TU 中特定实例的地址。在不同的 TU 中获得的这样两个指针的比较结果将不会相等。

- 如果在头文件中声明的 **static** 函数没有在 TU 中使用，编译器通常会发出没有使用的警告。如果在头文件中有很多这样的小函数，就会看到很多警告，这会产生很多错误报警。

为了避免这些缺点，C99 引入了 **inline** 关键字。与名字所提示的不同，这并不强制将函数内联，而只是提供了一种可能的方法。

- 使用 **inline** 声明的函数定义可以在多个 TU 中使用，而不会导致多符号定义的错误。
- 所有指向同一个 **inline** 函数的指针都相等，即使它们是在不同的 TU 中获得的。
- 没有在特定的 TU 中使用的 **inline** 函数将完全不会出现在该 TU 的二进制文件中，特别是不会影响其大小。

最后一点通常是一种优势，但它有一个简单的问题：不会发布函数符号，即使对于可能需要这样一个符号的程序也是如此。需要符号的情况通常有以下几种：

- 程序直接使用或存储指向函数的指针。
- 编译器决定函数太大或太复杂而不能进行内联。这有多种情况，取决于以下几个因素：
  - 用于编译的优化级别
  - 调试选项是打开的还是关闭的
  - 函数本身对某个 C 库函数的使用
- 该函数是库的一部分，该库提供了未知程序及其链接。

为了提供这样的符号，C99 为 **inline** 函数引入了一个特殊的规则。

要点 15.6 添加不带 **inline** 关键字的兼容声明可确保在当前 TU 中发布函数符号。

举个例子，假设在头文件（比如 toto.h）中有这样一个 **inline** 函数：

```
1  // 头文件中的内联定义。
2  // 函数参数名称和局部变量对预处理器可见，
3  // 必须小心处理。
4  inline
5  toto* toto_init(toto* toto_x){
6    if (toto_x) {
7      *toto_x = (toto){ 0 };
8    }
9    return toto_x;
10 }
```

这样的函数是内联的最佳候选函数。它非常小，对 toto 类型的任何变量的初始化可能也是做得最好的。调用开销的顺序与函数的内部顺序相同，而且在许多情况下，函数的调用方甚至可能忽略对 **if** 的测试。

要点 15.7 **inline** 函数定义在所有的 TU 中都是可见的。

编译器可以在所有能看到这段代码的 TU 中内联这个函数，但是它们都不会有效地发布

toto_init 符号。但是我们可以（而且应该）在一个 TU（比如 toto.c）中强制发布，比如，通过添加如下的一行：

```
1  #include "toto.h"
2
3  // 在一个 TU 中实例化。
4  // 省略参数名以避免宏替换。
5  toto* toto_init(toto*);
```

要点 15.8 inline 定义放在头文件中。

要点 15.9 没有 inline 的附加声明只放在一个 TU 中。

如前所述，inline 函数的机制可以帮助编译器决定是否有效地内联函数。在大多数情况下，编译器的构建者为做出此决策而实现的启发方法是完全合适的，你不可能做得更好。他们比你更了解编译的特定平台：也许这个平台在你编写代码的时候根本就不存在。因此他们在不同可能性之间权衡利弊时处于一个更好的位置。

可以从 inline 定义中受益的一个重要函数家族是*纯函数*，我们在 10.2.2 节中已经见过了。如果我们看一下 rat 结构的示例（清单 10.1），就会发现所有函数都隐式地复制了函数参数和返回值。如果我们在头文件中将所有这些函数重写为 inline 函数，那么使用优化编译器可以避免所有这些副本[练习 1][练习 2]。

因此，inline 函数是构建具有良好性能的可移植代码的宝贵工具，我们只是帮助编译器做出合适的决定。不幸的是，使用 inline 函数也有一些缺点，在设计中应该加以考虑。

第一，要点 15.7 意味着你对 inline 函数所做的任何更改都将触发对项目及其所有用户的完整重建。

要点 15.10 只有认为函数是稳定的情况下，才将其作为 inline 函数公开。

第二，函数定义的全局可见性还具有这样的影响：函数的局部标识符（参数或局部变量）可能会受到宏展开的影响，而我们甚至不知道这些宏。在这个例子中，我们使用 toto_ 前缀来保护函数参数不受来自其他包含文件的宏的扩展。

要点 15.11 inline 函数的所有局部标识符都应该通过实用的命名约定加以保护。

第三，除了传统的函数定义之外，inline 函数没有与之关联的特定 TU。传统函数可以访问 TU（static 变量和函数）的局部状态和函数，而对于 inline 函数，则不清楚它们指的是哪个 TU 的哪个副本。

要点 15.12 inline 函数不能访问 static 函数的标识符。

要点 15.13 inline 函数不能定义或访问可修改的 static 对象的标识符。

这里，重点是访问仅限于*标识符*，而不是对象或函数本身。将指针传递给 static 对象或将函数传递给 inline 函数都没有问题。

[练习 1] 用 inline 函数重写 10.2.2 节的示例。

[练习 2] 重温第 7 章的每个函数示例，并讨论它们是否应该被定义为 inline。

15.2 使用restrict限定符

我们已经看到了许多使用关键字 **restrict** 来限定指针的C库函数的例子，我们也在自己的函数中使用了这个限定。**restrict** 的基本思想相对简单：它告诉编译器指针指向的对象只能由该指针访问。因此，编译器可以做出这样的假设：对对象的修改只能通过指向该对象的指针来完成，而对象不能被意外更改。换句话说，使用了 **restrict**，我们告诉编译器，对象不能与编译器在这部分代码中处理的任何其他对象别名。

要点 15.14 **restrict** 限定的指针必须提供专用的访问。

与C语言中常见的情况一样，这样的声明将验证此属性的责任推给了调用方。

要点 15.15 **restrict** 限定约束函数的调用方。

例如，考虑一下 **memcpy** 和 **memmove** 之间的区别：

```
1 void* memcpy(void*restrict s1, void const*restrict s2, size_t n);
2 void* memmove(void* s1, const void* s2, size_t n);
```

对于 **memcpy**，两个指针都是 **restrict** 限定的。因此，要执行此函数，通过两个指针的访问必须是专用的。不仅如此，**s1** 和 **s2** 必须具有不同的值，而且它们都不能提供对另一个对象的部分的访问。换句话说，**memcpy** 通过两个指针“看到”的两个对象不能重叠。假设这有助于优化函数。

相比之下，**memmove** 没有做这样的假设。所以 **s1** 和 **s2** 可能相等，或者对象可能重叠。该函数必须能够应付这种情况。因此，它可能效率较低，但使用得更普遍。

我们在12.3节中看到，对于编译器来说，确定两个指针是否指向同一个对象（别名）可能很重要。指向不同基类型的指针不应是别名，除非其中一个是字符类型。因此，**fputs** 的两个参数都是用 **restrict** 声明的：

```
1 int fputs(const char *restrict s, FILE *restrict stream);
```

尽管似乎不太可能有人对 **fputs** 的两个参数使用同一指针值来进行调用。

对于 **printf** 和友元这样的函数，这个规范更为重要：

```
1 int printf(const char *restrict format, ...);
2 int fprintf(FILE *restrict stream, const char *restrict format, ...);
```

format 参数不应该与可能传递给 ... 部分的任何一个参数别名。例如，下面的代码有未定义的行为：

```
1   char const* format = "format printing itself: %s\n";
2   printf(format, format);   // 违反限制
```

这个例子可能仍然会按你所认为的那样执行。如果滥用 stream 参数，程序可能会崩溃：

```
1    char const* format = "First two bytes in stdin object: %.2s\n";
2    char const* bytes = (char*)stdin; // 合法字符转换
3    fprintf(stdin, format, bytes);    // 违反限制
```

当然，这样的代码在现实生活中不太可能发生。但是请记住，字符类型有关于别名的特殊规则，因此所有字符串处理函数可能会漏掉优化。你可以在涉及字符串参数的许多地方添加 **restrict** 条件，并且你知道这些限制条件只能通过相关的指针来访问。

15.3 测量和检验

我们已经多次谈到程序的性能，但还没有讨论评估它的方法。事实上，我们人类在预测代码性能方面是出了名的糟糕。因此，我们对关于性能的问题的主要方针是：

要点 E 不要推测代码的性能，要严格地进行验证。

当我们深入研究一个对性能至关重要的代码项目时，第一步总是要选择解决手头问题的最佳算法。这甚至应该在开始编码之前就要完成，所以我们必须通过争论（而不是猜测）来对这样一个算法的行为进行一次复杂度评估。

要点 15.16 算法的复杂度评估需要证据。

不幸的是，关于复杂度证明的讨论远远超出了本书的范围，所以我们无法深入讨论。但是，幸运的是，关于这方面的书已经有很多了。有兴趣的读者可以参考 Cormen 等人的教科书 [2001] 或 Knuth 的知识宝库。

要点 15.17 代码的性能评估需要测量。

实验科学中的度量是一个困难的课题，显然我们不能在这里详细地讨论它。但是我们首先应该意识到，度量的行为改变了所观察的事物。这在物理学中是成立的，度量一个物体的质量必然会移动它；在生物学中，采集物种样本实际上会杀死动物或植物；在社会学中，在测试前询问性别或移民背景会改变被测对象的行为。毫不奇怪，它也适用于计算机科学，特别是对于时间度量，因为所有这些时间度量都需要时间自己来完成。

要点 15.18 所有的测量都会引入偏差。

在最坏的情况下，时间度量的影响可能超出进行度量所花费的额外的时间。首先，例如，对 **timespec_get** 的调用是对一个函数的调用，如果我们不进行度量，这个函数就不会存在。编译器必须在此类调用之前采取一些防范措施，特别是保存硬件寄存器，并且必须抛弃关于执行状态的一些假设。因此，时间度量可以抑制优化机会。而且，这样的函数调用通常转换为*系统调用*（对操作系统的调用），这可能会影响程序执行的许多属性，比如进程或任务调度，或者会使数据缓存失效。

要点 15.19 检测会改变编译时和运行时属性。

实验科学的艺术之处是解决这些问题，并确保由测量引入的偏差很小，这样就可以定性地评估实验结果。具体来说，在对我们感兴趣的代码进行时间度量之前，我们必须评估

时间度量本身所带来的偏差。减少度量偏差的一般策略是多次重复实验并收集有关结果的统计数据。在这种情况下，最常用的统计方法很简单。它们关注实验的次数和平均值 μ，以及它们的标准差，有时还有它们的偏度。

让我们看一下下面的采样 S，它包含 20 个以秒 s 为单位的计时：

`0.7，1.0，1.2，0.6，1.3，0.1，0.8，0.3，0.4，0.9，0.5，0.2，0.6，0.4，0.4，0.5，0.5，0.4,0.6，0.6`

本采样的频率直方图见图 15.1。这些值在 `0.6`[$\mu(S)$，平均值] 左右变化很大，从 `0.1`（最小值）到 1.3（最大值）。事实上，这种变化是如此重要，以至于我个人不敢对这样一个采样的相关性提出太多的要求。这种虚构的测量不太好，但是它们有多糟糕呢？

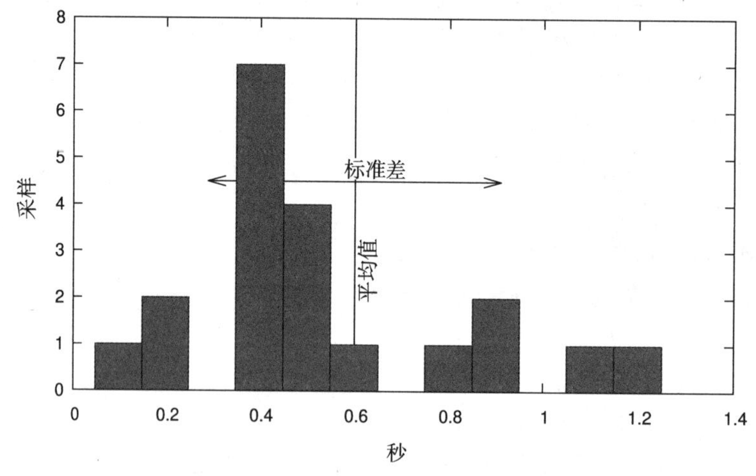

图 15.1 我们采样的频率直方图，显示了得到的每个测量值的频率

标准差 $\sigma(S)$ 测量（同样，以秒为单位）观察采样如何偏离这样一个理想世界，其中所有计时结果完全相同。一个小的标准差表明我们正在观察的现象很有可能遵循这个理想。相反，如果标准差过高，则该现象可能不具有理想的性质（有一些东西干扰了我们的计算），或者我们的测量可能不可靠（有一些东西干扰了我们的测量），或者两者兼而有之。

在我们的例子中，标准差为 `0.31`，这与平均值 `0.6` 相比是实质性的：这里，相对标准差 $\sigma(S)/\mu(S)$ 是 `0.52`（或 `52%`）。只有在低百分比范围内的值才被认为是好的。

要点 15.20 运行时的相对标准差必须在一个较低的百分比范围内。

我们感兴趣的最后一个统计量是偏度（样本 S 为 `0.79`），它测量采样的不对称性（或不对等）。对称分布在平均值周围的采样的偏度为 `0`，正的值表示右侧有一个“尾巴”。时间度量通常是不对称的。在我们的采样中，我们可以很容易地看到：最大值 `1.3` 与平均值相差 `0.7`。因此，要使采样在平均值 `0.6` 附近对称，我们需要一个 `-0.1` 的值，这是不可能的。

如果你对这些非常基本的统计概念不熟悉，那么现在你应该重新了解一下它们。在本章中，我们将看到，我们感兴趣的所有这些统计量都可以用原始矩来计算：

$$m_k(S) = \sum_{\text{for all } s \in S} s^k$$

因此，第 0 个原始矩计算采样的数量，第 1 个是值的总数，第 2 个是值的平方和，依此类推。

对于计算机科学来说，通过将要采样的代码放在 for 循环中，并在循环之前和之后放置测量值，可以很容易地自动重复试验。因此，我们可以数千次或数百万次地执行样本代码，并计算每次循环的平均时间。希望可以忽略时间度量，因为在实验中花费的总时间可能是几秒钟，而时间度量本身可能只需要几毫秒。

在本章的示例代码中，我们将尝试评估调用 timespe_ get 的性能，以及一个收集度量统计信息的小型实用程序的性能。清单 15.1 包含了几个我们想要研究的不同版本的 **for** 循环代码。时间度量以统计数据的形式收集，并使用从 **timespec_get** 获得的 **tv_nsec** 值。在这种方法中，我们引入的实验偏差是显而易见的：我们使用 **timespec_get** 调用来测量它自己的性能。但是这种偏差很容易控制：增加循环次数可以减少偏差。我们在这里报告的实验是使用循环值 $2^{24}-1$ 来执行的。

清单 15.1 重复测量几段代码片段

```
53    timespec_get(&t[0], TIME_UTC);
54    /* i 的不稳定确保循环有效。 */
55    for (uint64_t volatile i = 0; i < iterations; ++i) {
56      /* 什么都不做 */
57    }
58    timespec_get(&t[1], TIME_UTC);
59    /* s 必须是不稳定的以确保循环有效。 */
60    for (uint64_t i = 0; i < iterations; ++i) {
61      s = i;
62    }
63    timespec_get(&t[2], TIME_UTC);
64    /* 不透明的计算确保循环有效。 */
65    for (uint64_t i = 1; accu0 < upper; i += 2) {
66      accu0 += i;
67    }
68    timespec_get(&t[3], TIME_UTC);
69    /* 函数调用通常无法被优化。 */
70    for (uint64_t i = 0; i < iterations; ++i) {
71      timespec_get(&tdummy, TIME_UTC);
72      accu1 += tdummy.tv_nsec;
73    }
74    timespec_get(&t[4], TIME_UTC);
75    /* 函数调用通常无法被优化，
76       但内联函数可以。 */
77    for (uint64_t i = 0; i < iterations; ++i) {
78      timespec_get(&tdummy, TIME_UTC);
79      stats_collect1(&sdummy[1], tdummy.tv_nsec);
80    }
81    timespec_get(&t[5], TIME_UTC);
```

```
82        for (uint64_t i = 0; i < iterations; ++i) {
83          timespec_get(&tdummy, TIME_UTC);
84          stats_collect2(&sdummy[2], tdummy.tv_nsec);
85        }
86        timespec_get(&t[6], TIME_UTC);
87        for (uint64_t i = 0; i < iterations; ++i) {
88          timespec_get(&tdummy, TIME_UTC);
89          stats_collect3(&sdummy[3], tdummy.tv_nsec);
90        }
91        timespec_get(&t[7], TIME_UTC);
```

但是，这种微不足道的观察并不是我们的目标，它只是作为我们想要使用代码进行测量的一个例子。清单 15.1 中的 `for` 循环包含较为复杂的进行统计信息收集的代码。目标是能够一步一步地断言，这种不断增长的复杂性是如何影响时间的。

timespec.c

```
struct timespec tdummy;
stats sdummy[4] = { 0 };
```

从第 70 行开始的循环只是累加这些值，因此我们可以确定它们的平均值。下一个循环（第 77 行）使用函数 `stats_collect1` 来保持一个运行平均值：也就是说，它实现了一个公式，通过修改之前的 $\delta(x_n,\mu_{n-1})$ 来计算一个新的平均值 μ_n，其中 x_n 是新的测量值，μ_{n-1} 是之前的平均值。另外两个循环（第 82 行和第 87 行）分别使用 `stats_collect2` 和 `stats_collect3` 函数，这两个函数分别对第二个和第三个矩使用类似的公式来计算方差和偏度。我们稍后将讨论这些函数。

但首先，让我们看一下用于代码检测的工具。

清单 15.2 使用 `timespec_diff` 和 `stats_collect2` 收集时间统计信息

```
102       for (unsigned i = 0; i < loops; i++) {
103         double diff = timespec_diff(&t[i+1], &t[i]);
104         stats_collect2(&statistic[i], diff);
105       }
```

我们使用 11.2 节中的 `timespec_diff` 来计算两个测量值之间的时间差，并使用 `stats_collect2` 来汇总统计信息。然后，将整个过程包装在另一个循环中（未展示），该循环重复该实验 10 次。在完成循环之后，我们对 `stats` 类型使用函数来打印结果。

清单 15.3 使用 `stats_mean` 和 `stats_rsdev_unbiased` 打印时间统计信息

```
109     for (unsigned i = 0; i < loops; i++) {
110       double mean = stats_mean(&statistic[i]);
111       double rsdev  = stats_rsdev_unbiased(&statistic[i]);
```

```
112      printf("loop %u: E(t) (sec):\t%5.2e ± %4.02f%%,\tloop body %5.2e\n",
113              i, mean, 100.0*rsdev, mean/iterations);
114    }
```

显然，stats_mean用来访问测量平均值。函数stats_rsdev_unbiased返回无偏相对标准差：即，无偏的标准差[⊖]，并且使用平均值进行标准化。

我笔记本电脑上的典型输出如下所示：

```
0    loop 0: E(t) (sec): 3.31e-02 ± 7.30%,  loop body 1.97e-09
1    loop 1: E(t) (sec): 6.15e-03 ± 12.42%, loop body 3.66e-10
2    loop 2: E(t) (sec): 5.78e-03 ± 10.71%, loop body 3.45e-10
3    loop 3: E(t) (sec): 2.98e-01 ± 0.85%,  loop body 1.77e-08
4    loop 4: E(t) (sec): 4.40e-01 ± 0.15%,  loop body 2.62e-08
5    loop 5: E(t) (sec): 4.86e-01 ± 0.17%,  loop body 2.90e-08
6    loop 6: E(t) (sec): 5.32e-01 ± 0.13%,  loop body 3.17e-08
```

这里，第0、1和2行对应于我们还没有讨论过的循环，第3到6行对应于我们已经讨论过的循环。它们的相对标准差小于1%，因此可以断言我们有一个很好的统计，右边的时间是对每次循环成本的很好的估值。例如，在我的2.1 GHz笔记本电脑上，这意味着执行循环3、4、5或6分别需要大约36、55、61和67个时钟周期。因此，替换由stats_collect1产生的总和的额外开销是19个周期，从这里到stats_collect2是6个周期，如果我们使用stats_collect3，则需要另外6个周期。

为了证明这是合理的，让我们看看stats类型：

```
1  typedef struct stats stats;
2  struct stats {
3    double moment[4];
4  };
```

这里我们为所有统计的矩保留一个double值。下面清单中的函数stats_collect显示了当收集了我们插入的新值时如何更新这些值。

清单 15.4　收集到第三个矩时的统计信息

```
120  /**
121   ** @brief Add value @a val to the statistic @a c.
122   **/
123  inline
124  void stats_collect(stats* c, double val, unsigned moments) {
125    double n  = stats_samples(c);
126    double n0 = n-1;
127    double n1 = n+1;
128    double delta0 = 1;
```

⊖ 这是对预期时间的标准差的真实估值，而不仅仅是对任意采样的标准差的估值。

```
129     double delta  = val - stats_mean(c);
130     double delta1 = delta/n1;
131     double delta2 = delta1*delta*n;
132     switch (moments) {
133     default:
134       c->moment[3] += (delta2*n0 - 3*c->moment[2])*delta1;
135     case 2:
136       c->moment[2] += delta2;
137     case 1:
138       c->moment[1] += delta1;
139     case 0:
140       c->moment[0] += delta0;
141     }
142   }
```

如前所述，我们看到这是逐步更新矩的一个相对简单的算法。与原生方法相比，该方法重要的特点是，我们通过使用与当前平均值估值的差值来避免数值的不精确性，并且可以在不存储所有采样的情况下做到这一点。Welford[1962] 首先使用了该方法来描述平均值和方差（第一个和第二个矩），然后推广到更高的矩，参见 Pébay [2008]。实际上，我们的 stats_collect1 等函数只是所选的矩数的实例。

stats.h

```
154  inline
155  void stats_collect2(stats* c, double val) {
156    stats_collect(c, val, 2);
157  }
```

stats_collect2 中的汇编程序清单显示，我们发现为这个函数使用 25 个周期似乎是合理的。它对应于一些算术指令、加载和存储[⊖]。

清单 15.5 stats_collect2(c) 的 GCC 汇编程序

```
vmovsd 8(%rdi), %xmm1
vmovsd (%rdi), %xmm2
vaddsd .LC2(%rip), %xmm2, %xmm3
vsubsd %xmm1, %xmm0, %xmm0
vmovsd %xmm3, (%rdi)
vdivsd %xmm3, %xmm0, %xmm4
vmulsd %xmm4, %xmm0, %xmm0
vaddsd %xmm4, %xmm1, %xmm1
vfmadd213sd 16(%rdi), %xmm2, %xmm0
vmovsd %xmm1, 8(%rdi)
vmovsd %xmm0, 16(%rdi)
```

⊖ 这个汇编器展示了我们还没有看到过的 x86_64 汇编器特性：浮点硬件寄存器和指令，以及 SSE 寄存器和指令。这里，内存位置（%rdi）、8（%rdi）和 16（%rdi）对应于 c->moment[i]，对于 i = 0,1,2，指令名减去 v 前缀，sd 后缀显示执行的操作，而 vfmadd213sd 是一个浮点乘加指令。

现在，使用示例测量，我们仍然犯了一个系统错误。我们把测量点放在了 **for** 循环之外。这样做，我们的测量也形成了与循环本身相对应的指令。清单 15.6 显示了我们在前面的讨论中跳过的三个循环。这些基本上是空的，目的是衡量这样一个循环所做出的贡献。

清单 15.6　使用 struct timespec 检测三个 for 循环

```
53      timespec_get(&t[0], TIME_UTC);
54      /* 使 i 不稳定确保循环有效。 */
55      for (uint64_t volatile i = 0; i < iterations; ++i) {
56        /* 什么都不做 */
57      }
58      timespec_get(&t[1], TIME_UTC);
59      /* s 必须是不稳定的，以确保循环有效。 */
60      for (uint64_t i = 0; i < iterations; ++i) {
61        s = i;
62      }
63      timespec_get(&t[2], TIME_UTC);
64      /* 不透明的计算确保循环有效。 */
65      for (uint64_t i = 1; accu0 < upper; i += 2) {
66        accu0 += i;
67      }
68      timespec_get(&t[3], TIME_UTC);
```

实际上，当我们试图使用非内部语句来检测 **for** 循环时，我们面临一个严重的问题：一个没有作用的空循环可以并且将在编译时被优化器去掉。在正常的生产条件下，这是一件好事，但是在这里，当我们想要检测的时候，会是件烦人的事。因此，我们展示了三个循环变体，它们不应该被优化掉。第一个将循环变量声明为 **volatile**，这样对变量的所有操作都必须由编译器发出。清单 15.7 和 15.8 显示了这个循环的 GCC 和 Clang 版本。我们看到，为了符合循环变量的 **volatile** 限定，两者都必须发出几个加载和存储指令。

清单 15.7　清单 15.6 中第一个循环的 GCC 版本

```
.L510:
        movq 24(%rsp), %rax
        addq $1, %rax
        movq %rax, 24(%rsp)
        movq 24(%rsp), %rax
        cmpq %rax, %r12
        ja .L510
```

清单 15.8　清单 15.6 中第一个循环的 Clang 版本

```
.LBB9_17:
        incq 24(%rsp)
        movq 24(%rsp), %rax
        cmpq %r14, %rax
        jb .LBB9_17
```

在下一个循环中，我们只将 **volatile** 存储为辅助变量 **s**，这样做会更经济一些。从清单 15.9 中我们可以看到，结果是汇编代码，看起来非常有效：它包括四个指令，一个加法，一个比较，一个跳转和一个存储。

清单 15.9 清单 15.6 中第二个循环的 GCC 版本

```
.L509:
        movq %rax, s(%rip)
        addq $1, %rax
        cmpq %rax, %r12
        jne .L509
```

为了更接近实际测量的循环，在下一个循环中，我们使用了一个技巧：执行索引计算和比较，其结果对编译器来说是不透明的。清单 15.10 展示了与前面类似的汇编代码，只是现在我们有了第二个加法，而不是存储操作。

清单 15.10 清单 15.6 中第三个循环的 GCC 版本

```
.L500:
        addq %rax, %rbx
        addq $2, %rax
        cmpq %rbx, %r13
        ja .L500
```

表 15.1 总结了我们在这里收集的结果，并说明了不同测量之间的差异。正如我们所期望的，我们看到使用 **volatile** 存储的循环 1 比使用 **volatile** 循环计数器的循环快 80%。因此，使用 **volatile** 循环计数器不是一个好主意，因为它会破坏测量。

表 15.1 测量的比较

循环		每次循环花费的时间（秒）	差异	收益 / 损失	不容置疑
0	volatile 循环	$1.97 \cdot 10^{-09}$			
1	volatile 存储	$3.66 \cdot 10^{-10}$	$-1.60 \cdot 10^{-09}$	-81%	是
2	不透明加法	$3.45 \cdot 10^{-10}$	$-2.10 \cdot 10^{-11}$	-6%	否
3	加上 timespec_get	$1.77 \cdot 10^{-08}$	$1.74 \cdot 10^{-08}$	+5043%	是
4	加上平均值	$2.62 \cdot 10^{-08}$	$8.5 \cdot 10^{-09}$	+48%	是
5	加上方差	$2.90 \cdot 10^{-08}$	$2.8 \cdot 10^{-09}$	+11%	是
6	加上偏度	$3.17 \cdot 10^{-08}$	$2.7 \cdot 10^{-09}$	+9%	是

另一方面，从循环 1 移动到循环 2 的影响不是很明显。我们看到的 6% 的收益比测试的标准差要小，所以我们甚至不能确定是否有收益。如果我们真的想知道是否有差异，我们就必须做更多的测试，希望标准差能缩小。

但是，我们的目标是评估所观察的时间影响，这些测量是非常有说服力的。**for** 循环的版本 1 和版本 2 的影响大约比调用 **timespec_get** 或 **stats_collect** 的影响小一到两个数量级。所以我们可以假设我们看到的循环 3 到循环 6 的值是对被测函数的预期时间的很好的估计。

在这些测量中有一个与平台相关的强大组件：使用 `timespec_get` 进行时间测量。事实上，我们从这次经历中了解到，在我的机器上[⊖]，时间测量和统计数据收集的成本在同一数量级上。对我个人来说，这是一个令人惊讶的发现：当我写本章的时候，我以为在测量时间上会花费很高。

我们还了解到，诸如标准差之类的简单统计数据很容易获得，并且有助于判断性能差异。

要点 15.21　收集高阶测量矩来计算方差和偏度是简单而廉价的。

因此，当你将来做出性能索求或看到别人做出这样的索求时，请确保至少已经解决了结果的可变性。

要点 15.22　运行时测量必须使用统计数据进行强化。

总结

- 性能不应该以正确性为代价。
- `inline` 是一个合适的工具，可以在合适的时候优化小的函数、纯函数。
- `restrict` 有助于处理函数参数的别名属性。必须小心使用它，因为它对函数的调用方施加了限制，该限制在编译时可能无法强制执行。
- 性能改进的索求必须伴随着彻底的测量和统计。

⊖ 一款普通的 Linux 笔记本电脑，装有截止到 2016 年的最新的系统和现代编译器。

Chapter 16 第 16 章

类似函数的宏

本章涵盖了：

- 检查参数
- 访问调用上下文
- 使用可变参数宏
- 泛类型编程

我们在 10.2.1 节中已经明确地遇到过类似函数的宏，也隐式地遇到过。C 标准库中的一些接口通常是通过使用它们来实现的，比如 `tgmath.h` 中的泛型接口。我们还看到，类似函数的宏很容易混淆我们的代码，并需要一组特定的限制性规则。要避免类似函数的宏所带来的诸多问题，最简单的策略是只在它们不可以被替代的地方使用它们，而在它们可以被替代的地方使用合适的（替代）方法。

要点 16.1 在可能的情况下，最好使用 **inline** 函数而不是函数宏。

也就是说，在已知类型的参数数量固定的情况下，我们应该以函数原型的形式提供适当的安全类型接口。假设我们有一个简单函数，它有一些不太好的地方：

```
unsigned count(void) {
  static counter = 0;
  ++counter;
  return counter;
}
```

现在考虑这个函数用宏来求一个值的平方：

```
#define square_macro(X) (X*X) // 坏：不要使用这个。
...
```

```
  unsigned a = count();
  unsigned b = square_macro(count());
```

这里，使用 count()*count() 代替 square_macro(count())，执行两次 count[练习1]：这可能不是一个天真的读者所期望的。

要获得与使用类似函数的宏相同的性能，在头文件中提供 **inline** 定义就足够了：

```
inline unsigned square_unsigned(unsigned x) {  // 好
  return x*x;
}
...
  unsigned c = count();
  unsigned d = square_unsigned(count());
```

这里，square_unsigned(count()) 只执行一次 count[练习2]。

但是在很多情况下，类似函数的宏可以比函数做更多的事情：

- 强制某些类型映射和参数检查。
- 跟踪执行。
- 提供具有可变参数个数的接口。
- 提供泛型接口。
- 为函数提供默认参数。

在本章中，我将尽量解释如何实现这些特性。我们还将讨论 C 中另外两个明显需要区分的特性：一个是 **_Generic**，因为它在宏中很有用，如果没有它们，使用起来将非常乏味。另一个是可变参数函数，因为现在它们大多已经被淘汰了，所以不会在新代码中使用。

对这一章有一个警告。宏编程会很难看，几乎不可读，所以你需要怀着耐心和美好的愿望来理解这里的一些代码。让我们举个例子：

```
#define MINSIZE(X, Y) (sizeof(X)<sizeof(Y) ? sizeof(X) :sizeof(Y))
```

右边的替换字符串非常复杂。它有四个 **sizeof** 求值，并由一些运算符组合在一起。但是使用这个宏并不难：它只是计算参数中的最小值。

要点 16.2 函数宏应该为复杂的任务提供简单的接口。

16.1 类似函数的宏如何工作

为了提供我们列出的特性，C 选择了一条与其他流行编程语言截然不同的路径：文本替换。正如我们所看到的，宏在编译的早期阶段（称为预处理）被替换。这种替换遵循 C 标准中规定的一组严格的规则，所有编译器（在同一平台上）都应该将任何源代码预处理为完

[练习1] 显示 b == a*a + 3*a + 2。

[练习2] 显示 d == c*c + 2*c + 1。

全相同的中间代码。

让我们在示例中添加以下内容：

```
#define BYTECOPY(T, S) memcpy(&(T), &(S), MINSIZE(T, S))
```

现在，对宏 **MINSIZE** 和 **BYTECOPY**，我们有两个宏定义。第一个有一个参数列表 **(X, Y)**，定义了两个参数 **X** 和 **Y**，并替换指向 **X** 和 **Y** 的文本。

```
(sizeof(X)<sizeof(Y) ? sizeof(X) : sizeof(X))
```

同样，**BYTECOPY** 也有两个参数 **T** 和 **S**，替换以 **memcpy** 开头的文本。

这些宏满足了我们对类似函数的宏的要求：它们只对每个参数求值一次[练习 3]，用 **()** 将所有参数括起来，并且没有诸如意外的控制流之类的隐藏效果。宏的参数必须是标识符。一个特殊的作用域规则限制这些标识符在替换文本中使用的合法性。

当编译器遇到函数型宏的名字后面跟着一个封闭的 **()** 时，例如，**BYTECOPY(A, B)**，编译器会认为这是一个宏调用，并根据以下规则进行文本替换：

1. 暂时禁用宏的定义，以避免无限递归。
2. 对 **()** 中的文本，即参数列表，进行扫描来查找括号和逗号。括号必须匹配。不包含在这样的 **()** 中的逗号用于将参数列表分隔为参数。对于我们在这里处理的情况，参数的个数必须与宏定义中的参数个数相匹配。
3. 对于可能出现在宏中的参数，它们都会递归扩展。在我们的示例中，**A** 可以是另一个宏，并扩展为一些变量名，如 **redA**。
4. 参数扩展产生的文本片段被分配给参数。
5. 将所生成的替换文本的副本，以及所有出现的参数都用它们各自的定义来替换。
6. 所生成的替换文本将再次进行宏替换。
7. 最后一个替换文本将插入到源代码中，而不是宏调用中。
8. 重新启用宏定义。

这个过程乍一看有点复杂，但实际上很容易实现，并提供了可靠的替换序列。它可以避免无限递归和复杂的局部变量赋值。在我们的例子中，**BYTECOPY(A, B)** 的扩展结果是：

```
memcpy(&(redA), &(B), (sizeof((redA))<sizeof((B))?sizeof((redA)):sizeof((B))
    ))
```

我们已经知道宏的标识符（类似或不类似函数）存在于它们自己的名字空间中。原因很简单：

要点 16.3 宏替换是在早期的转换阶段完成的，在对组成程序的令牌进行任何其他解释之前。

[练习 3] 为什么会这样？

因此，预处理阶段对关键字、类型、变量或后续翻译阶段的其他结构一无所知。

由于递归对于宏扩展是明确禁用的，所以甚至有些函数与类似函数的宏使用相同的标识符。例如，以下内容是合法的：

```
1 inline
2 char const* string_literal(char const str[static 1]){
3   return str;
4 }
5 #define string_literal(S) string_literal("" S "")
```

它定义了一个函数 `string_literal`，该函数接收一个字符数组作为参数，以及一个同名的宏，该宏使用奇怪的参数排列调用该函数，稍后我们将看到其原因。有一个专用的规则可以帮助处理宏和函数同名的情况。它类似于函数退化（要点 11.22）。

要点 16.4 （宏保留） 如果函数宏后面不跟着 `()`，它就不会扩展。

在前面的例子中，函数和宏的定义取决于它们出现的顺序。如果先给出宏定义，它会立即扩展，类似这样

```
1 inline
2 char const* string_literal("" char const str[static 1] ""){ // 错误
3   return str;
4 }
```

这是错误的。但是如果我们用括号将 `string_literal` 这个名称括起来，它就不会扩展，并且仍然是一个合法的定义。一个完整的例子如下：

```
1  // 头文件
2  #define string_literal(S) string_literal("" S "")
3  inline char const* (string_literal)(char const str[static 1]){
4    return str;
5  }
6  extern char const* (*func)(char const str[static 1]);
7  // 一个翻译单元
8  char const* (string_literal)(char const str[static 1]);
9  // 另一个翻译单元
10 char const* (*func)(char const str[static 1]) = string_literal;
```

也就是说，函数的内联定义和实例化声明都受到 `()` 的保护，并且不扩展函数宏。最后一行显示了该特性的另一种常见用法。这里 `string_literal` 后面没有 `()`，因此两个规则都适用。首先，宏保留会抑制宏扩展，然后函数退化（要点 11.22）会评估函数对指向该函数的指针的使用情况。

16.2 参数检查

如前所述，如果我们有固定数量的参数，其类型是由 C 的类型系统创建好的，那么我

们应该使用函数而不是类似函数的宏。不幸的是，C 的类型系统并没有涵盖我们想要区分的所有特殊情况。

一个有趣的情况是字符串字面量，我们想将其传递给可能有危险的函数，如 **printf**。正如我们在 5.6.1 节中所看到的，字符串字面量是只读的，但不是 **const** 限定的。而且，与前面的 `string_literal` 函数类似，带有 `[static 1]` 的接口不会被语言强制执行，因为其原型与没有 `[static 1]` 的原型是等价的。在 C 语言中，没有办法规定函数接口的参数 `str` 必须满足以下约束：

- 是字符指针。
- 必须是非空的。
- 必须是不可变的[⊖]。
- 必须是以 0 结尾的。

在编译时检查所有这些属性可能特别有用，但是我们无法在函数接口中指定它们。

宏 `string_literal` 填补了语言规范中的空白。在其扩展 `"" X ""` 中的奇怪的空字符串字面量确保 `string_literal` 只能用字符串字面量来调用：

```
1    string_literal("hello");  // "" "hello" ""
2    char word[25] = "hello";
3    ...
4    string_literal(word);     // "" word ""      // 错误
```

宏和函数 `string_literal` 就是这个策略的一个简单的例子。一个更有用的例子是：

macro_trace.h

```
12  /**
13   ** @brief A simple version of the macro that just does
14   ** a @c fprintf or nothing
15   **/
16  #if NDEBUG
17  # define TRACE_PRINT0(F, X) do { /* nothing */ } while (false)
18  #else
19  # define TRACE_PRINT0(F, X) fprintf(stderr, F, X)
20  #endif
```

可以在程序的调试构建环境中使用的宏，用于插入调试输出：

macro_trace.c

```
17    TRACE_PRINT0("my favorite variable: %g\n", sum);
```

⊖ **const** 只约束被调用的函数，而不是调用方。

这看起来是无害且有效的，但是它有一个缺陷：参数 **F** 可以是指向 **char** 的任何指针。特别是，它可以是位于可修改内存区域中的格式字符串。对字符串的错误或恶意修改可能会导致无效格式，从而使程序崩溃，或者可能泄露机密。在 16.5 节中，我们将更详细地了解为什么这对于 **fprintf** 这样的函数特别危险。

在示例的代码中，我们将一个简单的字符串字面量传递给 **fprintf**，这些问题应该不会发生。现代编译器能够跟踪传递给 **fprintf**（和类似函数）的参数，以检查格式说明符和其他参数是否匹配。

如果传递给 **fprintf** 的格式不是字符串文本，而是任何指向 **char** 的指针，那么这个检查就不起作用。为了避免这种情况，我们可以在这里强制使用字符串字面量：

macro_trace.h

```
22 /**
23  ** @brief A simple version of the macro that ensures that the @c
24  ** fprintf format is a string literal
25  **
26  ** As an extra, it also adds a newline to the printout, so
27  ** the user doesn't have to specify it each time.
28  **/
29 #if NDEBUG
30 # define TRACE_PRINT1(F, X) do { /* nothing */ } while (false)
31 #else
32 # define TRACE_PRINT1(F, X) fprintf(stderr, "" F "\n", X)
33 #endif
```

现在，**F** 必须接收一个字符串字面量，然后编译器就可以执行这项工作，并给我们发出警告说不匹配。

宏 TRACE_PRINT1 仍然有一个弱点。如果它与 **NDEBUG** 集一起使用，则参数会被忽略，因此不检查一致性。这可能会产生一个长期的影响，即不匹配在很长一段时间内都没有被发现，而且会在调试时突然出现。

因此，宏的下一个版本分两步定义。首先是使用类似的 **#if/#else** 方法来定义一个新的宏：TRACE_ON。

macro_trace.h

```
35 /**
36  ** @brief A macro that resolves to @c 0 or @c 1 according to @c
37  ** NDEBUG being set
38  **/
39 #ifdef NDEBUG
40 # define TRACE_ON 0
41 #else
42 # define TRACE_ON 1
43 #endif
```

与可以由程序员设置为任何值的**NDEBUG**宏不同，这个新宏可以确保保存 1 或 0。其次，**TRACE_PRINT2** 是用正式的 **if** 条件定义的：

macro_trace.h

```
45  /**
46   ** @brief A simple version of the macro that ensures that the @c
47   ** fprintf call is always evaluated
48   **/
49  #define TRACE_PRINT2(F, X)                                        \
50  do { if (TRACE_ON) fprintf(stderr, "" F "\n", X); } while (false)
```

当其参数为 0 时，任何现代编译器都应该能够优化对 **fprintf** 的调用。它不应该省略的是对参数 **F** 和 **X** 的检查。因此，无论我们是否在调试，宏的参数必须始终匹配，因为 **fprintf** 期望这样。

与前面使用的空字符串字面量 **""** 类似，还有一些其他技巧可以将宏参数强制为特定类型。其中一个技巧是添加适当的 **0:+0** 强制参数为任何算术类型（整型、浮点型或指针）。类似于 **+0.0F** 的设置提升为浮点类型。例如，如果我们想要一个更简单的变体，只打印一个值来进行调试，而不跟踪值的类型，这就足以满足我们的需要：

macro_trace.h

```
52  /**
53   ** @brief Traces a value without having to specify a format
54   **/
55  #define TRACE_VALUE0(HEAD, X) TRACE_PRINT2(HEAD " %Lg", (X)+0.0L)
```

它适用于任何整型或浮点型 **X**。**long double** 格式 **"%Lg"** 确保以合适的方式展示任何值。显然，**HEAD** 参数现在不能包含任何 **fprintf** 格式，但是编译器会告诉我们是否存在不匹配。

然后，复合字面量可以是一种方便的方法，用来检查参数 **X** 的值是否与类型 **T** 赋值兼容。请考虑以下首次尝试打印一个指针值：

macro_trace.h

```
57  /**
58   ** @brief Traces a pointer without having to specify a format
59   **
60   ** @warning Uses a cast of @a X to @c void*
61   **/
62  #define TRACE_PTR0(HEAD, X)  TRACE_PRINT2(HEAD " %p", (void*)(X))
```

它试图以 **"%p"** 格式打印一个指针值，该格式要求类型为 **void*** 的泛型指针。因此，该宏使用强制转换将 X 的值和类型转换为 **void***。与大多数类型转换一样，如果 X 不是指针，这里的类型转换也可能会出错：因为类型转换告诉编译器我们知道自己在做什么，所以所有类型检查实际上都被关闭了。

可以通过将 X 首先赋值给 **void*** 类型的对象来避免。赋值只允许一组受限制的隐式转换，这里指向对象类型的任何指针都可以转换为 **void***：

macro_trace.h

```
64  /**
65   ** @brief Traces a pointer without specifying a format
66   **/
67  #define TRACE_PTR1(HEAD, X)                              \
68  TRACE_PRINT2(HEAD " %p", ((void*){ 0 } = (X)))
```

诀窍是使用类似 **((T) {0} = (X))** 的方法来检查 X 是否与类型 T 兼容。这里，复合字面量 **((T){0}** 首先创建一个类型 T 的临时对象，然后我们将 X 分配给它。同样，现代优化编译器应该会优化掉临时对象的使用，只做类型检查。

16.3 访问调用上下文

由于宏只是文本的替换，它们可以与调用方的上下文进行更紧密的交互。一般来说，对于通常的功能，这是不可取的，我们最好在调用方的上下文（函数参数的求值）和被调用方的上下文（函数参数的使用）之间进行清晰的分离。

但是，在调试的上下文中，我们通常希望打破这种严格的分离，以便在代码中的特定点上观察部分状态。原则上，我们可以访问宏中的任何变量，但通常我们需要有关调用环境的一些更具体的信息：特定调试输出的起始位置的跟踪。

C 为此提供了几个结构。它有一个特殊的宏 **__LINE__**，它总是将源代码中的实际行号扩展为一个十进制整数常量：

macro_trace.h

```
70  /**
71   ** @brief Adds the current line number to the trace
72   **/
73  #define TRACE_PRINT3(F, X)                                        \
74  do {                                                              \
75    if (TRACE_ON)                                                   \
76      fprintf(stderr, "%lu: " F "\n", __LINE__+0UL, X);             \
77  } while (false)
```

同样，宏 **__DATE__**、**__TIME__** 和 **__FILE__** 包含编译的日期和时间以及当前 TU

名称的字符串字面量。另一个结构是局部 **static** 变量，**__func__** 它保存当前函数的名称：

macro_trace.h

```
79  /**
80   ** @brief Adds the name of the current function to the trace
81   **/
82  #define TRACE_PRINT4(F, X)                              \
83  do {                                                    \
84    if (TRACE_ON)                                         \
85     fprintf(stderr, "%s:%lu: " F "\n",                   \
86             __func__, __LINE__+0UL, X);                  \
87  } while (false)
```

如果以下调用：

macro_trace.c

```
24    TRACE_PRINT4("my favorite variable: %g", sum);
```

是在源文件的第 24 行，并且 **main** 是其紧密相关的函数，那么相应的输出如下：

```
0    main:24: my favorite variable: 889
```

如果我们像本例中那样自动使用 **fprintf**，那么我们应该记住的另一个陷阱是，它的列表中的所有参数都必须具有说明符中给定的正确类型。对于 **__func__** 来说，这没有问题：根据它的定义，我们知道这是一个 **char** 数组，因此可以使用 **"%s"** 说明符。**__LINE__** 是不同的。我们知道它是一个表示行号的十进制常量。因此，如果我们重新审视 5.3 节中十进制常量类型的规则，我们会发现类型取决于值。在嵌入式平台上，**INT_MAX** 可能只有 32767 那么小，而非常大的源代码（可能是自动生成的）可能有更多的行。当这种情况发生时，一个好的编译器应该警告我们。

要点 16.5 **__LINE__** 中的行号可能不适合 **int**。

要点 16.6 使用 **__LINE__** 本质上是危险的。

在宏中，我们通过将类型固定为 **unsigned long**[⊖]或在编译期间将数字转换为字符串来避免这个问题。

来自调用上下文的另一种类型的信息通常对跟踪非常有帮助：我们作为参数传递给宏的实际表达式。由于这通常用于调试目的，所以 C 有一个特殊的操作符：**#**。如果这样的 **#** 出现在展开的宏参数之前，则此参数的实际参数将被*字符串化*：也就是说，其所有文本内

⊖ 希望没有超过 40 亿行的源代码。

容将被放在字符串字面量中。跟踪宏的以下变体有一个 **#X**

macro_trace.h

```
91 /**
92  ** @brief Adds a textual version of the expression that is evaluated
93  **/
94 #define TRACE_PRINT5(F, X)                                          \
95 do {                                                                \
96  if (TRACE_ON)                                                      \
97   fprintf(stderr, "%s:" STRGY(__LINE__) ":(" #X "): " F "\n",       \
98          __func__, X);                                              \
99 } while (false)
```

它在每次调用宏时，都被第二个参数的文本替换。对于以下调用：

macro_trace.c

```
25    TRACE_PRINT5("my favorite variable: %g", sum);
26    TRACE_PRINT5("a good expression: %g", sum*argc);
```

对应的输出类似于：

```
0    main:25:(sum): my favorite variable: 889
1    main:26:(sum*argc): a good expression: 1778
```

因为预处理阶段对这些参数的解释一无所知，所以这个替换是纯文本的，应该出现在源代码中，并对空格进行一些可能的调整。

要点 16.7 带有操作符 # 的字符串化不会在其参数中展开宏。

考虑到前面提到的关于 **__LINE__** 的潜在问题，我们还希望将行号直接转换为字符串。这有双重的好处：它避免了类型问题，并且完全在编译时进行字符串化。正如我们所说的，# 操作符只适用于宏参数，所以像 **#__LINE__** 这样的简单用法并没有达到预期的效果。现在考虑以下宏观定义：

macro_trace.h

```
89 #define STRINGIFY(X) #X
```

字符串化在参数替换之前就开始了，并且 STRINGIFY(**__LINE__**) 的结果是 "**__LINE__**"，宏 **__LINE__** 没有展开。因此这个宏仍然不能满足我们的需要。

现在，STRGY(**__LINE__**) 首先扩展为 STRINGIFY(25)（如果我们在第 25 行）。然后扩展为 "25"，即字符串化的行号：

macro_trace.h

```
90 #define STRGY(X) STRINGIFY(X)
```

为了完整起见，我们还将提到另一个仅在预处理阶段有效的操作符：## 操作符。它的用途更为特殊：它是一个令牌连接操作符。它在编写整个宏库时非常有用，该宏库用来为类型或函数自动生成名称。

16.4 默认参数

C 库的某些函数的参数在大多数情况下都接收同样的无聊参数。这是 strtoul 和其相关函数的例子。记住，它们接受三个参数：

```
1 unsigned long int strtoul(char const nptr[restrict],
2                           char** restrict endptr,
3                           int base);
```

第一个是要转换为 unsigned long 字符串的字符串。endptr 将指向字符串中数字的末尾，base 是解释字符串为何种整数的基。有两个特殊的约定适用：如果 endptr 是空指针，并且如果 base 是 0，则字符串被解释为十六进制（以 "0x" 开头）、八进制（以 "0" 开头），否则为十进制。

大多数情况下，使用 strtoul 时不使用 endptr 特性，而是将符号基设置为 0，例如在类似的情况下

```
1 int main(int argc, char* argv[argc+1]) {
2   if (argc < 2) return EXIT_FAILURE;
3   size_t len = strtoul(argv[1], 0, 0);
4   ...
5 }
```

将程序的第一个命令行参数转换为长度值。为了避免这种重复，并让代码的读者专注于重要的事情，我们可以引入一个宏的中间级，这样，如果这些 0 参数被忽略了，它就会再进行提供：

generic.h

```
114
115 /**
116  ** @brief Calls a three-parameter function with default arguments
117  ** set to 0
118  **/
119 #define ZERO_DEFAULT3(...) ZERO_DEFAULT3_0(__VA_ARGS__, 0, 0, )
120 #define ZERO_DEFAULT3_0(FUNC, _0, _1, _2, ...) FUNC(_0, _1, _2)
```

```
121
122 #define strtoul(...) ZERO_DEFAULT3(strtoul, __VA_ARGS__)
123 #define strtoull(...) ZERO_DEFAULT3(strtoull, __VA_ARGS__)
124 #define strtol(...) ZERO_DEFAULT3(strtol, __VA_ARGS__)
```

这里，宏 **ZERO_DEFAULT3** 通过随后的添加和删除参数来工作。它应该接收一个函数名和至少一个要传递给该函数的参数。首先，向参数列表添加两个 0，然后，如果这导致三个以上的组合参数，则忽略多余的部分。因此，对于只有一个参数的调用，替换序列如下：

```
strtoul(argv[1])
//      ...
ZERO_DEFAULT3(strtoul, argv[1])
//            ...
ZERO_DEFAULT3_0(strtoul, argv[1], 0, 0, )
//              FUNC   , _0     ,_1,_2,...
strtoul(argv[1], 0, 0)
```

由于在宏展开中禁止递归的特殊规则，对 **strtoul** 的最终函数调用将不会进一步展开，而是被传递到下一个编译阶段。

如果我们用三个参数调用 **strtoul**

```
strtoul(argv[1], ptr, 10)
//      ...
ZERO_DEFAULT3(strtoul, argv[1], ptr, 10)
//            ...
ZERO_DEFAULT3_0(strtoul, argv[1], ptr, 10, 0, 0, )
//              FUNC   , _0     , _1 , _2, ...
strtoul(argv[1], ptr, 10)
```

替换序列实际上产生了与我们开始时使用的完全相同的令牌。

16.5　可变长度参数列表

我们已经了解了接受可变长度参数列表的函数：**printf**、**scanf** 和友元。它们的声明有令牌 **...** 在参数列表的末尾表示该特性：在已知参数的初始数量（例如 **printf** 的格式）之后，可以提供额外参数的任意长度的列表。稍后，在 16.5.2 节中，我们将简要讨论如何定义这些函数。因为类型不是安全的，所以这个特性是危险的，几乎是过时的，所以我们不会使用它。另外，我们还将提供一个类似的特性，*可变长参数宏*，它主要用于替换函数的特性。

16.5.1　可变长参数宏

可变长参数宏，使用相同的令牌 **...** 来表示特征。与函数一样，这个令牌必须出现在参数列表的末尾：

macro_trace.h

```
101  /**
102   ** @brief Allows multiple arguments to be printed in the
103   ** same trace
104   **/
105  #define TRACE_PRINT6(F, ...)                                \
106  do {                                                        \
107    if (TRACE_ON)                                             \
108      fprintf(stderr, "%s:" STRGY(__LINE__) ": " F "\n",      \
109              __func__, __VA_ARGS__);                         \
110  } while (false)
```

这里，在 **TRACE_PRINT6** 中，这表明在格式参数 **F** 之后，可以在调用中提供额外参数的任何非空列表。这个扩展参数列表可以通过标识符 **__VA_ARGS__** 在扩展中访问。因此，像这样的调用

macro_trace.c

```
27      TRACE_PRINT6("a collection: %g, %i", sum, argc);
```

只需将参数传递给 **fprintf** 并输出结果

```
0     main:27: a collection: 889, 2
```

不幸的是，正如上面所写的，在 **__VA_ARGS__** 中的列表不能为空或不存在。所以，对于我们目前所看到的，我们必须为列表不存在的情况编写一个单独的宏：

macro_trace.h

```
113   ** @brief Only traces with a text message; no values printed
114   **/
115  #define TRACE_PRINT7(...)                                    \
116  do {                                                         \
117   if (TRACE_ON)                                               \
118    fprintf(stderr, "%s:" STRGY(__LINE__) ": " __VA_ARGS__ "\n",\
119            __func__);                                         \
120  } while (false)
```

但是，通过付出更多的努力，这两个功能可以统一为一个宏：

macro_trace.h

```
138  ** @brief Traces with or without values
139  **
140  ** This implementation has the particularity of adding a format
141  ** @c "%.0d" to skip the last element of the list, which was
```

```
142  ** artificially added.
143  **/
144 #define TRACE_PRINT8(...)                          \
145 TRACE_PRINT6(TRACE_FIRST(__VA_ARGS__) "%.0d",      \
146              TRACE_LAST(__VA_ARGS__))
```

这里，TRACE_FIRST 和 TRACE_LAST 是宏，分别用于访问列表中的第一个和剩余的参数。两者都相对简单。它们使用辅助宏，使我们能够区分第一个参数 _0 和剩下的参数 __VA_ARGS__。由于我们希望能够用一个或多个参数进行调用，所以它们向列表中添加了一个新的参数 0。对于 TRACE_FIRST 来说，这没有问题。这个额外的 0 和其他参数一样被忽略：

macro_trace.h

```
122 /**
123  ** @brief Extracts the first argument from a list of arguments
124  **/
125 #define TRACE_FIRST(...) TRACE_FIRST0(__VA_ARGS__, 0)
126 #define TRACE_FIRST0(_0, ...) _0
```

对于 TRACE_LAST，这就有一点问题了，因为它通过增加一个额外的值扩展了我们感兴趣的列表：

macro_trace.h

```
128 /**
129  ** @brief Removes the first argument from a list of arguments
130  **
131  ** @remark This is only suitable in our context,
132  ** since this adds an artificial last argument.
133  **/
134 #define TRACE_LAST(...) TRACE_LAST0(__VA_ARGS__, 0)
135 #define TRACE_LAST0(_0, ...) __VA_ARGS__
```

因此，TRACE_PRINT6 使用一个额外的格式说明符对此进行了补偿，"%.0d"，它打印一个宽度为 0 的 int：也就是说，什么都不做。使用两个不同的用例来进行测试

macro_trace.c

```
29    TRACE_PRINT8("a collection: %g, %i", sum, argc);
30    TRACE_PRINT8("another string");
```

结果是我们想要的：

```
0    main:29: a collection: 889, 2
1    main:30: another string
```

参数列表中的 **__VA_ARGS__** 部分也可以像其他宏参数一样进行字符串化：

macro_trace.h

```
148 /**
149  ** @brief Traces by first giving a textual representation of the
150  ** arguments
151  **/
152 #define TRACE_PRINT9(F, ...)                                  \
153 TRACE_PRINT6("(" #__VA_ARGS__ ") " F, __VA_ARGS__)
```

插入了参数的文本表示：

macro_trace.c

```
31   TRACE_PRINT9("a collection: %g, %i", sum*acos(0), argc);
```

包括分隔它们的逗号：

```
0    main:31: (sum*acos(0), argc) a collection: 1396.44, 2
```

到目前为止，具有可变参数个数的跟踪宏的变体还必须接收格式参数 **F** 中的正确的格式说明符。这可能是一个单调乏味的练习，因为它迫使我们始终跟踪要打印的列表中每个参数的类型。**inline** 函数和宏的组合可以帮助我们解决这个问题。首先让我们看看函数：

macro_trace.h

```
166 /**
167  ** @brief A function to print a list of values
168  **
169  ** @remark Only call this through the macro ::TRACE_VALUES,
170  ** which will provide the necessary contextual information.
171  **/
172 inline
173 void trace_values(FILE* s,
174                   char const func[static 1],
175                   char const line[static 1],
176                   char const expr[static 1],
177                   char const head[static 1],
178                   size_t len, long double const arr[len]) {
179   fprintf(s, "%s:%s:(%s) %s %Lg", func, line,
180           trace_skip(expr), head, arr[0]);
181   for (size_t i = 1; i < len-1; ++i)
182     fprintf(s, ", %Lg", arr[i]);
183   fputc('\n', s);
184 }
```

它打印一个 long double 值的列表，在它们前面加上相同的标题信息，就像我们之前做的那样。只是这一次，函数通过已知长度 len 的 long double 型数组接收值列表。由于稍后将看到的原因，该函数实际上总是跳过数组的最后一个元素。使用 trace_skip 函数，它也跳过参数 expr 的初始部分。

将上下文信息传递给函数的宏分为两个级别。第一种是用不同的方式对参数列表进行修改：

macro_trace.h

```
204 /**
205  ** @brief Traces a list of arguments without having to specify
206  ** the type of each argument
207  **
208  ** @remark This constructs a temporary array with the arguments
209  ** all converted to @c long double. Thereby implicit conversion
210  ** to that type is always guaranteed.
211  **/
212 #define TRACE_VALUES(...)                          \
213 TRACE_VALUES0(ALEN(__VA_ARGS__),                   \
214               #__VA_ARGS__,                        \
215               __VA_ARGS__,                         \
216               0                                    \
217               )
```

首先，在 ALEN 的帮助下（我们稍后将看到它），它计算列表中元素的数量。然后它对列表进行字符串化，最后附加列表本身和一个额外的 0。所有这些都被输入到 TRACE_VALUES0：

macro_trace.h

```
219 #define TRACE_VALUES0(NARGS, EXPR, HEAD, ...)                        \
220 do {                                                                 \
221   if (TRACE_ON) {                                                    \
222     if (NARGS > 1)                                                   \
223       trace_values(stderr, __func__, STRGY(__LINE__),               \
224                    "" EXPR "", "" HEAD "", NARGS,                   \
225                    (long double const[NARGS]){ __VA_ARGS__ });      \
226     else                                                             \
227       fprintf(stderr, "%s:" STRGY(__LINE__) ": %s\n",               \
228               __func__, HEAD);                                       \
229   }                                                                  \
```

这里，没有 HEAD 的列表被用作 long double const[NARG] 类型的复合字面量的初始值设定。我们在前面添加的 0 确保初始值设定永远不会为空。对于参数列表长度的信息，如果唯一的参数只是格式字符串，我们还可以区分大小写。

我们还需要显示 ALEN：

macro_trace.h

```
186  /**
187   ** @brief Returns the number of arguments in the ... list
188   **
189   ** This version works for lists with up to 31 elements.
190   **
191   ** @remark An empty argument list is taken as one (empty) argument.
192   **/
193  #define ALEN(...) ALEN0(__VA_ARGS__,                          \
194    0x1E, 0x1F, 0x1D, 0x1C, 0x1B, 0x1A, 0x19, 0x18,             \
195    0x17, 0x16, 0x15, 0x14, 0x13, 0x12, 0x11, 0x10,             \
196    0x0E, 0x0F, 0x0D, 0x0C, 0x0B, 0x0A, 0x09, 0x08,             \
197    0x07, 0x06, 0x05, 0x04, 0x03, 0x02, 0x01, 0x00)
198
199  #define ALEN0(_00, _01, _02, _03, _04, _05, _06, _07,              \
200               _08, _09, _0A, _0B, _0C, _0D, _0F, _0E,              \
201               _10, _11, _12, _13, _14, _15, _16, _17,              \
202               _18, _19, _1A, _1B, _1C, _1D, _1F, _1E, ...) _1E
```

其想法是采用 **__VA_ARGS__** 列表并附加一个递减数字 31、30、**...**、0 的列表。然后，通过使用 **ALEN0**，返回新列表的第 31 个元素。根据原始列表的长度，此元素将是其中一个数字。实际上，很容易看到返回的数字与原始列表的长度完全相同，前提是它至少包含一个元素。在我们的用例中，始终至少有一个格式字符串，因此空列表的边界问题不会出现。

16.5.2 绕道：可变长参数函数

现在让我们简要地看一下可变长参数函数：具有可变长度参数列表的函数。如前所述，这是通过在函数声明中使用 **...** 操作符来说明的，例如在

```
int printf(char const format[static 1], ...);
```

这些函数在它们的接口定义中有一个基本问题。与普通函数不同，在调用端不清楚参数应该转换为哪种参数类型。例如，如果我们调用 **printf("%d", 0)**，编译器并不会立即知道被调用的函数所期望的是哪种类型的 0。对于这种情况，C 有一组规则来确定参数转换成的类型。这些规则几乎与算术规则相同：

要点 16.8 当传递给可变长参数时，所有算术类型都被转换为算术运算，**float** 参数除外，浮点参数被转换为 **double**。

因此，特别是当它们被传递给可变长参数时，**char** 和 **short** 等类型被转换为更宽的类型，通常是 **int**。

到目前为止，一切顺利：现在我们知道了如何调用这些函数。但不幸的是，这些规则没有告诉我们被调用的函数应该期望接收的类型。

要点 16.9 可变长参数函数必须接收可变长参数列表中每个参数类型的合法信息。

printf 函数通过在格式参数中强制指定类型来克服这个困难。让我们看看下面这个

简短的代码片段：

```
1    unsigned char zChar = 0;
2    printf("%hhu", zChar);
```

这导致 zChar 被计算、提升为 **int**，并作为参数传递给 **printf**，**printf** 随后读取这个 **int** 并将该值重新解释为 **unsigned char**。这种机制是：

- 复杂的：因为函数的实现必须为所有基本类型提供专门的代码。
- 容易出错：因为每个调用都依赖于参数类型被正确地传递给函数这一事实。
- 苛求的：因为程序员必须检查每个参数的类型。

特别是，后者可能会导致严重的可移植性错误，因为常量在不同平台之间可能具有不同的类型。例如，调用：

```
printf("%d: %s\n", 65536, "a small number"); // 不可移植
```

在大多数平台上都能很好地工作：那些 **int** 类型大于 16 位的平台。但是在某些平台上，它可能在运行时失败，因为 **65536** 很 **Long**。这种具有潜在失败的最糟糕的例子是宏 **NULL**：

```
printf("%p: %s\n", NULL, "print of NULL");   // 不可移植
```

正如我们在 11.1.5 节中看到的，**NULL** 只保证是一个空指针常量。编译器实现程序可以自由选择它们提供的变量：一些选择 **(void*)0**，类型为 **void***；大多数选择 **0**，类型为 **int**。在指针和 **int** 宽度不同的平台上，例如所有现代 64 位平台，结果都是程序崩溃[⊖]。

要点 16.10 除非每个参数都强制为特定类型，否则使用可变长参数函数是不可移植的。

这与我们在 TRACE_VALUES 示例中看到的可变长参数宏的使用有很大的不同。在这里，我们使用可变长参数列表作为数组的初始值设定，因此所有元素都自动转换为正确的目标类型。

要点 16.11 避免对新接口使用可变长参数函数。

他们不值得你为之痛苦。但如果必须实现可变长参数函数，则需要 C 库头文件 **stdarg.h**。它定义了一种类型 **va_list** 和四个类似函数的宏，可以用作 **va_list** 后面的不同参数。它们的伪接口如下所示：

```
1 void va_start(va_list ap, parmN);
2 void va_end(va_list ap);
3 type va_arg(va_list ap, type);
4 void va_copy(va_list dest, va_list src);
```

⊖ 这是我们不应该使用 **NULL** 的原因之一（要点 11.14）。

第一个示例展示了如何实际避免对可变长参数函数的核心部分进行编程。对于任何涉及格式化打印的内容，我们都应该使用以下现有的函数：

va_arg.c

```
20 FILE* iodebug = 0;
21
22 /**
23  ** @brief Prints to the debug stream @c iodebug
24  **/
25 #ifdef __GNUC__
26 __attribute__((format(printf, 1, 2)))
27 #endif
28 int printf_debug(const char *format, ...) {
29   int ret = 0;
30   if (iodebug) {
31     va_list va;
32     va_start(va, format);
33     ret = vfprintf(iodebug, format, va);
34     va_end(va);
35   }
36   return ret;
37 }
```

对于 **va_start** 和 **va_end**，我们所要做的唯一的事情是创建一个 **va_list** 参数列表，并将此信息传递给 C 库函数 **vfprintf**。这完全避免了我们进行案例分析和跟踪论证。条件 **__attribute__** 特定于编译器（这里针对 GCC 和友元）。在应用已知参数约定，以及编译器可以进行一些良好的诊断以确保参数合法性的情况下，这样的附加组件可能非常有用。

现在我们来看一个可变长参数函数，它接收 n 个 **double** 值，并将它们相加[练习 4]：

va_arg.c

```
 6 /**
 7  ** @brief A small, useless function to show how variadic
 8  ** functions work
 9  **/
10 double sumIt(size_t n, ...) {
11   double ret = 0.0;
12   va_list va;
13   va_start(va, n);
14   for (size_t i = 0; i < n; ++i)
15     ret += va_arg(va, double);
16   va_end(va);
17   return ret;
18 }
```

[练习 4] 只接收类型都相同的参数的可变长参数函数，其可以被可变长参数宏和接受数组的 **inline** 函数所替换。就这样做。

va_list 通过使用列表前的最后一个参数初始化。通过某些方法可以观察到，va_start 接收的是 va，而不是地址操作符 &。然后，在循环内，通过使用 va_arg 宏接收列表中的每个值，该宏需要一个显式的类型参数规范（这里是 double）。此外，我们必须自己维护列表的长度，这里通过将长度作为参数传递给函数。参数类型（这里是隐式的）的编码和列表末尾的检测由编写函数的程序员负责。

要点 16.12　va_arg 机制不允许访问 va_list 的长度。

要点 16.13　对于列表的长度，可变长参数函数需要一个特定的约定。

16.6　泛类型编程

C11 对 C 语言的真正补充之一是对泛类型编程的直接语言支持。C99 有 tgmath.h 用于泛型数学函数（请参阅 8.2 节），但是它没有为自己编写这样的接口提供太多东西。特定的附加组件是关键字 _Generic，它引入了以下形式的主要表达式：

```
1  _Generic(controlling expression,
2    type1: expression1,
3    ... ,
4    typeN: expressionN)
```

这与 switch 语句非常相似。但是控制表达式仅用于其类型（稍后将看到），结果是表达式 1... 表达式 N 其中之一，但这些表达式是通过相应的特定类型，类型 1... 类型 N 选择的。其中一个结果可能只是关键字 default。

最简单的用例之一，也是 C 委员会主要考虑的，是通过在函数指针之间提供选择来对泛型宏接口使用 _Generic。一个基本的示例是 tgmath.h 接口，例如 fabs。_Generic 本身不是宏特性，但是可以方便地用于宏扩展。通过忽略复杂的浮点类型，这种 fabs 的宏可能类似这样：

```
1  #define fabs(X)            \
2  _Generic((X),              \
3    float: fabsf,            \
4    long double: fabsl,      \
5    default: fabs)(X)
```

该宏区分了 float 和 long double 这两种特定类型，它们分别选择了相应的函数 fabsf 和 fabsl。如果参数 X 是任何其他类型，则将其映射到 fabs 的 default。也就是说，其他算术类型（如 double 和整数类型）被映射到 fabs[练习 5][练习 6]。

现在，一旦确定了结果函数指针，就将其应用到 _Generic 主表达式后面的参数列

[练习 5]　找出为什么在宏观扩展中出现的 fabs，其本身并没有扩展的两个原因。

[练习 6]　将 fabs 宏扩展以覆盖复杂的浮点类型。

表(X)。

下面是一个更完整的例子:

generic.h

```
 7  inline
 8  double min(double a, double b) {
 9    return a < b ? a : b;
10  }
11
12  inline
13  long double minl(long double a, long double b) {
14    return a < b ? a : b;
15  }
16
17  inline
18  float minf(float a, float b) {
19    return a < b ? a : b;
20  }
21
22  /**
23   ** @brief Type-generic minimum for floating-point values
24   **/
25  #define min(A, B)                                    \
26  _Generic((A)+(B),                                    \
27           float: minf,                                \
28           long double: minl,                          \
29           default: min)((A), (B))
```

它为最小的两个实数值实现了一个泛型接口。为三种浮点类型定义了三个不同的 **inline** 函数,然后以与 **fabs** 类似的方式使用它们。不同之处在于,这些函数需要两个参数,而不仅仅是一个,因此 **_Generic** 表达式必须对这两种类型的组合作出决定。这是通过将两个参数的和作为控制表达式来完成的。因此,参数的提升和转换将对进行加操作的参数产生影响,因此 **_Generic** 表达式将选择这两种类型中较宽的那个函数,如果两个参数都是整数,则选择 **double**。

对于 **long double** 只使用一个函数的不同之处在于,有关具体参数类型的信息不会丢失。

要点 16.14 **_Generic** 表达式的结果类型是所选择的表达式的类型。

这与所发生的情况相反,例如,对于三元运算符 **a?b:c**。这里,返回类型是通过组合两种类型 **b** 和 **c** 来计算出来的。对于三元操作符,必须这样做,因为每次运行时 **a** 可能不同,所以可以选择 **b** 或 **c**。由于 **_Generic** 根据类型做出选择,所以这个选择在编译时是固定的。因此,编译器可以提前知道选择的结果类型。

在我们的示例中,我们可以确保所有使用我们的接口生成的代码都不会使用超出程序员预期的更广泛的类型。特别是,我们的 **min** 宏应该总会使编译器为相关类型内联适当的代码[练习 7][练习 8]。

要点 16.15 使用带有 **inline** 函数的 **_Generic** 可以增加优化机会。

对控制表达式类型的解释有点模棱两可，因此 C17 与 C11 相比更清楚地说明了这一点。事实上，正如前面的例子所暗示的，这个类型是表达式的类型，就好像它被传递给函数一样。这尤其意味着：

- 如果有的话，类型限定符将从控制表达式的类型中删除。
- 数组类型转换为指向基类型的指针类型。
- 函数类型转换为指向函数的指针。

要点 16.16 **_Generic** 表达式中的类型表达式只能是非限定类型：没有数组类型，也没有函数类型。

这并不意味着类型表达式不能是指向以下其中之一的指针：指向限定类型的指针，指向数组的指针，或者是指向函数的指针。但是通常情况下，这些规则使编写泛型宏的任务更容易，因为我们不必考虑所有限定符的组合。有 3 个限定符（指针类型有 4 个），所有不同的组合将导致每个基类型有 8 个（甚至 16 个）不同的类型表达式。下面的例子 **MAXVAL** 已经写得比较长了：它对所有 15 个可排序类型都有一个专门的情况处理。如果必须对所有符合条件的类型进行跟踪，我们将不得不专门处理 120 种情况！

generic.h

```
31  /**
32   ** @brief The maximum value for the type of @a X
33   **/
34  #define MAXVAL(X)                                           \
35  _Generic((X),                                               \
36           bool: (bool)+1,                                    \
37           char: (char)+CHAR_MAX,                             \
38           signed char: (signed char)+SCHAR_MAX,              \
39           unsigned char: (unsigned char)+UCHAR_MAX,          \
40           signed short: (signed short)+SHRT_MAX,             \
41           unsigned short: (unsigned short)+USHRT_MAX,        \
42           signed: INT_MAX,                                   \
43           unsigned: UINT_MAX,                                \
44           signed long: LONG_MAX,                             \
45           unsigned long: ULONG_MAX,                          \
46           signed long long: LLONG_MAX,                       \
47           unsigned long long: ULLONG_MAX,                    \
48           float: FLT_MAX,                                    \
49           double: DBL_MAX,                                   \
50           long double: LDBL_MAX)
```

在这个例子中，**_Generic** 表达式的使用与前面的表达式不同，我们“只是”选择了

[练习 7] 将 min 宏扩展以覆盖所有宽整数类型。

[练习 8] 将 min 扩展使其也覆盖指针类型。

一个函数指针，然后调用该函数。这里的结果值是一个整数常量表达式。这是函数调用永远无法实现的，而且只使用宏来实现会非常乏味[练习 9]。同样，通过转换技巧，我们可以摆脱一些我们可能不感兴趣的情况：

generic.h

```
52  /**
53   ** @brief The maximum promoted value for @a XT, where XT
54   ** can be an expression or a type name
55   **
56   ** So this is the maximum value when fed to an arithmetic
57   ** operation such as @c +.
58   **
59   ** @remark Narrow types are promoted, usually to @c signed,
60   ** or maybe to @c unsigned on rare architectures.
61   **/
62  #define maxof(XT)                                    \
63  _Generic(0+(XT)+0,                                   \
64           signed: INT_MAX,                            \
65           unsigned: UINT_MAX,                         \
66           signed long: LONG_MAX,                      \
67           unsigned long: ULONG_MAX,                   \
68           signed long long: LLONG_MAX,                \
69           unsigned long long: ULLONG_MAX,             \
70           float: FLT_MAX,                             \
71           double: DBL_MAX,                            \
72           long double: LDBL_MAX)
```

这里，控制表达式的特殊形式添加了一个附加特性。如果标识符是变量或类型，表达式 `0+(identifier)+0` 是合法的。如果它是一个变量，则使用变量的类型，并且它的解释与任何其他表达式一样。然后对其进行整数提升，并推导出结果类型。

如果是类型，`(identifier)+0` 将作为 `+0` 到类型标识符的转换进行读取。从左侧添加 `0+` 仍然可以确保在必要时执行整数提升，因此，如果 `XT` 是类型 `T` 或类型 `T` 的表达式 `X`，则结果是相同的[练习 10][练习 11][练习 12]。

`_Generic` 表达式中的类型表达式的另一个要求是，在编译时的选择必须是明确的。

要点 16.17 `_Generic` 表达式中的类型表达式必须指向相互不兼容的类型。

要点 16.18 `_Generic` 表达式中的类型表达式不能是指向 VLA 的指针。

与函数 – 指针 – 调用变体不同的模型可能很方便，但它也有一些缺陷。让我们尝试使

[练习 9] 为最小值写一个类似的宏。

[练习 10] 编写一个宏 `PROMOTE(XT, A)`，将 `A` 的值作为类型 `XT` 返回。例如，`PROMOTE(1u, 3)` 将是 `3u`。

[练习 11] 编写一个宏 `SIGNEDNESS(XT)`，根据 `XT` 类型的符号返回 **`false`** 或 **`true`**。例如，`SIGNEDNESS(1l)` 将为 **`true`**。

[练习 12] 编写一个宏 `mix(a, B)` 来计算 `A` 和 `B` 的最大值。如果两者具有相同的符号，那么结果类型应为两者中较宽的那个类型。如果两者具有不同的符号，则返回类型应该是一个无符号类型，该类型适合这两种类型的所有正值。

用 **_Generic** 来实现 TRACE_FORMAT 和 TRACE_CONVERT 这两个宏，它们的使用如下：

macro_trace.h

```
278 /**
279  ** @brief Traces a value without having to specify a format
280  **
281  ** This variant works correctly with pointers.
282  **
283  ** The formats are tunable by changing the specifiers in
284  ** ::TRACE_FORMAT.
285  **/
286 #define TRACE_VALUE1(F, X)                                          \
287   do {                                                              \
288     if (TRACE_ON)                                                   \
289       fprintf(stderr,                                               \
290               TRACE_FORMAT("%s:" STRGY(__LINE__) ": " F, X),        \
291               __func__, TRACE_CONVERT(X));                          \
292   } while (false)
```

TRACE_FORMAT 很简单。我们区分了六种不同的情况：

macro_trace.h

```
232 /**
233  ** @brief Returns a format that is suitable for @c fprintf
234  **
235  ** @return The argument @a F must be a string literal,
236  ** so the return value will be.
237  **
238  **/
239 #define TRACE_FORMAT(F, X)                          \
240 _Generic((X)+0LL,                                   \
241          unsigned long long: "" F " %llu\n",        \
242          long long: "" F " %lld\n",                 \
243          float: "" F " %.8f\n",                     \
244          double: "" F " %.12f\n",                   \
245          long double: "" F " %.20Lf\n",             \
246          default: "" F " %p\n")
```

default 情况下，当没有匹配的算术类型时，则假设参数具有指针类型。在这种情况下，要成为 **fprintf** 的正确参数，指针必须转换为 **void***。我们的目标是通过 TRACE_CONVERT 实现这样的转换。

第一次尝试可能如下所示：

```
1 #define TRACE_CONVERT_WRONG(X)                \
2 _Generic((X)+0LL,                             \
3          unsigned long long: (X)+0LL,         \
4          ...                                 \
5          default: ((void*){ 0 } = (X)))
```

这使用与 `TRACE_PTR1` 相同的技巧将指针转换为 **void***。不幸的是，这个实现是错误的。

要点 16.19 _**Generic** 中的所有选择表达式 1 ... 表达式 N 必须是合法的。

例如，如果 X 是 **unsigned long long** 类型，比如 1LL，那么 **default** 情况将读取 **((void*){ 0 }=(1LL))** 哪一个将把一个非零整型赋值给一个指针，哪一个是错误的[⊖]。

我们分两步来解决这个问题。首先，我们有一个宏，它返回其参数，**default** 值，或字面量零：

macro_trace.h

```
248 /**
249  ** @brief Returns a value that forcibly can be interpreted as
250  ** pointer value
251  **
252  ** That is, any pointer will be returned as such, but other
253  ** arithmetic values will result in a @c 0.
254  **/
255 #define TRACE_POINTER(X)                              \
256 _Generic((X)+0LL,                                     \
257          unsigned long long: 0,                       \
258          long long: 0,                                \
259          float: 0,                                    \
260          double: 0,                                   \
261          long double: 0,                              \
262          default: (X))
```

这样做的好处是，对 `TRACE_POINTER(X)` 的调用始终可以分配给 **void***。要么 X 本身是一个指针，因此可以赋值给 **void***，要么它是另一种算术类型，宏调用的结果是 0。综合起来，`TRACE_CONVERT` 看起来如下所示：

macro_trace.h

```
264 /**
265  ** @brief Returns a value that is promoted either to a wide
266  ** integer, to a floating point, or to a @c void* if @a X is a
267  ** pointer
268  **/
269 #define TRACE_CONVERT(X)                                      \
270 _Generic((X)+0LL,                                             \
271          unsigned long long: (X)+0LL,                         \
272          long long: (X)+0LL,                                  \
273          float: (X)+0LL,                                      \
274          double: (X)+0LL,                                     \
275          long double: (X)+0LL,                                \
276          default: ((void*){ 0 } = TRACE_POINTER(X)))
```

[⊖] 请记住，从非零整数到指针的转换必须通过强制转换显式进行。

总结

- 类似函数的宏比内联函数更灵活。
- 它们可用于通过编译时参数检查来补充函数接口，并提供来自调用环境或默认参数的信息。
- 它们允许我们用变量参数列表实现类型安全特性。
- 与 `_Generic` 结合使用，它们可以用于实现泛型接口。

Chapter 17 第 17 章

控制流中的变化

本章涵盖了：

- ❏ 理解 C 语言中语句的正常顺序
- ❏ 在代码中进行短跳转和长跳转
- ❏ 函数控制流
- ❏ 处理信号

程序执行的控制流（参见图 2.1）描述了程序代码的各个语句是如何排序的：即，哪个语句在另一个语句之后执行。到目前为止，我们主要研究的是让我们从语法和控制表达式推导出控制流的代码。这样，每个函数都可以使用基本块的层次结构来描述。基本块是一个最大的语句序列，这样，一旦从第一个语句开始执行，它就会无条件地一直执行到最后一个语句，这样，序列中所有语句的执行都从第一个语句开始。

如果我们假设所有的条件语句和循环语句都使用 `{}` 块，那么在一个简化的视图中就是这样一个基本块

- ❏ 从 `{}` 块或 `case` 或跳转标签的开头开始。
- ❏ 在相应的 `{}` 块的末尾或在下一个如下情况的末尾。
  - 语句，它是 `case` 或跳转标签的目标
  - 条件或循环语句的主体
  - `return` 语句
  - `goto` 语句
  - 使用特殊控制流调用函数

注意，在这个定义中，一般的函数调用没有例外：这些调用被看作是临时暂停一个基

本块的执行，而不是结束它。在结束基本块的具有特殊控制流的函数中，有一些我们已经知道：用关键字 **_Noreturn** 标记的函数，比如 **exit** 和 **abort**。另一个这样的函数是 **setjmp**，它可能返回不止一次，如后面所讨论的。

仅由 **if/else**[⊖] 或 loop 语句拼接在一起的基本块组成的代码具有双重优势，便于我们阅读，并为编译器带来更好的优化机会。两者都可以直接推导出基本块中的变量和复合字面量的生命周期和访问模式，然后捕获它们是如何通过基本块的层次组合融合到其函数中的。

Nishizeki 等人 [1977] 很早就为 Pascal 程序提供了这种结构化方法的理论基础，并由 Thorup[1995] 将其扩展到 C 语言和其他命令式语言。它们证明了结构化程序（即没有 **goto** 或其他任意跳转结构的程序）有一个控制流，该控制流很好地匹配到一个树状结构中，该结构可以从程序的语法嵌套中推导出来。除非你必须换一种方式，否则你应该坚持使用这种编程模式。

然而，一些特殊情况需要采取特殊措施。通常，对程序控制流的改变可以源自：

- 条件语句：**if/else**, **switch/case**
- 循环语句：**do{}while()**, **while()**, **for()**
- 函数：函数调用、**return** 语句或 **_Noreturn** 规范
- 短跳转：**goto** 和标签
- 长跳转：**setjmp/longjmp**, getcontext/setcontext[⊜]
- 中断：信号和 **signal** 处理程序
- 线程：**thrd_create**, **thrd_exit**

控制流中的这些改变可能会混淆编译器对执行的抽象状态的认知。粗略地说，人类或机械读者所要追踪的知识的复杂性从上到下依次递增。到目前为止，我们只看到了前四个结构。这些对应于语言特性，这些特性由语法（如关键字）或操作符（如函数调用的“**()**”）决定。后三种是由 *C* 库接口引入的。它们提供了程序控制流的改变，这些改变可以跨越函数边界（**longjmp**），可以由程序外部的事件（中断）触发，甚至可以建立一个并发控制流，另一个执行线程。

当对象受到意外控制流的影响时，可能会出现各种困难：

- 对象可以在其生命周期之外使用。
- 对象可以在未初始化的情况下使用。
- 优化（**volatile**）可能会误解对象的值。
- 可以对对象进行部分修改（**sig_atomic_t**、**atomic_flag** 或具有无锁属性和宽松一致性的 **_Atomic**）。

⊖ **switch/case** 语句使视图稍微复杂了一些。

⊜ 在 POSIX 系统中定义的。

- ❑ 对对象的更新可能会被意外排序（所有 `_Atomic`）。
- ❑ 必须保证在关键部分（`mtx_t`）内的执行是独占的。

由于对构成程序状态的对象的访问变得复杂，C 提供了一些特性来帮助处理这些困难。在这个列表中，它们被标注在括号中，我们将在下面的章节中详细讨论它们。

17.1 一个复杂的例子

为了演示这些概念，我们将讨论一些核心示例代码：一个名为 `basic_blocks` 的递归降序解析器。下面的清单给出了核心函数 `descent`。

清单 17.1 代码缩进的递归降序解析器

```
60 static
61 char const* descend(char const* act,
62                     unsigned dp[restrict static 1], // 坏
63                     size_t len, char buffer[len],
64                     jmp_buf jmpTarget) {
65   if (dp[0]+3 > sizeof head) longjmp(jmpTarget, tooDeep);
66   ++dp[0];
67  NEW_LINE:                              // 在输出循环
68   while (!act || !act[0]) {             // 循环输入
69     if (interrupt) longjmp(jmpTarget, interrupted);
70     act = skipspace(fgets(buffer, len, stdin));
71     if (!act) {                         // 流结束
72       if (dp[0] != 1) longjmp(jmpTarget, plusL);
73       else goto ASCEND;
74     }
75   }
76   fputs(&head[sizeof head - (dp[0] + 2)], stdout); // 头
77
78   for (; act && act[0]; ++act) { // 行余
79     switch (act[0]) {
80     case LEFT:                    // 左括号下降
81       act = end_line(act+1, jmpTarget);
82       act = descend(act, dp, len, buffer, jmpTarget);
83       act = end_line(act+1, jmpTarget);
84       goto NEW_LINE;
85     case RIGHT:                   // 右括号返回
86       if (dp[0] == 1) longjmp(jmpTarget, plusR);
87       else goto ASCEND;
88     default:                      // 打印字符并继续
89       putchar(act[0]);
90     }
91   }
92   goto NEW_LINE;
93  ASCEND:
94   --dp[0];
95   return act;
96 }
```

这段代码有多种用途。首先，它显然展示了我们稍后将讨论的几个特性：递归、短跳转（**goto**）、长跳转（**longjmp**）和中断处理。

但至少同样重要的是，它可能是我们在本书中迄今为止处理过的最困难的代码，对于你们中的一些人来说，它甚至可能是你所见过的最复杂的代码。然而，它有 36 行代码，仍然可以放在一个屏幕上显示，这本身就证明了 C 代码可以非常紧凑和高效。你可能要花上几个小时才能理解，但请不要绝望。你可能还不知道，如果你已经通读了这本书，你就准备好了。

该函数实现了一个递归降序解析器，该解析器可以识别 **stdin** 上给出的文本中的 **{}** 结构，并根据 **{}** 的嵌套在输出时缩进该文本。更正式地说，这个函数是用 Backus-Nauer-form（BNF）[⊖]编写的，它检测以下递归定义的文本：

$$\textbf{program} := \text{some-text}_{\star}\,[\,\texttt{'\{'}\,\textit{program}\,\texttt{'\}'}\,\text{some-text}_{\star}]_{\star}$$

并通过改变行的结构和缩进，方便地打印这样的程序。

程序的操作说明是处理文本，特别是以一种特殊的方式缩进 C 代码或类似的代码。如果将清单 3.1 中的程序文本输入其中，我们就会看到以下输出：

```
0     > ./code/basic_blocks  < code/heron.c
1    | #include <stdlib.h>
2    | #include <stdio.h>
3    | /* lower and upper iteration limits centered around 1.0 */
4    | static double const eps1m01 = 1.0 - 0x1P-01;
5    | static double const eps1p01 = 1.0 + 0x1P-01;
6    | static double const eps1m24 = 1.0 - 0x1P-24;
7    | static double const eps1p24 = 1.0 + 0x1P-24;
8    | int main(int argc, char* argv[argc+1])
9    >| for (int i = 1; i < argc; ++i)
10   >>| // process args
11   >>| double const a = strtod(argv[i], 0);  // arg -> double
12   >>| double x = 1.0;
13   >>| for (;;)
14   >>>| // by powers of 2
15   >>>| double prod = a*x;
16   >>>| if (prod < eps1m01)        x *= 2.0;
17   >>>| else if   (eps1p01 < prod) x *= 0.5;
18   >>>| else break;
19   >>>|
```

⊖ 这是一种计算机可读语言的形式化描述。这里，程序被递归地定义为一个文本序列，后面可选择跟着在大括号内的另一个程序序列。

```
20    >>| for (;;)
21    >>>| // Heron approximation
22    >>>| double prod = a*x;
23    >>>| if ((prod < eps1m24) || (eps1p24 < prod))
24    >>>| x *= (2.0 - prod);
25    >>>| else break;
26    >>>|
27    >>| printf("heron: a=%.5e,\tx=%.5e,\ta*x=%.12f\n",
28    >>| a, x, a*x);
29    >>|
30    >| return EXIT_SUCCESS;
31    >|
```

因此 **`basic_blocks`**“吃掉”花括号 **`{}`**，用一系列 > 字符缩进代码：嵌套 **`{}`** 的每一层都添加一个 >。

对于这个函数如何实现这一点的高级视图，以及抽象出所有你还不知道的函数和变量，请查看从第 79 行开始的 **`switch`** 语句和包围它的 **`for`** 循环。它根据当前字符进行切换。区分了三种不同的情况。最简单的是 **`default`** 情况：打印一个普通字符，这个字符是高级的，然后开始下一次循环。

另外两种情况处理 `{` 和 `}` 字符。如果遇到左大括号，我们知道必须用一个以上的 > 缩进文本。因此，我们再次递归到同一个函数 **`descend`** 中，参见第 82 行。另一方面，如果遇到右大括号，则跳转到 **`ASCEND`** 并终止这个递归级。递归深度本身由变量 `dp[0]` 处理，该变量在进入时递增（第 66 行），在退出时递减（第 94 行）。

如果你是第一次尝试理解这个程序，那么剩下的就是噪音。这种噪声有助于处理异常情况，如行尾或多余的左括号或右括号。稍后我们将更详细地了解所有这一切是如何工作的。

17.2 排序

在我们了解程序的控制流如何以意想不到的方式改变的细节之前，我们必须更好地理解 C 语句的正常顺序保证了什么和没有保证什么。我们在 4.5 节中看到，对 C 表达式的求值并不一定遵循字典顺序。例如，函数参数的求值可以以任何顺序进行。构成参数的不同表达式甚至可以由编译器决定进行交叉使用，或者取决于执行时的可用资源。我们说函数参数表达式是*无顺序的*。

只建立宽松的求值规则有几个原因。一个是允许轻松实现优化编译器。与其他编程语言相比，编译代码的效率一直是 C 语言的强项。

但另一个原因是，当 C 没有令人信服的数学或技术基础时，它们不会添加任意的限制。

从数学上讲，a+b 中的两个操作数 a 和 b 是可以自由交换的。强加一个求值顺序将会打破这个规则，并且关于 C 程序的争论将会变得更加复杂。

在没有线程的情况下，C 语言的大部分形式都是使用*顺序点*完成的。这些是程序语法规范中强制执行顺序的点。但是我们稍后还会看到另外的规则，它们强制在不包含顺序点的特定表达式的求值之间进行排序。

在更高的层次上，C 程序可以看作是相继到达的一系列顺序点，这些顺序点之间的代码可以以任何顺序执行，可以交叉执行，也可以遵循某些其他的顺序约束。在最简单的情况下，例如，当两个语句之间用 ; 分隔时，顺序点之前的语句在顺序点之后的语句之前进行排序。

但是，即使存在顺序点，也可能不会在两个表达式之间强加一个特定的顺序：它只会强制有*某些*顺序。要了解这一点，请考虑以下*定义良好*的代码：

sequence_point.c

```
3  unsigned add(unsigned* x, unsigned const* y) {
4    return *x += *y;
5  }
6  int main(void) {
7    unsigned a = 3;
8    unsigned b = 5;
9    printf("a = %u, b = %u\n", add(&a, &b), add(&b, &a));
10 }
```

在 4.5 节中，请记住 printf 的两个参数可以以任何顺序进行求值，我们稍后将看到的顺序点规则将告诉我们，函数调用会添加强制顺序点。因此，对于这个代码，我们有两种可能的结果。要么第一个 add 先执行，完全执行，然后是第二个 add，要么反过来。对于第一种可能性，我们有：

- 将 a 变为 8，并返回该值。
- 将 b 变为 13，并返回该值。

此执行的结果是

```
0      a = 8, b = 13
```

对于第二种情况，我们有：

- 将 b 变为 8，并返回该值。
- 将 a 变为 11，并返回该值。

结果是

```
0      a = 11, b = 8
```

也就是说，虽然定义了这个程序的行为，但是它的结果并不完全由 C 标准决定。C 标准应用于这种情况的特定术语是，这两个调用没有明确的顺序。这不仅仅是一个理论上的讨论。GCC 和 Clang 这两个常用的开源 C 编译器在这个简单的代码上也有所不同。让我再强调一遍：所有这些都是定义的行为。不要指望编译器会警告你这些问题。

要点 17.1 函数中的副作用可能导致不确定的结果。

下面是根据 C 的语法定义的所有顺序点的列表：

- 语句的结尾，要么带有分号（`;`），要么带有右大括号（`}`）。
- 表达式结束于逗号运算符（`,`）之前[㊀]。
- 声明的结尾，要么带有分号（`;`），要么带有逗号（`,`）[㊁]。
- `if`、`switch`、`for`、`while`、条件求值（`?:`）、短路求值（`||` 和 `&&`）等控制表达式的结束。
- 在对函数指示符（通常是函数名）和函数调用的函数参数求值之后[㊂]，但在实际调用之前。
- `return` 语句结尾。

除了顺序点隐含的排序限制之外，还有其他的排序限制。前两个或多或少是显而易见的，但仍应说明：

要点 17.2 任何运算符的特定操作都是在对其所有操作数求值后排序的。

要点 17.3 使用任何赋值、递增或递减运算符对对象进行更新的效果是在对其操作数求值之后排序的。

对于函数调用，还有一个另外的规则，即函数的执行总是在任何其他表达式之前完成。

要点 17.4 函数调用是根据调用端的所有评估进行排序的。

正如我们所看到的，这可能是不确定的排序，但仍然是排序的。另一个不确定排序的表示方式源自初始值设定。

要点 17.5 数组或结构类型的初始化列表表达式的排序是不确定的。

最后，还为 C 库定义了一些顺序点：

- 在 IO 函数的格式说明符的操作之后。
- 在任何 C 库函数返回之前[㊃]。
- 调用用于搜索和排序的比较函数之前和之后。

后两种方法对 C 库函数施加的规则与普通函数相似。这是必需的，因为 C 库本身不一定在 C 中实现。

㊀ 注意：分隔函数参数的逗号不在此类别中。

㊁ 这也适用于结束枚举常量声明的逗号。

㊂ 这将函数指示符视为与函数参数处于同一级别。

㊃ 注意，作为宏实现的库函数可能没有定义顺序点。

17.3　短跳转

我们已经看到了一个中断C程序的公共控制流的特性：**goto**。正如你在14.5节中所希望记住的，这是通过两个结构来实现的：标签标记代码中的位置，以及跳转到同一函数中这些标记位置的**goto**语句。

我们还看到，这种跳转对本地对象的生命周期和可见性有着复杂的影响。特别是，在循环内定义的对象和通过**goto**所重复的一组语句内定义的对象的生命周期是有差异的[⊖]。考虑以下两个代码段：

```
1   size_t* ip = 0
2   while(something)
3     ip = &(size_t){ fun() };          /* 生命以while结束 */
4                                        /* 好：释放资源 */
5   printf("i is %d", *ip)              /* 坏：对象已死 */
```

与

```
1   size_t* ip = 0
2   RETRY:
3     ip = &(size_t){ fun() };          /* 生命继续 */
4   if (condition) goto RETRY;
5                                        /* 坏：资源阻塞 */
6   printf("i is %d", *ip)              /* 好：对象还活着 */
```

两者都使用复合字面量在循环中定义本地对象。该复合字面量的地址被分配给一个指针，因此对象在循环之外仍然可以访问，例如，可以在**printf**语句中使用。

看起来它们在语义上是等价的，但实际上并非如此。首先，与复合字面量相对应的对象只存在于**while**语句的作用域内。

要点17.6　*每次循环都定义一个本地对象的新的实例。*

因此，对***ip**表达式中的对象的访问是无效的。在本例中省略**printf**时，**while**循环的优点是复合字面量占用的资源可以被重用。

对于第二个示例，则没有这样的限制：复合字面量定义的作用域是周围整个块。所以对象一直起作用，直到离开那个块（要点13.22）。这并不一定是好事：对象占用了可以重新分配的资源。

在不需要**printf**语句（或类似的访问）的情况下，第一段代码段更清晰，并且有更好的优化机会。因此，在大多数情况下，它是首选的。

要点17.7　**goto** *应该只用于控制流中的异常变化。*

这里，异常通常意味着我们遇到了需要局部清理的过渡的错误情况，如14.5节所示。但它也可能意味着特定的算法情况，如清单17.1所示。

⊖　参见ISO 9899：2011 6.5.2.5（第16页）。

这里，两个标签 **NEW_LINE** 和 **ASCEND** 以及两个宏（**LEFT** 和 **RIGHT**）反映了解析的实际状态。当要打印新行时，**NEW_LINE** 是一个跳转目标，如果遇到了 } 或流结束，则使用 **ASCEND**。如果检测到左大括号或右大括号，则 **LEFT** 和 **RIGHT** 用于 **case** 标签。

这里使用 **goto** 和标签的原因是，这两种状态在函数中的两个不同位置以及不同的嵌套级上都可以检测到。此外，标签的名称反映了它们的用途，因而提供了关于结构的额外信息。

17.4 函数

函数 **descend** 比扭在一起的局部跳变结构更复杂：它也是递归的。正如我们所看到的，C 可以非常简单地处理递归函数。

要点 17.8 每个函数调用都定义一个本地对象的新的实例。

通常情况下，对同一个函数的不同递归调用是不会相互影响的。每个调用都有自己的程序状态副本。

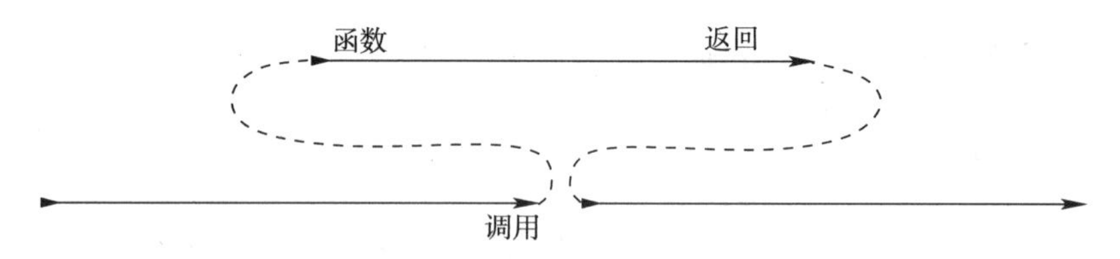

图 17.1 函数调用的控制流：调用后返回跳转到下一条指令

但在这里，由于指针，这一原则被削弱了。**buffer** 和 **dp** 点的数据被修改了。对于 **buffer** 来说，这可能是不可避免的：它将包含我们正在读取的数据。但是 **dp** 可以（也应该）被一个简单的 **unsigned** 参数所替换[练习 1]。我们的实现只将 **dp** 作为指针，因为我们希望能够在出现错误时跟踪嵌套的深度。因此，如果我们把还没有进行解释的 **longjmp** 调用抽象出来，那么使用这样的指针是不好的。程序的状态更难跟踪，而且我们也错过了优化的机会[练习 2]。

在我们的特定示例中，由于 **dp** 是 **restrict** 定的，没有传递给 longjump 调用（稍后讨论），并且它只在开始时递增，在结束时递减，因此 dp[0] 会在函数返回之前恢复到其原始值。所以，从外面看，**descend** 似乎根本就没有改变那个值。

如果在调用端可以看到 **descend** 的函数代码，那么一个好的优化编译器可以推断出 dp[0] 没有在调用过程中发生变化。如果 **longjmp** 没有特殊的意义，这将是一个很好的优化机会。稍后我们将看到 **longjmp** 的存在是如何使这种优化失效并导致一个小的 bug 的。

[练习 1] 修改 descend，使其接收一个 unsigned depth，而不是一个指针。

[练习 2] 将初始版本的汇编程序输出与没有 dp 指针的版本进行比较。

17.5 长跳转

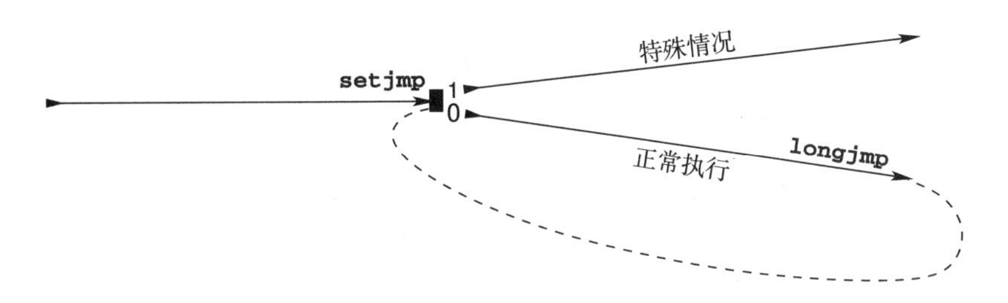

图 17.2 带有 setjmp 和 longjmp 的控制流：longjmp 跳转到 setjmp 标记的位置

我们的函数 **descend** 也可能遇到无法修复的异常情况。我们使用枚举类型来命名它们。这里，如果无法写入 **stdout**，就会走到 **eofOut**，**interrupted** 指的是正在运行的程序接收到的异步信号。我们稍后将讨论这个概念：

basic_blocks.c

```
32 /**
33  ** @brief Exceptional states of the parse algorithm
34  **/
35 enum state {
36   execution = 0,      // 正常执行
37   plusL,              // 左括号太多
38   plusR,              // 右括号太多
39   tooDeep,            // 嵌套太深无法处理
40   eofOut,             // 输出结束
41   interrupted,        // 被信号中断
42 };
```

我们使用函数 **longjmp** 来处理这些情况，将相应的调用直接放在代码中我们认为达到这种条件的地方：

- **tooDeep** 在函数开始时很容易被识别。
- 当我们不是在第一个递归级遇到输入流的末尾时，就可以检测到 **plusL**。
- 当我们在第一个递归级遇到 **}** 时，就会出现 **plusR**。
- 如果对 **stdout** 的写入返回一个文件结束（**EOF**），就会走到 **eofOut**。
- 在从 **stdin** 读取每个新行之前，都会检查 **interrupted**。

因为 **stdout** 是行缓冲的，所以我们只在写入 **'\n'** 字符时检查 **eofOut**。这发生在短函数 **end_line** 内：

basic_blocks.c

```
48 char const* end_line(char const* s, jmp_buf jmpTarget) {
49   if (putchar('\n') == EOF) longjmp(jmpTarget, eofOut);
```

```
50    return skipspace(s);
51  }
```

函数 longjmp 附带一个宏 setjmp，用于建立一个跳转目标，longjmp 的调用可能会指向这个跳转目标。头文件 setjmp.h 提供了以下原型：

```
_Noreturn void longjmp(jmp_buf target, int condition);
int setjmp(jmp_buf target);    // 通常是一个宏，而不是一个函数。
```

函数 longjmp 还具有 _Noreturn 属性，因此我们确信，一旦检测到某个异常情况，对当前 descend 调用的执行将永远不会继续。

要点 17.9 longjmp 永远不会返回到调用端。

这对于优化器来说是宝贵的信息。在 descend 中，longjmp 在五个不同的地方被调用，编译器可以大大简化对分支的分析。例如，在 !act 测试之后，可以假设 act 在进入 for 循环时是非空的。

普通的语法标签只在声明它们的函数内是有效的 goto 目标。与此相反，jmp_buf 是一个不透明的对象，可以在任何地方声明，只要它是活动的并且它的内容是有效的，就可以使用它。在 descend 中，我们只使用一个 jmp_buf 类型的跳转目标，我们将其声明为一个局部变量。这个跳转目标是在基本函数 basic_blocks 中设置的，该函数作为一个 descend 接口，请参见清单 17.2。这个函数主要由一个处理所有不同情况的大 switch 语句组成。

清单 17.2 递归 descent 解析器的用户接口

```
100 void basic_blocks(void) {
101   char buffer[maxline];
102   unsigned depth = 0;
103   char const* format =
104     "All %0.0d%c %c blocks have been closed correctly\n";
105   jmp_buf jmpTarget;
106   switch (setjmp(jmpTarget)) {
107   case 0:
108     descend(0, &depth, maxline, buffer, jmpTarget);
109     break;
110   case plusL:
111     format =
112       "Warning: %d %c %c blocks have not been closed properly\n";
113     break;
114   case plusR:
115     format =
116       "Error: closing too many (%d) %c %c blocks\n";
117     break;
118   case tooDeep:
119     format =
120       "Error: nesting (%d) of %c %c blocks is too deep\n";
121     break;
122   case eofOut:
```

```
123         format =
124           "Error: EOF for stdout at nesting (%d) of %c %c blocks\n";
125         break;
126       case interrupted:
127         format =
128           "Interrupted at level %d of %c %c block nesting\n";
129         break;
130       default:;
131         format =
132           "Error: unknown error within (%d) %c %c blocks\n";
133       }
134       fflush(stdout);
135       fprintf(stderr, format, depth, LEFT, RIGHT);
136       if (interrupt) {
137         SH_PRINT(stderr, interrupt,
138                  "is somebody trying to kill us?");
139         raise(interrupt);
140       }
141     }
```

当我们通过正常的控制流到达这里时，会走 **switch** 的 0 分支。这是 **setjmp** 的基本原则之一。

要点 17.10 当通过正常的控制流到达时，对 **setjmp** 的调用将调用位置标记为跳转目标并返回 0。

正如我们所说，当我们调用 **longjmp** 时，jmpTarget 必须处于活动状态，并且是有效的。对于 **auto** 变量，不能脱离变量声明的作用域，否则它将失效。为了有效，当我们调用 **longjmp** 时，**setjmp** 的所有上下文必须仍然处于活动状态。这里，我们通过将 jmpTarget 声明放在与对 **setjmp** 的调用相同的作用域内来避免复杂性。

要点 17.11 离开调用 **setjmp** 的作用域将使跳转目标无效。

一旦我们进入 **case** 0 并调用 **descend**，我们可能会在一个异常情况中结束，并调用 **longjmp** 来终止解析算法。这将控制权传递回在 jmpTarget 中标记的调用位置，就像我们刚刚从对 **setjmp** 的调用返回一样。唯一可见的区别是，现在返回值是我们作为第二个参数传递给 **longjmp** 的 condition。例如，如果在递归调用 **descend** 和调用 **longjmp**(jmpTarget, **tooDeep**) 的开始时遇到了 **tooDeep** 条件，那么我们将跳转回 **switch** 的控制表达式，并接收 **tooDeep** 的返回值。然后在相应的 **case** 标签处继续执行。

要点 17.12 对 **longjmp** 的调用直接将控制转移到 **setjmp** 设置的位置，就好像该位置返回了条件参数一样。

但是要注意，我们已经采取了预防措施，使其不可能作弊，并在第二次时重回正轨。

要点 17.13 0 作为 **longjmp** 的 condition 参数被替换为 1。

setjmp/longjmp 机制非常强大，可以避免函数调用返回的整个级联。在我们的示例中，如果我们允许输入程序的最大嵌套深度为 30，也就是说，当有 30 个活动对 **descend**

的递归调用时，就会检测到 **tooDeep** 条件。一个常规的错误返回策略将 **return** 到每一个调用，并在每一级上做一些工作。对 **longjmp** 的调用允许我们缩短所有这些返回，并直接在 **basic_blocks** 的 **switch** 中执行。

由于允许 **setjmp/longjmp** 做出一些简化的假设，因所以这种机制的效率出奇的高。根据处理器体系结构的不同，它通常不需要超过 10 到 20 条汇编指令。库实现所遵循的策略通常非常简单：**setjmp** 将基本的硬件寄存器（包括堆栈和指令指针）保存在 **jmp_buf** 对象中，而 **longjmp** 从那里恢复它们，并将控制权传递回存储的指令指针[⊖]。

setjmp 所做的简化之一是关于它的返回。它的规范说它返回一个 **int** 值，但是这个值不能在任意的表达式中使用。

要点 17.14 **setjmp** 只能用于控制条件表达式中的简单比较。

因此，它可以直接在 **switch** 语句中使用，就像在我们的示例中一样，可以用来测试 ==、< 等，但是 **setjmp** 的返回值不能用于赋值。这就保证了 **setjmp** 值只能与一组已知的值进行比较，当从 **longjmp** 返回时，环境中的变化可能只是一个控制条件效果的特殊的硬件寄存器。

如前所述，通过 **setjmp** 调用对执行环境的保存和恢复是最小的。只需要保存和恢复最少的一组硬件寄存器。没有采取任何预防措施来实现本地优化，甚至没有考虑到调用位置可能会被第二次访问。

要点 17.15 优化与 **setjmp** 的调用之间的交互很差。

如果你执行并测试示例中的代码，你将看到在我们简单地使用 **setjmp** 时实际上存在一个问题。如果我们通过给一部分程序提供缺失了的 } 来触发 **plusL** 条件，我们会期望诊断读取到如下内容

```
0    Warning: 3 { } blocks have not been closed properly
```

取决于编译的优化级别，你很可能会看到一个 0 而不是 3，这与输入程序无关。这是因为优化器是根据 **switch** 的 case 之间是互斥的这个假设进行分析的。它只期望在执行通过 **case** 0 而调用 **descent** 时，depth 值会发生变化。通过检查 **descent**（参见 17.4 节），我们知道 depth 的值总是在返回之前恢复到其原始值，所以编译器可能会假设这个值不会通过这个代码路径改变。然后，其他的 case 都不会改变 depth，因此编译器可以假设 **fprintf** 调用的 depth 始终为 0。

因此，对于在 **setjmp** 的正常代码路径中更改并在某个异常路径中引用的对象，优化无法做出正确的假设。只有一种方法可以解决这个问题。

要点 17.16 跨 **longjmp** 修改的对象必须是 **volatile**。

在语法上，限定符 **volatile** 与我们遇到的其他限定符 **const** 和 **restrict** 类似。

⊖ 关于这方面的词汇，你可能需要阅读或重新阅读 13.5 节。

如果我们用 **volatile** 限定符声明 depth

```
unsigned volatile depth = 0;
```

并对 **descend** 的原型进行相应的修改，对该对象的所有访问都将使用存储在内存中的值。试图对其值进行假设的优化被阻塞。

要点 17.17 *每次访问 **volatile** 对象时，都会从内存中重新加载它们。*

要点 17.18 ***volatile** 对象在每次被修改时都会存储到内存中。*

所以 **volatile** 对象不受优化的影响，或者，如果我们反着看这个问题，它们会抑制优化。因此，你应该只在真正需要对象是 **volatile** 时才使用它们[练习 3]。

最后，请注意 **jmp_buf** 类型的一些微妙之处。请记住，它是一种不透明类型：你永远不要对它的结构或它的各个字段做任何的假设。

要点 17.19 ***jmp_buf** 的 **typedef** 隐藏了数组类型。*

因为它是一个不透明的类型，所以我们不知道基类型，比如数组的 jmp_buf_base 类型。因此：

- 不能为类型为 **jmp_buf** 的对象赋值。
- **jmp_buf** 函数参数被重写为指向 jmp_buf_base 的指针。
- 这样的函数总是指向原始对象而不是副本。

在某种程度上，这模拟了一种引用传递机制，其他编程语言（如 C++）都具有这种机制的显式语法。通常，使用这种技巧并不是一个好主意：**jmp_buf** 变量的语义依赖于其局部声明或作为函数参数。例如，在 **basic_blocks** 中，该变量是不可赋值的，而在 **descend** 中，类似的函数参数是可修改的，因为它被重写为指针。另外，我们也不能使用现代 C 中更为具体的声明作为适当的函数参数，例如：

```
jmp_buf_base jmpTarget[restrict const static 1]
```

来强调指针不应该在函数内部被改变，它不能为 0，并且对于函数来说，对它的访问是独一无二的。迄今为止，我们不会像这样来设计这种类型，你也不应该为了定义自己的类型而试图复制这个技巧。

17.6 信号处理程序

正如我们所看到的，**setjmp/longjmp** 可用于处理我们在代码执行过程中检测到的异常情况。信号处理程序是一种工具，它可以处理不同情况下出现的异常情况：这些异常情况是由程序外部的某个事件触发的。从技术上讲，这种外部事件有两种类型：硬件中断（也

[练习 3] 如果遇到 **plusL** 条件，将 depth 作为值传递的 **descend** 版本可能无法正确传播 depth。确保它将该值复制到一个对象，该对象可由 **basic_blocks** 中的 **fprintf** 调用来使用。

称为陷阱或同步信号）和软件中断（或异步信号）。

第一种情况发生在处理设备遇到无法处理的严重故障时：例如，除以 0、寻址不存在的内存库，或者在操作宽整数类型的指令中使用错位的地址。这样的事件与程序的执行是同步的。它是由故障指令直接引起的，因此总是可以知道中断是在哪个特定的指令上引发的。

当操作或运行时系统决定我们的程序应该终止时，第二种情况就会出现，因为超过了某个截止日期、用户发出了终止请求，或者一切即将结束。这样的事件是异步的，因为它可能处于多级指令的中间，使执行环境处于中间状态。

大多数现代处理器都有一个处理硬件中断的内置功能：中断向量表。这个表是根据平台所知道的不同硬件故障进行索引的。它的每条内容是指向过程、中断处理程序的指针，在特定的故障发生时执行。因此，如果处理器检测到这样的故障，执行将自动从用户代码中切换出去，并执行中断处理程序。这种机制是不可移植的，因为故障的名称和位置在不同的平台上是不同的。处理这个问题很麻烦，因为要编写一个简单的应用程序，我们必须为所有的中断提供所有的处理程序。

C 的信号处理程序为我们提供了一个抽象概念，以一种可移植的方式处理硬件和软件两种类型的中断。它们的工作原理与我们描述的硬件中断类似，但是

- ❑（一些）故障的名称是标准化的。
- ❑ 所有的故障都有一个默认的处理程序（主要是由实现定义的）。
- ❑ 并且（大多数）处理程序可以是专用的。

在这个列表的每一项中，都有一些额外的保留，因为仔细观察就会发现，C 语言的信号处理程序接口是很初级的，所有平台都有自己的扩展和特殊规则。

要点 17.20 C 的信号处理接口是极小的，应该只用于基本情况。

处理信号的控制流如图 17.3 所示。正常的控制流在应用程序无法预见的地方被中断，一个信号处理函数启动并执行一些任务，然后控制在与中断发生时完全相同的位置和状态处恢复。

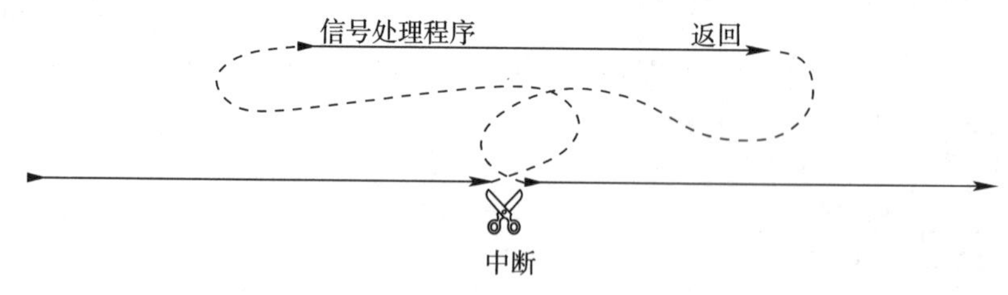

图 17.3 中断返回后的控制流跳转到中断发生的位置

接口在头文件 `signal.h` 中定义。C 标准区分六个不同的值，称为信号编码。下面是给出的准确定义。其中三个值通常是由硬件中断引起的[⊖]：

⊖ 被标准称为计算异常。

SIGFPE 一种错误的算术运算，如除零或导致溢出的运算
SIGILL 检测无效的函数镜像，例如无效的指令
SIGSEGV 对存储器的非法访问

其他三个通常由软件或用户触发：

SIGABRT 异常终止，如由 **abort** 函数发起的
SIGINT 接收交互关注信号
SIGTERM 发送给程序的终止请求

一个特定的平台将有其他的信号编码，标准为此目的保留所有以 **SIG** 开头的标识符。它们的使用在 C 标准中还未定义，但这样做并没有什么不好。未定义在这里的真正含义是：如果你使用它，它必须由 C 标准之外的其他权威定义，例如你的平台提供商。因此，代码的可移植性会降低。

有两种处理信号的标准配置，它们都由符号常量表示。**SIG_DFL** 为特定的信号恢复平台的默认处理程序，**SIG_IGN** 指示该信号将被忽略。然后，程序员可以编写自己的信号处理程序。我们的解析器的处理程序看起来非常简单：

basic_blocks.c

```
143 /**
144  ** @brief A minimal signal handler
145  **
146  ** After updating the signal count, for most signals this
147  ** simply stores the signal value in "interrupt" and returns.
148  **/
149 static void signal_handler(int sig) {
150   sh_count(sig);
151   switch (sig) {
152   case SIGTERM: quick_exit(EXIT_FAILURE);
153   case SIGABRT: _Exit(EXIT_FAILURE);
154 #ifdef SIGCONT
155     // 继续正常运行
156   case SIGCONT: return;
157 #endif
158   default:
159     /* 将处理重置为默认值 */
160     signal(sig, SIG_DFL);
161     interrupt = sig;
162     return;
163   }
164 }
```

如你所见，这样的信号处理程序接收信号编码 **sig** 作为参数，并根据该编码进行切换。

这里我们提供了信号编码 SIGTERM 和 SIGABRT。所有其他信号都是通过将该编码的处理程序重置为其默认值来处理的，将编码存储在全局变量 interrupt 中，然后返回到中断发生的那个点。

信号处理程序的类型必须与以下类型兼容[⊖]：

sighandler.h

```
71  /**
72   ** @brief Prototype of signal handlers
73   **/
74  typedef void sh_handler(int);
```

也就是说，它接收一个信号编码作为参数，但不返回任何内容。因此，这个接口是相当有限的，不允许我们传递足够多的信息，特别是没有关于信号发生的位置和环境的信息。

信号处理程序是通过调用 **signal** 来建立的，正如我们在函数 **signal_handler** 中看到的那样。这里，它只是用来将信号配置重置为默认值。**signal** 是由 signal.h 提供的两个函数接口之一。

```
sh_handler* signal(int, sh_handler*);
int raise(int);
```

signal 的返回值是先前为该信号激活的处理程序，或者是发生错误时的特殊值 **SIG_ERR**。在信号处理程序中，**signal** 只能用于更改调用所接收到的同一信号编码的配置。下面的函数具有与 **signal** 相同的接口，但是提供了更多关于调用成功的信息：

sighandler.c

```
92  /**
93   ** @ brief Enables a signal handler and catches the errors
94   **/
95  sh_handler* sh_enable(int sig, sh_handler* hnd) {
96    sh_handler* ret = signal(sig, hnd);
97    if (ret == SIG_ERR) {
98      SH_PRINT(stderr, sig, "failed");
99      errno = 0;
100   } else if (ret == SIG_IGN) {
101     SH_PRINT(stderr, sig, "previously ignored");
102   } else if (ret && ret != SIG_DFL) {
103     SH_PRINT(stderr, sig, "previously set otherwise");
104   } else {
105       SH_PRINT(stderr, sig, "ok");
106   }
107   return ret;
108 }
```

⊖ 但是，标准中没有定义这样的类型。

我们的解析器的 **main** 函数在循环中使用它来为所有的信号编码建立信号处理程序：

basic_blocks.c

```
187   // 建立信号处理程序
188   for (unsigned i = 1; i < sh_known; ++i)
189     sh_enable(i, signal_handler);
```

例如，在我的机器上，在程序启动时提供了以下信息：

```
0   sighandler.c:105: #1 (0 times),      unknown signal number, ok
1   sighandler.c:105: SIGINT (0 times),  interactive attention signal, ok
2   sighandler.c:105: SIGQUIT (0 times), keyboard quit, ok
3   sighandler.c:105: SIGILL (0 times),  invalid instruction, ok
4   sighandler.c:105: #5 (0 times),      unknown signal number, ok
5   sighandler.c:105: SIGABRT (0 times), abnormal termination, ok
6   sighandler.c:105: SIGBUS (0 times),  bad address, ok
7   sighandler.c:105: SIGFPE (0 times),  erroneous arithmetic operation, ok
8   sighandler.c:98: SIGKILL (0 times),  kill signal, failed: Invalid argument
9   sighandler.c:105: #10 (0 times),     unknown signal number, ok
10  sighandler.c:105: SIGSEGV (0 times), invalid access to storage, ok
11  sighandler.c:105: #12 (0 times),     unknown signal number, ok
12  sighandler.c:105: #13 (0 times),     unknown signal number, ok
13  sighandler.c:105: #14 (0 times),     unknown signal number, ok
14  sighandler.c:105: SIGTERM (0 times), termination request, ok
15  sighandler.c:105: #16 (0 times),     unknown signal number, ok
16  sighandler.c:105: #17 (0 times),     unknown signal number, ok
17  sighandler.c:105: SIGCONT (0 times), continue if stopped, ok
18  sighandler.c:98: SIGSTOP (0 times),  stop process, failed: Invalid argument
```

第二个函数 **raise** 可用于将指定的信号传递给当前的执行程序。我们已经在 **basic_blocks** 的末尾使用它来将我们捕获的信号传递给预安装的处理程序。

信号的机制类似于 **setjmp/longjmp**：存储当前的执行状态，将控制流传递给信号处理程序，然后从那里返回，恢复初始的执行环境并继续执行。不同之处在于，不存在通过调用 **setjmp** 来标记的特殊的执行点。

要点 17.21 *信号处理程序可以在任何执行点启动。*

在我们的例子中，有趣的信号编码是软件中断 **SIGABRT**、**SIGTERM** 和 **SIGINT**，它们通常可以通过诸如 Ctrl-C 等按键发送到应用程序。前两个分别调用 **_Exit** 和 **quick_exit**。因此，如果程序接收到这些信号，执行将被终止：第一，不调用任何清理处理程序而终止；第二，通过遍历 **at_quick_exit** 注册的清理处理程序列表而终止。

SIGINT 将选择信号处理程序的 **default** 情况，因此它最终将返回到中断发生的点。

要点 17.22 *从信号处理程序返回后，执行就在中断的位置恢复。*

如果这个中断发生在函数 **descend** 中，它首先会继续执行，就像什么都没有发生一样。只有当当前输入行被处理并且需要一个新的输入行时，才会检查变量 **interrupt**，并通过调用 **longjmp** 结束执行。实际上，在中断之前和之后的唯一区别是变量 **interrupt** 的值变了。

我们还对一个信号编码 SIGCONT 进行了特殊处理，它不是由 C 标准描述的，而是在我的操作系统 POSIX 上描述的。为了保持可移植性，这个信号编码的使用受到保护。此信号意味着继续执行先前已停止的程序：也就是说，这个程序的执行已经被暂停。在这种情况下，唯一要做的就是返回。根据定义，我们不希望对程序状态进行任何修改。

因此，与 **setjmp/longjmp** 机制的另一个区别是，**setjmp** 的返回值改变了执行路径。另一方面，信号处理程序不应该改变执行状态。我们必须发明一种合适的约定来将信息从信号处理程序传递到普通程序。对于 **longjmp**，有可能被信号处理程序更改的对象必须是 **volatile** 限定的：编译器无法知道中断处理程序可能启动的位置，因此它对通过信号处理而改变的变量的所有假设都可能是错误的。

但是信号处理程序面临另外一个困难：

要点 17.23 一个 C 语句可能对应多个处理器指令。

例如，**double** 型 **x** 可以存储在两个普通的机器单词中，而将 **x** 写入（赋值）到内存可能需要两个单独的汇编语句来分别写入一半。

当考虑到我们已经讨论过的正常程序执行时，将一个 C 语句拆分成几个机器语句是没有问题的。这些细微之处是无法直接观察到的[⊖]。有了信号，情况就发生了改变。如果这样的赋值被一个发生的信号从中间分开，那么只会写入 **x** 的一半，信号处理程序将看到它的不一致的版本。一半对应之前的值，另一半对应新值。这样的僵尸表示（这里一半，那里一半）甚至可能不是 **double** 的有效值。

要点 17.24 信号处理程序需要具有不可中断操作的类型。

这里，术语*不可中断操作*指的是在信号处理程序的上下文中看起来总是*不可分割的*操作：要么它看起来没有启动，要么它看起来已经完成。这并不意味着它是不可分割的，只是我们无法观察到这样的分割。当信号处理程序启动时，运行时系统可能必须强制执行该属性。

C 有三种不同的类型，它们提供不可中断的操作：

1. 类型 **sig_atomic_t**，一个最小宽度为 8 位的整型
2. 类型 **atomic_flag**
3. 具有无锁属性的所有其他原子类型

第一个出现在所有历史 C 平台上。它用来存储一个信号编码，就像我们的例子中的变量 **interrupt** 一样，这是可以的，但是在其他方面，它的保障是非常有限的。已知只有

⊖ 它们只能从程序外部观察到，因为这样的程序可能会比预期花费更多的时间。

内存加载（求值）和存储（分配）操作是不可中断的。其他操作不是，而且广度可能非常有限。

要点 17.25 类型为 **sig_atomic_t** 的对象不应该用作计数器。

这是因为一个简单的 ++ 操作可以有效地分为三个部分（加载、增量和存储），而且它很容易溢出。后者可能会触发一个硬件中断，如果我们已经在一个信号处理程序中，这是非常糟糕的。

后两类只是由 C11 为了线程的发展而引入的（参见第 18 章），并且只有在平台没有定义特性测试宏 **__STDC_NO_ATOMICS__**，而且包含了头文件 **stdatomic.h** 的情况下才出现的。函数 **sh_count** 使用了这些特性，稍后我们将看到一个示例。

因为异步信号的信号处理程序不应该以非受控的方式访问或更改程序状态，所以它们不能调用其他会这样做的函数。可以在这种上下文中使用的函数称为异步信号安全函数。通常，从接口规范中很难知道一个函数是否具有此属性，而 C 标准只保证少数函数具有此属性：

- 终止程序的 **_Noreturn** 函数 **abort**、**_Exit** 和 **quick_exit**。
- 与调用信号处理程序的信号编号相同的 **signal**。
- 一些作用于原子对象的函数（稍后讨论）。

要点 17.26 除非另有说明，否则 C 库函数不是异步信号安全的函数。

因此，根据 C 标准本身，信号处理程序不能调用 **exit** 或执行任何形式的 IO，但它可以使用 **quick_exit** 和 **at_quick_exit** 处理程序来执行一些清理代码。

如前所述，C 语言的信号处理程序的规范很少，而且通常特定的平台允许更多的规范。因此，使用信号进行可移植编程是单调乏味的，异常情况通常应该以级联的方式处理，如我们在示例中看到的：

1. 可以在本地检测和处理的异常情况可以通过对有限数量的标签使用 **goto** 来处理。
2. 在可能的情况下，不需要或不能在本地处理的异常情况应作为函数的一个特殊值返回，例如返回一个空指针而不是一个指向对象的指针。
3. 如果异常返回代价昂贵或很复杂，则可以使用 **setjmp/longjmp** 处理更改全局程序状态的异常情况。
4. 导致引发信号的异常情况可由信号处理程序捕获，但是应该在正常执行流中的处理程序返回之后处理。

因为甚至 C 标准指定的信号列表也是很小的，所以处理各种可能的情况就变得很复杂。下面展示了我们如何处理一组超出了 C 标准规定的信号编码：

sighandler.c

```
7  #define SH_PAIR(X, D) [X] = { .name = #X, .desc = "" D "", }
8
```

```
 9  /**
10   ** @brief Array that holds names and descriptions of the
11   ** standard C signals
12   **
13   ** Conditionally, we also add some commonly used signals.
14   **/
15  sh_pair const sh_pairs[] = {
16    /* Execution errors */
17    SH_PAIR(SIGFPE, "erroneous arithmetic operation"),
18    SH_PAIR(SIGILL, "invalid instruction"),
19    SH_PAIR(SIGSEGV, "invalid access to storage"),
20  #ifdef SIGBUS
21    SH_PAIR(SIGBUS, "bad address"),
22  #endif
23    /* Job control */
24    SH_PAIR(SIGABRT, "abnormal termination"),
25    SH_PAIR(SIGINT, "interactive attention signal"),
26    SH_PAIR(SIGTERM, "termination request"),
27  #ifdef SIGKILL
28    SH_PAIR(SIGKILL, "kill signal"),
29  #endif
30  #ifdef SIGQUIT
31    SH_PAIR(SIGQUIT, "keyboard quit"),
32  #endif
33  #ifdef SIGSTOP
34    SH_PAIR(SIGSTOP, "stop process"),
35  #endif
36  #ifdef SIGCONT
37    SH_PAIR(SIGCONT, "continue if stopped"),
38  #endif
39  #ifdef SIGINFO
40    SH_PAIR(SIGINFO, "status information request"),
41  #endif
42  };
```

这里，宏只是初始化一个类型为 `sh_pair` 的对象：

sighandler.h

```
10  /**
11   ** @brief A pair of strings to hold signal information
12   **/
13  typedef struct sh_pair sh_pair;
14  struct sh_pair {
15    char const* name;
16    char const* desc;
17  };
```

使用 `#ifdef` 条件确保可以使用非标准的信号名称，并且 `SH_PAIR` 中指定的初始值设定允许我们以任何顺序指定它们。然后数组的大小可以用来计算 `sh_known` 的已知信号编号的个数：

sighandler.c

```
44  size_t const sh_known = (sizeof sh_pairs/sizeof sh_pairs[0]);
```

如果平台对原子有足够的支持，这个信息也可以用来定义一个原子计数器数组，这样我们就可以跟踪特定信号发出的次数：

sighandler.h

```
31  #if ATOMIC_LONG_LOCK_FREE > 1
32  /**
33   ** @brief Keep track of the number of calls into a
34   **  signal handler for each possible signal.
35   **
36   ** Don't use this array directly.
37   **
38   ** @see sh_count to update this information.
39   ** @see SH_PRINT to use that information.
40   **/
41  extern _Atomic(unsigned long) sh_counts[];
42
43  /**
44   ** @brief Use this in your signal handler to keep track of the
45   ** number of calls to the signal @a sig.
46   **
47   ** @see sh_counted to use that information.
48   **/
49  inline
50  void sh_count(int sig) {
51    if (sig < sh_known) ++sh_counts[sig];
52  }
53
54  inline
55  unsigned long sh_counted(int sig){
56    return (sig < sh_known) ? sh_counts[sig] : 0;
57  }
```

使用 `_Atomic` 指定的对象可以与具有相同基类型的其他对象（这里是 ++ 操作符）使用相同的操作符。通常，这样的对象可以保证避免与其他线程竞争的情况（稍后讨论），并且如果类型具有无锁属性，它们是不可中断的。这里使用特性测试宏 **ATOMIC_LONG_LOCK_FREE** 测试后者。

这里的用户接口是 **sh_count** 和 **sh_counted**。如果可用，它们使用计数器数组，否则将被一些简单的函数所替代：

sighandler.h

```
59  #else
60  inline
```

```
61 void sh_count(int sig) {
62   // 空
63 }
64
65 inline
66 unsigned long sh_counted(int sig){
67   return 0;
68 }
69 #endif
```

总结

- C 代码的执行并不总是线性顺序的，即使没有并行线程或异步信号。因此，一些计算结果可能依赖于编译器的排序选择。
- **setjmp/longjmp** 是处理一系列嵌套函数调用中的异常情况的强大工具。它们可能与优化交互，并要求使用 **volatile** 限定来保护某些变量。
- C 语言处理同步和异步信号的接口还很初级。因此，信号处理程序应该做尽可能少的工作，只需在全局标志中标记中断条件的类型。然后它们应该切换回中断的上下文，并在那里处理中断条件。
- 信息只能通过使用 **volatile sig_atomic_t**、**atomic_flag** 或其他无锁原子数据类型在信号处理程序之间传递。

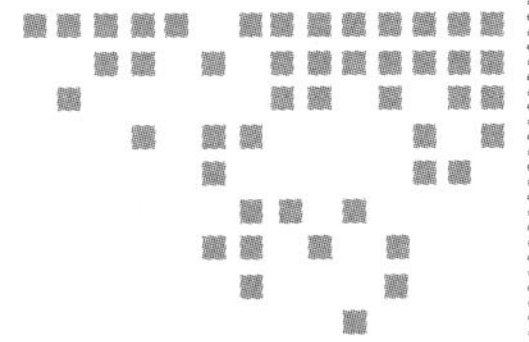

第18章 Chapter 18 线程

本章涵盖了：

- 线程间控制
- 初始化和销毁线程
- 使用线程本地数据
- 临界数据和临界区
- 通过条件变量进行通信

线程是控制流的另一种变体，它允许我们并发地执行多个任务。这里，任务是程序所执行的工作的一部分，这样不同的任务可以在彼此之间没有或很少交互的情况下完成。

我们主要的例子是一个叫作 B9 的早期游戏，它是康威生命游戏的一个变体（参见 Gardner[1970]）。它为早期的“细胞”矩阵建模，这些细胞的出生、存活和死亡都遵循非常简单的规则。我们将游戏分成四项不同的任务，每项任务都是循环进行的。细胞经历计算所有细胞的出生或死亡事件的生命周期。终端中的图形表示将经历绘图周期，并在终端允许的情况下以最快的速度更新。它们之间的间隔是用户不规则的按键，允许用户在选定的位置添加细胞。图 18.1 显示了 B9 的这些任务的示意图。

这四项任务是：

- Draw（绘制）：将细胞矩阵图绘制到终端，见图 18.2。
- Input（输入）：捕获击键，更新光标位置，并创建细胞。
- Update（更新）：将游戏的状态从一个生命周期更新到下一个生命周期。
- Account（记账）：与更新任务紧密耦合，计算每个细胞的相邻活细胞的数量。

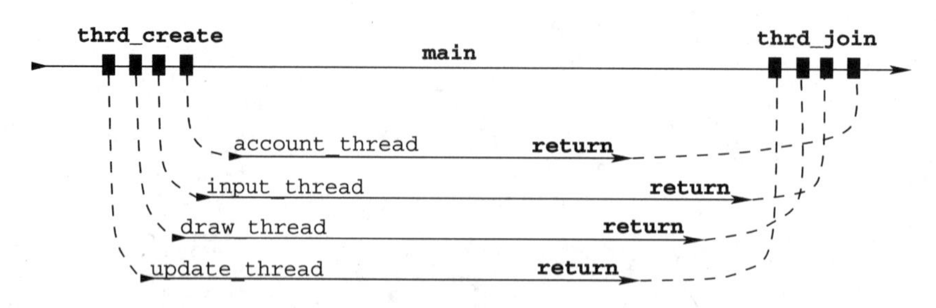

图 18.1 B9 的五个线程的控制流

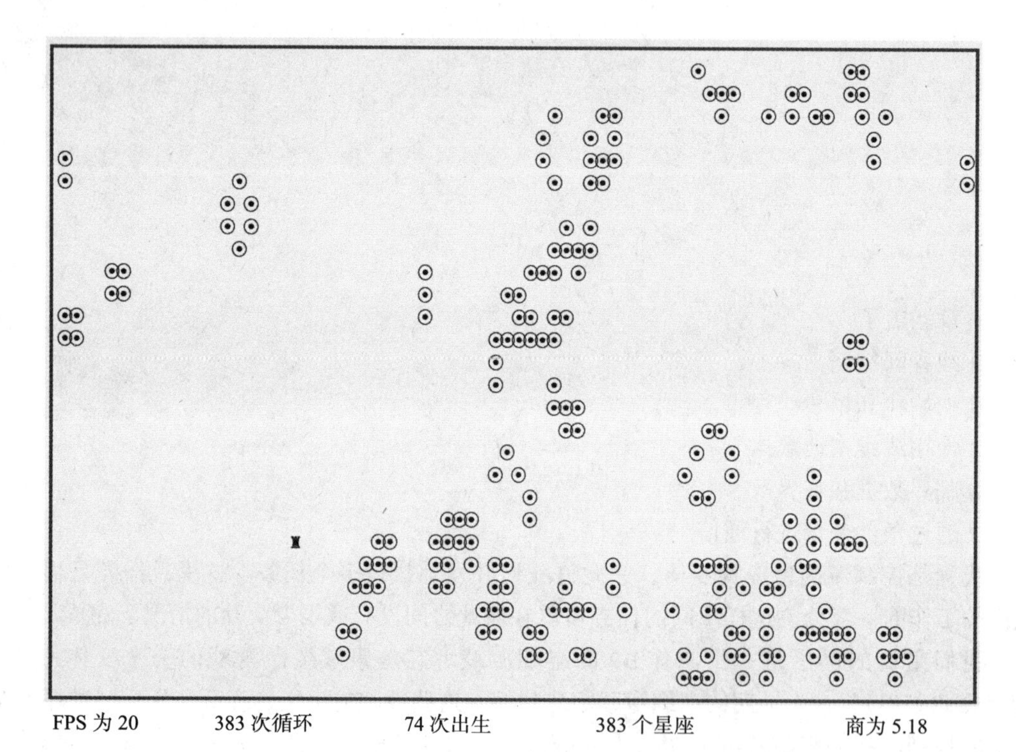

图 18.2 B9 的屏幕截图，显示了几个细胞和光标位置

每个这样的任务都是由一个遵循自己的控制流的线程执行的，就像自己的一个简单程序一样。如果平台有多个处理器或核，这些线程可以同时执行。但是，即使平台没有这种能力，系统也会交叉执行线程。在用户看来，整个执行过程就好像任务处理的事件是并发的一样。这对于我们的例子来说是至关重要的，因为不管玩家是否按了键盘上的键，我们都希望游戏能够持续下去。

C 语言中的线程是通过两个主要函数接口进行处理的，这两个接口可以用来启动一个新线程，然后等待这类线程终止：这里，**thrd_create** 的第二个参数是类型为 **thrd_start_t** 的函数指针。

```
#include <threads.h>
typedef int (*thrd_start_t)(void*);
int thrd_create(thrd_t*, thrd_start_t, void*);
int thrd_join(thrd_t, int *);
```

这个函数在新线程的开始执行。从 **typedef** 中我们可以看到，函数接收了一个 **void*** 指针并返回一个 **int** 类型，类型 **thrd_t** 是一个不透明类型，它将识别新创建的线程。

在我们的示例中，**main** 中对 **thrd_create** 的调用创建了对应于不同任务的四个线程。它们并发执行 **main** 的原始线程。最后，**main** 等待 4 个线程结束，并把它们合并。这四个线程从启动它们的初始函数返回时就会结束。因此，我们的四个函数声明为

```
static int update_thread(void*);
static int draw_thread(void*);
static int input_thread(void*);
static int account_thread(void*);
```

这四个函数由 **main** 在它们各自的线程中启动，所有这四个函数都接收一个指向保存游戏状态的 `life` 类型对象的指针：

B9.c

```
201    /* 创建一个对象来保存游戏数据 */
202    life L = LIFE_INITIALIZER;
203    life_init(&L, n0, n1, M);
204    /* 创建 4 个线程，它们操作同一个对象,
205    并在 "thrd" 中收集它们的 ID。 */
206    thrd_t thrd[4];
207    thrd_create(&thrd[0], update_thread,  &L);
208    thrd_create(&thrd[1], draw_thread,    &L);
209    thrd_create(&thrd[2], input_thread,   &L);
210    thrd_create(&thrd[3], account_thread, &L);
211    /* 等待更新线程终止 */
212    thrd_join(thrd[0], 0);
213    /* 告诉每个人游戏结束了 */
214    L.finished = true;
215    ungetc('q', stdin);
216    /* 等待其他线程 */
217    thrd_join(thrd[1], 0);
218    thrd_join(thrd[2], 0);
219    thrd_join(thrd[3], 0);
```

这四个线程函数中最简单的是 `account_thread`。它的接口只接收一个 **void***，它的第一个操作是将其重新解释为一个 `life` 指针，然后进入 **while** 循环，直至工作结束：

B9.c

```
99  int account_thread(void* Lv) {
```

```
100     life*restrict L = Lv;
101     while (!L->finished) {
102       // Blocks until there is work
```

B9.c

```
117     return 0;
118   }
```

循环的核心是为任务调用一个特定的函数 life_account，然后从它的角度检查游戏是否应该完成了：

B9.c

```
108         life_account(L);
109         if ((L->last + repetition) < L->accounted) {
110           L->finished = true;
111         }
112         // ^^^^^^^^^^^^^^^^^^^^^^^^^^^^^^^^^^^^^^^^^^^^^^^^^^^^
```

这里终止的条件是游戏之前是否进入了同样的游戏配置重复序列。

其他三个函数的实现也是类似的。它们都将其参数重新解释为指向 life 的指针，并进入一个处理循环，直到检测到游戏已经结束。然后，在循环内，它们有相对简单的逻辑来完成这个特定循环的特定任务。例如，draw_thread 的内部如下所示：

B9.c

```
79        if (L->n0 <= 30) life_draw(L);
80        else life_draw4(L);
81        L->drawn++;
82        // ^^^^^^^^^^^^^^^^^^^^^^^^^^^^^^^^^^^^^^^^^^^^^^^^^^^^
```

18.1 简单的线程间控制

我们已经看到了两种不同的线程间的控制工具。首先，thrd_join 允许一个线程等待另一个线程完成。当 main 合并其他四个线程时，我们看到了这一点。这可以确保 main 线程只有在所有其他线程都终止时才有效地终止，因此程序执行将一直处于活动状态并持续，直到最后一个线程结束。

另一个工具是 life 的成员 finished。该成员拥有一个 bool 值，每当其中一个线程检测到终止游戏的条件时，则该 bool 值为 true。

与信号处理程序类似，必须非常小心地处理多个线程在共享变量上同时操作的冲突行为。

要点 18.1 如果线程 T_0 写入一个同时被另一个线程 T_1 读写的非原子对象，那么执行的行为将变成未定义。

一般来说，当我们讨论不同的线程（稍后将讨论）时，甚至很难确定并发应该是指什么。我们避免这种情况的唯一机会就是排除所有潜在的访问冲突。如果存在这样一个潜在的不受保护的并发访问，我们称之为竞争条件。

在我们的示例中，除非我们采取特定的预防措施，否则即使是 `bool` 的更新（如 `finished`）也可以在不同的线程之间被分割。如果两个线程以交叉的方式访问它，更新可能会混淆某些内容，并导致未定义的程序状态。编译器不知道某个特定的对象是否受制于一个竞争条件，因此我们必须明确地告诉它。最简单的方法是使用我们在信号处理程序中看到的工具：atomics。这里，我们的 `life` 结构有几个成员，它们都用 `_Atomic` 指定：

life.h

```
40    // 参数可以被不同的线程
41    // 动态更改
42    _Atomic(size_t) constellations; // 访问的星座
43    _Atomic(size_t) x0;             // 光标位置：行
44    _Atomic(size_t) x1;             // 光标位置：列
45    _Atomic(size_t) frames;         // FPS 显示
46    _Atomic(bool)   finished;       // 游戏结束。
```

对这些成员的访问保证是原子的。这里，这是我们已经知道的成员 `finished`，以及一些我们用来在输入和绘制之间进行通信的其他成员，特别是光标的当前位置。

要点 18.2 考虑到在不同线程中执行，对原子对象的标准操作是不可分割和线性化的。

这里，线性化确保我们还可以讨论两个不同线程中计算的顺序。对于我们的示例，如果一个线程看到 `finished` 被修改了（设置为 `true`），它就知道做了这个设置的线程已经执行了所有它应该执行的操作。从这个意义上来说，线性化只是将排序的语法特性（17.2 节）扩展到了线程。

因此，对原子对象的操作还可以帮助我们确定线程的哪些部分不是同时执行的，这样它们之间就不会出现竞争条件。稍后，在 19.1 节中，我们将看到如何将其正式确定为“之前发生的”关系。

由于原子对象在语义上与普通对象不同，所以声明它们的主要语法是一个原子说明符：正如我们所看到的，关键字 `_Atomic` 后面跟着括号，括号中包含派生原子的类型。还有另一种语法，其使用 `_Atomic` 作为原子限定符，与其他限定符 `const`、`volatile` 和 `restrict` 类似。在下面的规范中，`A` 和 `B` 两种不同的声明是等价的：

```
extern _Atomic(double (*)[45]) A;
extern double (*_Atomic A)[45];
extern _Atomic(double) (*B)[45];
extern double _Atomic  (*B)[45];
```

它们指向相同的对象 A，一个指向具有 45 个 **double** 元素的数组的原子指针，B 是一个指向具有 45 个 **double** 原子元素的数组的指针。

限定符表示法有一个缺陷：它可能暗示了 **_Atomic** 限定符和其他限定符之间的相似性，但实际上这并没有差得很远。考虑下面的例子，它们有三种不同的“限定符”：

```
double var;
// 有效：向指向类型添加const限定
extern double    const* c = &var;
// 有效：向指向类型添加volatile限定
extern double volatile* v = &var;
// 无效：指向不兼容类型的指针
extern double  _Atomic* a = &var;
```

因此，最好不要养成把原子看作限定符的习惯。

要点 18.3 对于原子声明，使用说明符语法 **_Atomic(T)**。

对 **_Atomic** 的另一个限制是它不能应用于数组类型：

```
_Atomic(double[45]) C;  // 无效：原子不能应用于数组。
_Atomic(double) D[45];  // 有效：原子可以应用于基数组。
```

同样，这与类似的“限定”类型不同：

```
typedef double darray[45];
// 无效：原子不能应用于数组。
darray _Atomic E;
// 有效：const可以应用于数组
darray const F = { 0 }; // 适用于基类型
double const F[45];     // 兼容的声明
```

要点 18.4 没有原子数组类型。

在本章的后面，我们还将看到另一个确保线性化的工具：**mtx_t**。但是到目前为止，原子对象是最有效和最容易使用的。

要点 18.5 原子对象是强制不使用竞争条件的特权工具。

18.2 无竞争初始化和销毁

对于由线程共享的任何数据，重要的是在进行任何并发访问之前，首先将其设置为一个良好控制的状态，并且在最终销毁之后，再也不会对其进行访问。对于初始化，有几种可能性，按优先顺序排列如下：

1. 具有静态存储持续时间的共享对象在执行之前被初始化。
2. 具有自动或分配存储持续时间的共享对象，可以由创建它们的线程在任何共享访问发生之前正确地进行初始化。
3. 具有静态存储持续时间的共享对象，其中动态初始化的信息为：
   (a) 在启动时可用的信息，应该在创建任何其他线程之前由 **main** 初始化。
   (b) 在启动时不可用的信息，必须用 **call_once** 初始化。

因此，后者 **call_once** 只在非常特殊的情况下才需要：

```
void call_once(once_flag* flag, void cb(void));
```

与 **atexit** 类似，**call_once** 注册了一个回调函数 **cb**，该函数应该在执行的某一点被调用。下面给出一个基本的例子，展示了如何使用它：

```
/* 界面 */
extern FILE* errlog;
once_flag errlog_flag;
extern void errlog_fopen(void);

/* 不完整的实现；简短讨论 */
FILE* errlog = 0;
once_flag errlog_flag = ONCE_FLAG_INIT;
void errlog_fopen(void) {
  srand(time());
  unsigned salt = rand();
  static char const format[] = "/tmp/error-\%#X.log"
  char fname[16 + sizeof format];
  snprintf(fname, sizeof fname, format, salt);
  errlog = fopen(fname, "w");
  if (errlog) {
    setvbuf(errlog, 0, _IOLBF, 0);    // 使行缓冲
  }
}

/* 用法 */

/* 在使用之前的函数中 */
call_once(&errlog_flag, errlog_fopen);
/* 现在使用它 */
fprintf(errlog, "bad, we have weird value \%g!\n", weird);
```

这里我们有一个全局变量（**errlog**），需要动态初始化（调用 **time**、**srand**、**rand**、**snprintf**、**fopen** 和 **setvbuf**）来进行初始化。该变量的任何用法都应该以调用 **call_once** 作为前缀，该调用使用同样的 **once_flag**（这里是 **errlog_flag**）和同样的回调函数（这里是 **errlog_fopen**）。

因此，与 **atexit** 相反，回调函数是用一个特定的对象注册的，即类型为 **once_flag** 的对象。这种不透明的类型保证有足够的状态来：

- 确定对 **call_once** 的特定调用是否是所有线程中的第一个。

- ❑ 只调用回调函数。
- ❑ 永远不要再调用回调函数。
- ❑ 保留所有其他线程，直到对回调函数的唯一调用终止。

因此，任何使用中的线程都可以确保正确地初始化对象，而不会覆盖另一个线程可能已经完成的初始化。所有流函数（除了 **fopen** 和 **fclose**）都是无竞争的。

要点 18.6 一个正确初始化的 **FILE*** 可以被多个线程无竞争地使用。

这里，无竞争只意味着你的程序将始终处于定义良好的状态。这并不意味着你的文件可能不包含来自不同线程的混乱的输出行。为了避免这种情况，你必须确保对 **fprintf** 或类似函数的调用总是打印一整行。

要点 18.7 并发写操作应该一次打印全部行。

对象的无竞争销毁可以更精细地组织，因为对初始化和销毁的数据的访问是不对称的。虽然可以很容易地在对象的生命周期开始时确定（以及何时）只有一个用户，但是如果不跟踪对象，则很难确定是否还有其他线程在使用该对象。

要点 18.8 共享动态对象的销毁和重新分配需要非常小心。

想象一下，当试图将结果写入一个文件时，你已经执行了一小时，却在快结束时崩溃了。

在我们的 B9 示例中，我们有一个简单的策略来确保变量 L 可以被所有创建的线程安全地使用。它是在所有线程创建之前初始化的，只有在所有创建的线程加入之后才停止存在。

对于 **once_flag** 示例中的变量 **errlog**，我们不太容易看到何时应该在一个线程中关闭流。最简单的方法是等待，直到我们确定没有其他线程在使用，此时我们将退出整个程序的执行：

```
/* 完成实现 */
FILE* errlog = 0;
static void errlog_fclose(void) {
  if (errlog) {
    fputs("*** closing log ***", errlog);
    fclose(errlog);
  }
}

once_flag errlog_flag = ONCE_FLAG_INIT;
void errlog_fopen(void) {
  atexit(errlog_fclose);
  ...
```

这引入了另一个回调函数（**errlog_fclose**），它确保在关闭文件之前将最后一条信息打印到该文件。为了确保这个函数在程序退出时执行，只要进入了初始化函数 **errlog_fopen**，就使用 **atexit** 进行注册。

18.3 线程本地数据

避免竞争条件的最简单方法是严格隔离线程访问的数据。所有其他的解决方案，例如我们前面看到的原子，以及我们将在后面看到的互斥和条件变量，都要复杂得多，成本也昂贵得多。访问线程本地数据的最佳方法是使用局部变量：

要点 18.9 通过函数参数传递线程特定的数据。

要点 18.10 将线程特定的状态保存在局部变量中。

如果这是不可能的（或者可能太复杂），一个特殊的存储类和一个专用的数据类型允许我们处理线程本地数据。`_Thread_local` 是一个存储类说明符，它强制已声明的特定于线程的变量的副本也如此处理。头文件 `threads.h` 还提供了一个宏 `thread_local`，它扩展为关键字。

要点 18.11 `thread_local` 变量对于每个线程都有一个单独的实例。

也就是说，`thread_local` 变量的声明必须类似于具有静态存储持续时间的变量：它们是在文件作用域中声明的，否则的话，它们必须另外声明为静态的（请参见 13.2 节，表 13.1）。因此，它们不能动态初始化。

要点 18.12 如果在编译时就可以确定初始化，则使用 `thread_local`。

因为我们必须执行动态初始化和销毁，如果存储类说明符不够用，那么我们可以使用特定于线程的存储 `tss_t`。它将特定于线程数据的标识抽象为一个不透明的 ID（称为 `key`）和用于设置或获取数据的存储器函数：

```
void* tss_get(tss_t key);              // 返回一个指向对象的指针
int tss_set(tss_t key, void *val);     // 返回错误指示
```

在创建 `key` 时，在线程结束时调用的、用来销毁线程特定数据的函数被指定为 `tss_dtor_t` 类型的函数指针：

```
typedef void (*tss_dtor_t)(void*);                 // 指向析构函数的指针
int tss_create(tss_t* key, tss_dtor_t dtor);  // 返回错误指示
void tss_delete(tss_t key);
```

18.4 临界数据和临界区

`life` 结构的其他部分无法轻易地得到保护。它们对应于更大的数据，比如游戏手柄的位置。也许你还记得数组不能用 `_Atomic` 来指定，即使我们能够用一些技巧来指定数组，结果也不会很有效。因此，我们不仅声明了成员 `Mv`（用于游戏矩阵）和 `visited`（用于散列已访问过的星座），而且还声明了一个特殊的成员 `mtx`：

life.h

```
15    mtx_t mtx;      // 保护 Mv 的 Mutex
16    cnd_t draw;     // 控制绘图的 cnd
17    cnd_t acco;     // 控制算账的 cnd
18    cnd_t upda;     // 控制更新的 cnd
19
20    void*restrict Mv;              //< bool M[n0][n1];
21    bool (*visited)[life_maxit]; // 散列星座
```

成员 mtx 具有特殊类型 mtx_t，这是一种互斥类型（用于互斥），它也来源于 thread s.h。它的目的是保护临界数据：Mv，可以在代码的一个标识良好的部分（一个临界区）中访问它。

这个互斥锁最简单的用例是在输入线程的中心位置，清单 18.1 中第 145 行，其中两个调用 mtx_lock 和 mtx_unlock 对 life 数据结构 L 的访问进行保护。

清单 18.1　B9 的输入线程函数

```
121  int input_thread(void* Lv) {
122    termin_unbuffered();
123    life*restrict L = Lv;
124    enum { len = 32, };
125    char command[len];
126    do {
127      int c = getchar();
128      command[0] = c;
129      switch(c) {
130      case GO_LEFT : life_advance(L,  0, -1); break;
131      case GO_RIGHT: life_advance(L,  0, +1); break;
132      case GO_UP   : life_advance(L, -1,  0); break;
133      case GO_DOWN : life_advance(L, +1,  0); break;
134      case GO_HOME : L->x0 = 1; L->x1 = 1;    break;
135      case ESCAPE  :
136        ungetc(termin_translate(termin_read_esc(len, command)), stdin);
137        continue;
138      case '+':      if (L->frames < 128) L->frames++; continue;
139      case '-':      if (L->frames > 1)   L->frames--; continue;
140      case ' ':
141      case 'b':
142      case 'B':
143        mtx_lock(&L->mtx);
144        // vvvvvvvvvvvvvvvvvvvvvvvvvvvvvvvvvvvvvvvvvvvvvvvv
145        life_birth9(L);
146        // ^^^^^^^^^^^^^^^^^^^^^^^^^^^^^^^^^^^^^^^^^^^^^^^^
147        cnd_signal(&L->draw);
148        mtx_unlock(&L->mtx);
149        continue;
150      case 'q':
151      case 'Q':
152      case EOF:      goto FINISH;
153      }
154      cnd_signal(&L->draw);
```

```
155     } while (!(L->finished || feof(stdin)));
156   FINISH:
157     L->finished = true;
158     return 0;
159   }
```

这个例行程序主要由输入循环组成，而输入循环又包含一个大的 switch，用来对用户键盘输入的不同字符进行调度。只有两种情况需要这种保护：'b' 和 'B'，这将在当前光标位置附近触发一个 3×3 的细胞簇的强制“诞生”。在所有其他情况下，我们只与原子对象交互，因此我们可以安全地修改这些对象。

锁定和解锁互斥的作用很简单。对 **mtx_lock** 的调用会阻塞调用线程的执行，直到可以保证没有其他线程位于受同一个互斥锁保护的临界区内。我们说 **mtx_lock** 获取并持有互斥锁，然后 **mtx_unlock** 将其释放。对 mtx 的使用还提供了与原子对象的使用类似的线性化能力，正如我们前面所看到的。获得互斥锁 M 的线程可以依赖于这样一个事实，即在其他线程释放同一个互斥锁 M 之前所做的所有操作都已生效。

要点 18.13 互斥操作提供线性化。

C 的互斥锁接口定义如下：

```
int mtx_lock(mtx_t*);
int mtx_unlock(mtx_t*);
int mtx_trylock(mtx_t*);
int mtx_timedlock(mtx_t*restrict, const struct timespec*restrict);
```

另外两个调用使我们能够测试（**mtx_trylock**）另一个线程是否已经持有一个锁（因此我们可以避免等待）或等待一个最长时间（**mtx_timedlock**）（因此我们可以避免永久阻塞）。只有当互斥锁被初始化为 **mtx_timed**“类型”时，才允许使用后者，如前所述。

还有两个动态初始化和销毁的调用：

```
int mtx_init(mtx_t*, int);
void mtx_destroy(mtx_t*);
```

除了更复杂的线程接口之外，还必须使用 **mtx_init**，没有对 **mtx_t** 定义静态初始化。

要点 18.14 每个互斥锁必须使用 **mtx_init** 进行初始化。

mtx_init 的第二个参数指定了互斥锁的“类型”。它必须是以下四个值之一：

- **mtx_plain**
- **mtx_timed**
- **mtx_plain|mtx_recursive**
- **mtx_timed|mtx_recursive**

你可能已经猜到，使用 **mtx_plain** 和 **mtx_timed** 可以控制使用 **mtx_timedlock**。

额外的属性 `mtx_recursive` 可以使我们能够为同一个线程连续多次调用 `mtx_lock` 和类似的函数，而不需要提前解锁。

要点 18.15 持有非递归互斥锁的线程不能为其调用任何互斥锁函数。

名称 `mtx_recursive` 表示，它主要用于递归函数，这些函数在进入临界区时调用 `mtx_lock`，在退出时调用 `mtx_unlock`。

要点 18.16 递归互斥锁只有在持有它的线程发出的对 `mtx_unlock` 的调用数与它所获得的锁一样多的情况下，才会被释放。

要点 18.17 锁住的互斥锁必须在线程终止之前被释放。

要点 18.18 线程只能对它所持有的互斥锁调用 `mtx_unlock`。

从所有这一切，我们可以推断出一个简单的经验法则：

要点 18.19 每一个成功的互斥锁恰好对应于一个对 `mtx_unlock` 的调用。

根据平台的不同，互斥锁可以绑定在每次调用 `mtx_init` 时被赋予属性的系统资源。这样的资源可以是额外的内存（例如对 `malloc` 的调用）或一些特殊的硬件。因此，一旦互斥锁到达生命周期的终点，释放这些资源是很重要的。

要点 18.20 互斥锁必须在其生命周期结束时被销毁。

特别情况下，必须调用 `mtx_destroy`：

- ❑ 在具有自动存储持续时间的互斥锁的作用域结束之前。
- ❑ 在动态分配的互斥锁的内存被释放之前。

18.5 通过条件变量进行通信

虽然我们已经看到输入不需要太多针对竞争的保护，但是 account（记账）任务则相反（请参见清单 18.2）。它的全部工作（通过调用 `life_account` 执行）是扫描整个位置矩阵，并计算每个位置所拥有的 life 邻居的数量。

清单 18.2 B9 的 account 线程函数

```
 99 int account_thread(void* Lv) {
100   life*restrict L = Lv;
101   while (!L->finished) {
102     // 封锁直到有工作
103     mtx_lock(&L->mtx);
104     while (!L->finished && (L->accounted == L->iteration))
105       life_wait(&L->acco, &L->mtx);
106
107     // vvvvvvvvvvvvvvvvvvvvvvvvvvvvvvvvvvvvvvvvvvvvvvvvvvvvv
108     life_account(L);
109     if ((L->last + repetition) < L->accounted) {
110       L->finished = true;
111     }
112     // ^^^^^^^^^^^^^^^^^^^^^^^^^^^^^^^^^^^^^^^^^^^^^^^^^^^^^
```

```
113
114      cnd_signal(&L->upda);
115      mtx_unlock(&L->mtx);
116    }
117    return 0;
118  }
```

类似地，update 和 draw 线程主要由外部循环中的一个临界区组成：参见清单 18.3 和 18.4，它们执行相关操作。在这个临界区之后，我们还调用了 `life_sleep`，它将执行暂停一段时间。这样确保这些线程的运行频率只与图形的帧速率相对应。

清单 18.3　B9 的 update 线程函数

```
35  int update_thread(void* Lv) {
36    life*restrict L = Lv;
37    size_t changed = 1;
38    size_t birth9 = 0;
39    while (!L->finished && changed) {
40      // 封锁直到有工作
41      mtx_lock(&L->mtx);
42      while (!L->finished && (L->accounted < L->iteration))
43        life_wait(&L->upda, &L->mtx);
44
45      // vvvvvvvvvvvvvvvvvvvvvvvvvvvvvvvvvvvvvvvvvvvvvvvvvvvvvvv
46      if (birth9 != L->birth9) life_torus(L);
47      life_count(L);
48      changed = life_update(L);
49      life_torus(L);
50      birth9 = L->birth9;
51      L->iteration++;
52      // ^^^^^^^^^^^^^^^^^^^^^^^^^^^^^^^^^^^^^^^^^^^^^^^^^^^^^^^
53
54      cnd_signal(&L->acco);
55      cnd_signal(&L->draw);
56      mtx_unlock(&L->mtx);
57
58      life_sleep(1.0/L->frames);
59    }
60    return 0;
61  }
```

清单 18.4　B9 的 draw 线程函数

```
64  int draw_thread(void* Lv) {
65    life*restrict L = Lv;
66    size_t x0 = 0;
67    size_t x1 = 0;
68    fputs(ESC_CLEAR ESC_CLRSCR, stdout);
69    while (!L->finished) {
70      // 封锁直到有工作
71      mtx_lock(&L->mtx);
```

```
72      while (!L->finished
73             && (L->iteration <= L->drawn)
74             && (x0 == L->x0)
75             && (x1 == L->x1)) {
76        life_wait(&L->draw, &L->mtx);
77      }
78      // vvvvvvvvvvvvvvvvvvvvvvvvvvvvvvvvvvvvvvvvvvvvvvvvvv
79      if (L->n0 <= 30) life_draw(L);
80      else life_draw4(L);
81      L->drawn++;
82      // ^^^^^^^^^^^^^^^^^^^^^^^^^^^^^^^^^^^^^^^^^^^^^^^^^^
83
84      mtx_unlock(&L->mtx);
85
86      x0 = L->x0;
87      x1 = L->x1;
88      // 不需要画得太快
89      life_sleep(1.0/40);
90    }
91    return 0;
92  }
```

在这三个线程中，临界区主要覆盖了循环体。除了适当的计算之外，首先在这些临界区中有一个阶段，在此阶段线程实际上会暂停，直到需要进行新的计算为止。更准确地说，对于记账线程，有一个条件循环，只是由于以下原因才会离开该循环：

- ❑ 游戏结束了。
- ❑ 另一个线程已经进入到下一次循环。

该循环的主体是对 `life_wait` 的调用，这个函数会暂停调用线程一秒钟，或者直到一个特定的事件发生：

life.c

```
18  int life_wait(cnd_t* cnd, mtx_t* mtx) {
19    struct timespec now;
20    timespec_get(&now, TIME_UTC);
21    now.tv_sec += 1;
22    return cnd_timedwait(cnd, mtx, &now);
23  }
```

它的主要构成是对 `cnd_timedwait` 的调用，该调用接受一个 `cnd_t` 类型的条件变量、一个互斥锁和一个绝对时间的限制。

此类条件变量用于标识线程可能要等待的条件。在我们的例子中，你已经看到了对 `life` 的三个成员的这样的条件变量的声明：`draw`、`acco` 和 `upda`。每一个都对应于绘图、记账和更新所需的测试条件，以便继续执行它们正常的任务。正如我们所看到的，记账有

B9.c

```
104      while (!L->finished && (L->accounted == L->iteration))
105        life_wait(&L->acco, &L->mtx);
```

同样，更新和绘图有：

B9.c

```
42      while (!L->finished && (L->accounted < L->iteration))
43        life_wait(&L->upda, &L->mtx);
```

和

B9.c

```
72      while (!L->finished
73             && (L->iteration <= L->drawn)
74             && (x0 == L->x0)
75             && (x1 == L->x1)) {
76        life_wait(&L->draw, &L->mtx);
77      }
```

每个循环中的条件反映了对任务来说还有工作需要做。最重要的是，我们必须确保不要混淆条件变量，该条件变量充当条件和条件表达式的某种标识。对 **cnd_t** 调用等待函数可能会有返回，尽管与条件表达式有关的内容没有改变。

要点 18.21 *从等待函数 **cnd_t** 返回时，必须再次检查表达式。*

因此，我们对 `life_wait` 的所有调用都放在检查条件表达式的循环中。

在我们的示例中，这一点可能是显而易见的，因为我们在幕后使用 **cnd_timedwait**，而返回可能只是因为调用超时了。但是，即使我们对等待条件使用了非计时接口，调用也可能会提前返回。在我们的示例代码中，当游戏结束时调用最终可能会返回，因此我们的条件表达式始终包含一个对 `L->finished` 的测试。

cnd_t 有四个主要的控制接口：

```
int cnd_wait(cnd_t*, mtx_t*);
int cnd_timedwait(cnd_t*restrict, mtx_t*restrict, const struct timespec *
    restrict);
int cnd_signal(cnd_t*);
int cnd_broadcast(cnd_t*);
```

第一个与第二个类似，但是没有超时，并且如果 **cnd_t** 参数从未发出信号，则线程可能永远不会从调用中返回。

cnd_signal 和 **cnd_broadcast** 位于控制的另一端。我们看到了第一个应用于 input_thread 和 account_thread。它们确保正在等待相应条件变量的一个线程（**cnd_signal**）或所有线程（**cnd_broadcast**）被唤醒，并从调用 **cnd_wait** 或 **cnd_timedwait** 返回。例如，输入任务向绘制任务发出信号，表示游戏星座中的某些内容发生了变化，需要重新绘制图板：

B9.c

```
155     } while (!(L->finished || feof(stdin)));
```

mtx_t 参数对等待条件函数具有重要的作用。互斥锁必须由调用等待函数的线程持有。它在等待期间被临时释放，因此其他线程可以执行它们的工作来断言条件表达式。在等待调用返回之前重新获得锁，这样就可以安全地访问临界数据，而不需要竞争。

图 18.3 显示了输入和绘制线程、互斥锁和相应的条件变量之间的典型交互。它展示了在交互中涉及 6 个函数调用：4 个用于各自的临界区和互斥锁，2 个用于条件变量。

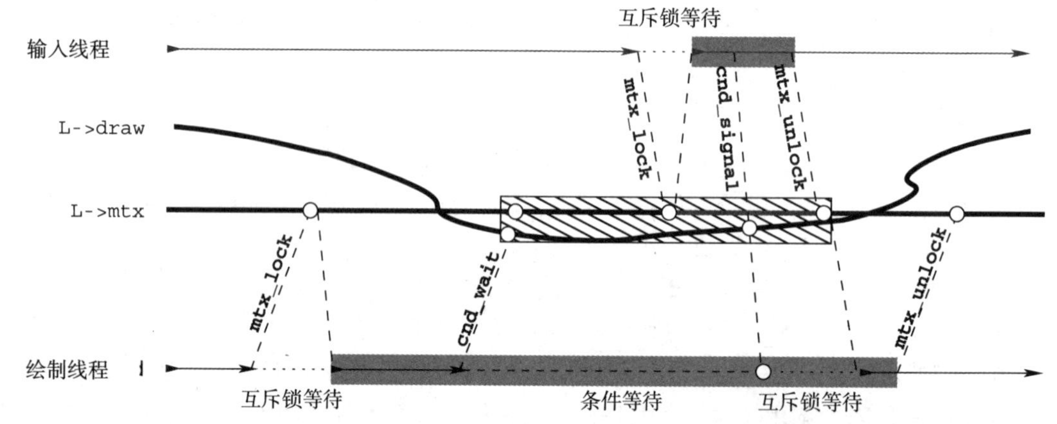

图 18.3 控制流是由输入和绘制线程之间的互斥锁 **L->mtx** 和条件变量 **L->draw** 管理的。临界区用灰色阴影表示。条件变量与互斥锁相关联，直到等待方重新获得了互斥锁

在等待调用中，条件变量和互斥锁之间的耦合应该小心处理。

要点 18.22 条件变量只能与一个互斥锁同时使用。

但是，最佳实践是不要改变与条件变量一起使用的互斥锁。

我们的例子还表明，对于同一个互斥锁，可以有很多条件变量：我们将互斥锁与三个不同的条件变量同时使用。这在许多应用程序中是必需的，因为线程将根据它们各自的角色来访问相同资源的条件表达式。

在多个线程等待同一个条件变量并被调用 **cnd_broadcast** 唤醒的情况下，它们不会一次全部唤醒，而是在重新获得互斥锁时一个接一个地被唤醒。

与互斥锁类似，C 的条件变量可以绑定宝贵的系统资源。因此，它们必须被动态初始化，并且应该在其生命周期结束时被销毁。

要点 18.23 `cnd_t` 必须被动态初始化。

要点 18.24 `cnd_t` 必须在其生命周期结束时被销毁。

它们的接口很简单：

```
int cnd_init(cnd_t *cond);
void cnd_destroy(cnd_t *cond);
```

18.6 更复杂的线程管理

在看到线程创建和加入 `main` 之后，我们可能会有这样的印象：线程是以某种方式分层组织的。但实际上并非如此：只要知道线程的 ID，即 `thrd_t`，就足以处理它。只有一个线程恰好有一个特定的属性。

要点 18.25 从 `main` 返回或调用 `exit` 将终止所有线程。

如果我们想在创建其他线程之后终止 `main`，我们必须采取一些预防措施，这样我们才不会在初始阶段就终止其他线程。在下面 B9 的 `main` 的修改版本中给出了这样一种策略的例子：

B9-detach.c

```
210
211 void B9_atexit(void) {
212   /* 把板子放在最后一张漂亮图片里。 */
213   L.iteration = L.last;
214   life_draw(&L);
215   life_destroy(&L);
216 }
217
218 int main(int argc, char* argv[argc+1]) {
219   /* 使用命令行参数表示板大小。 */
220   size_t n0 = 30;
221   size_t n1 = 80;
222   if (argc > 1) n0 = strtoull(argv[1], 0, 0);
223   if (argc > 2) n1 = strtoull(argv[2], 0, 0);
224   /* 创建一个对象来保存游戏数据。 */
225   life_init(&L, n0, n1, M);
226   atexit(B9_atexit);
227   /* 创建 4 个操作同一个对象的线程，
228      并丢弃它们的 ID。 */
229   thrd_create(&(thrd_t){0}, update_thread,  &L);
230   thrd_create(&(thrd_t){0}, draw_thread,    &L);
231   thrd_create(&(thrd_t){0}, input_thread,   &L);
232   /* 很好地结束这个线程并继续执行其他线程。 */
233   thrd_exit(0);
234 }
```

首先，我们必须使用函数 **thrd_exit** 来终止 **main**。除了 **return** 之外，这将确保相应的线程在不影响其他线程的情况下终止。然后，我们必须使 L 成为一个全局变量，因为我们不希望它的生命周期在 **main** 终止时结束。为了布置必要的清理，我们还安装了一个 **atexit** 处理程序。修改后的控制流如图 18.4 所示。

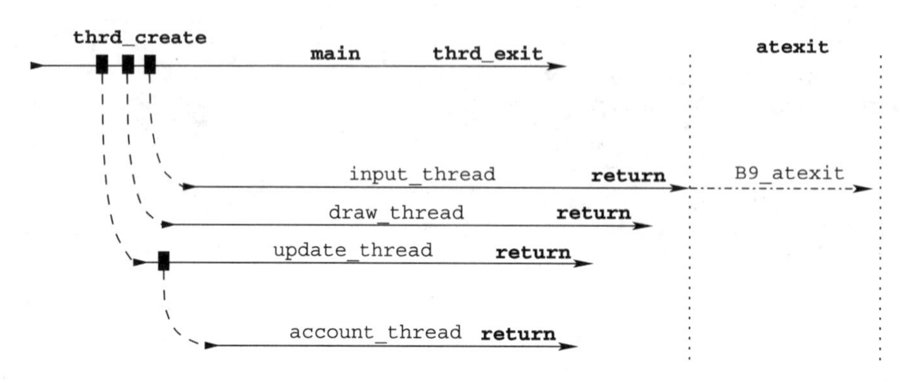

图 18.4　B9-detach 的 5 个线程的控制流。最后返回的线程执行 atexit 处理程序

由于这种不同的管理，所创建的 4 个线程实际上从未加入。每个死了的但从未加入的线程都会占用一些资源，这些资源一直保留到执行结束。因此，告诉系统某个线程将永远不会加入是一种很好的编码风格：我们说我们拆开了相应的线程。为此，我们在线程函数的开头插入一个对 **thrd_detach** 的调用。我们也从那里启动记账线程，而不是像以前那样从 **main** 启动。

B9-detach.c

```
38    /* 任何人都不该等待这个线程。 */
39    thrd_detach(thrd_current());
40    /* 将我们的部分工作委托给一个辅助线程。 */
41    thrd_create(&(thrd_t){0}, account_thread, Lv);
42    life*restrict L = Lv;
```

还有 6 个函数可用于管理线程，其中我们已经遇到过 **thrd_current**、**thrd_exit** 和 **thrd_detach**：

```
thrd_t thrd_current(void);
int thrd_equal(thrd_t, thrd_t);
_Noreturn void thrd_exit(int);

int thrd_detach(thrd_t);
int thrd_sleep(const struct timespec*, struct timespec*);
void thrd_yield(void);
```

一个正在运行的 C 程序所拥有的线程可能比它所使用的处理元素要多得多。此外，运行时系统应该能够通过在处理器上分配时间片来平滑地调度线程。如果一个线程实际上没有工作要做，它不应该要求一个时间片，而应该将处理资源留给可能需要它们的其他线程。这是控制数据结构 **mtx_t** 和 **cnd_t** 的主要特征之一。

要点 18.26 当 **mtx_t** 或 **cnd_t** 阻塞时，线程释放所处理的资源。

如果这还不够，还有两个函数可以暂停执行：

- **thrd_sleep** 允许一个线程将其执行暂停一段时间，这样平台的硬件资源可以同时被其他线程使用。
- **thrd_yield** 只是终止当前的时间片，并等待下一个处理机会。

挑战 18 使用线程进行并行排序

你能否使用基于合并排序实现的两个线程实现并行排序算法（挑战 1 和 14）？

也就是说，一种合并排序，它将输入数组分成两半，并在自己的线程中对每一半进行排序，然后像以前一样按顺序合并这两半。在两个线程中使用不同的顺序排序算法作为基础。

能否将这种并行排序推广到 P 个线程？对于 k = 1、2、3、4，$P = 2^k$，其中 k 在命令行上给出。

你能测量并行化所得到的加速吗？它是否与你测试平台的内核数相匹配？

总结

- 在共享数据被并发访问之前，确保其被正确初始化是很重要的。这最好在编译时或由 **main** 来完成。最后，可以使用 **call_once** 来触发一次初始化函数的执行。
- 线程最好只通过函数参数和自动变量对本地数据进行操作。如果不可避免，也可以将特定于线程的数据创建为 **thread_local** 对象或通过 **tss_create** 创建。仅当需要动态构建和销毁变量时才使用后者。
- 线程之间共享的小型临界数据应该指定为 **_Atomic**。
- 临界区（在未受保护的共享数据上进行操作的代码路径）必须受到保护，通常通过使用 **mtx_t** 互斥锁来实现。
- 线程之间的条件处理依赖关系使用 **cnd_t** 条件变量建模。
- 对于不能依赖 **main** 的算后检查清理的线程代码，应该使用 **thrd_detach** 并将其所有清理代码放在 **atexit** 和 / 或 **at_quick_exit** 处理程序中。

Chapter 19 第 19 章

原子访问和内存一致性

本章涵盖了：

- 理解“以前发生的”关系
- C 库提供同步调用
- 保持顺序的一致性
- 使用其他一致性模型

我们将通过对概念的描述来完成本级的讲解，这些概念是 C 体系结构模型的一个重要部分，因此对于有经验的程序员来说这是必须掌握的。试着去理解这最后一章，以增加你对事物运作方式的理解，而不一定是提高你的操作技能。虽然我们不会详细讨论所有的细节[⊖]，但学习之旅可能会有点颠簸：请坐好，系好安全带。

回顾一下我们在前几章中看到的控制流的画面，你会发现程序执行的不同部分之间的交互可能会变得非常复杂。我们对数据的并发访问有不同的级别：

- 简单明了的 C 代码显然只是顺序的。只有在非常特定的执行点、序列点、直接数据依赖项和函数调用完成之间才能保证更改的可见性。现代平台越来越多地利用所提供的宽松资源，在多个执行管道中混合或并行执行未排序的操作。
- 长跳转和信号处理程序是按顺序执行的，但是存储的效果可能会在执行过程中丢失。
- 到目前为止，我们所看到的对原子对象的访问保证了它们的变化在任何地方都是可见的，并且是一致的。
- 线程并行运行，如果它们对数据的共享访问不进行控制，就会危害数据的一致性。除了访问原子对象外，还可以通过调用函数（如 **thrd_join** 或 **mtx_lock**）来同步

⊖ 我们将把 **memory_order_consume** 一致性放在一边，从而把依赖性排在关系之前。

原子对象。

但是，访问内存并不是程序唯一要做的事情。事实上，程序执行的抽象状态包括以下几个方面：

- 执行点（每个线程一个）。
- （计算表达式或计算对象的）中间值。
- 存储值。
- 隐藏状态。

对此状态的改变通常描述为：

- 跳转：改变执行点（短跳转、长跳转和函数调用）。
- 值计算：改变中间值。
- 副作用：存储值或进行IO操作。

或者它们可以影响隐藏状态，例如 **mtx_t** 的锁状态或 **once_flag** 的初始化状态，或者对 **atomic_flag** 的设置或清除操作。

我们使用*效果*这个词来总结抽象状态所有可能的变化。

要点 19.1　*每一次计算都有效果。*

这是因为任何一个计算都会有在其之后有下一个计算这样一个概念。甚至像这样的表示：

```
(void)0;
```

删除中间值会将执行点设置为下一条语句，因此抽象状态改变了。

在复杂的环境中，很难对给定时刻执行的实际抽象状态进行讨论。通常，程序执行的整个抽象状态甚至是不可观察的，而且在许多情况下，总体抽象状态的概念并没有很好地定义。这是因为我们实际上不知道这一*时刻*在这个上下文中意味着什么。运行在多个物理计算核上的多线程在其执行过程中，多个核之间没有真正的参考时间概念。因此，通常情况下，C甚至没有做出这样的假设，即在不同线程之间存在一个全面的细粒度时间概念。

打个比方，把两个线程A和B想象成发生在两颗不同行星上的事件，这两个行星以不同的速度围绕着一颗恒星旋转。这些行星（线程）上的时间是相对的，只有当从一颗行星（线程）发出的信号到达另一颗行星（线程）时，它们之间才会发生同步。信号的传输本身就需要时间，当信号到达目的地时，它的源已经移动了。因此这两颗行星（线程）之间的相互认知总是不完全的。

19.1　“以前发生的”关系

如果想讨论一个程序的执行（其正确性，其性能，等等），我们需要有足够的关于所有线程状态的*部分知识*，而且我们必须知道如何将这些部分知识组合在一起，以获得一个整体的观点。

因此，我们将研究 Lamport[1978] 提出的一种关系。在 C 标准术语中，它是在两个计算 *E* 和 *F* 之间的关系之前发生的，用 $F \to E$ 表示。这是我们观察到的后验事件之间的一个性质。要更清楚地表达，也许将其称之在关系之前故意发生的事件更为合适。

它的一部分由同一线程中的计算组成，这些计算通过已经引入的先排序关系进行了关联：

要点 19.2 *如果 F 在 E 之前排序，那么* $F \to E$。

要了解这一点，让我们从输入线程来重新查看清单 18.1。这里，对 `command[0]` 的赋值排在 **`switch`** 语句之前。因此，我们确信 **`switch`** 语句中的所有 case 都是在赋值之后执行的，或者至少它们会被认为是稍后发生的。例如，当向 **`ungetc`** 下面的嵌套函数调用传递 `command` 时，我们确信这将提供修改后的值。所有这些都可以从 C 的语法推导出来。

在线程之间，事件的顺序是由同步提供的。有两种类型的同步：第一种是原子操作所隐含的同步，第二种是某些 C 库调用所隐含的同步。让我们先来看看原子的情况。如果一个线程写入一个值，而另一个线程读取所写入的值，则原子对象可用于同步两个线程。

对原子的操作保证在局部是一致的，参见图 19.1。

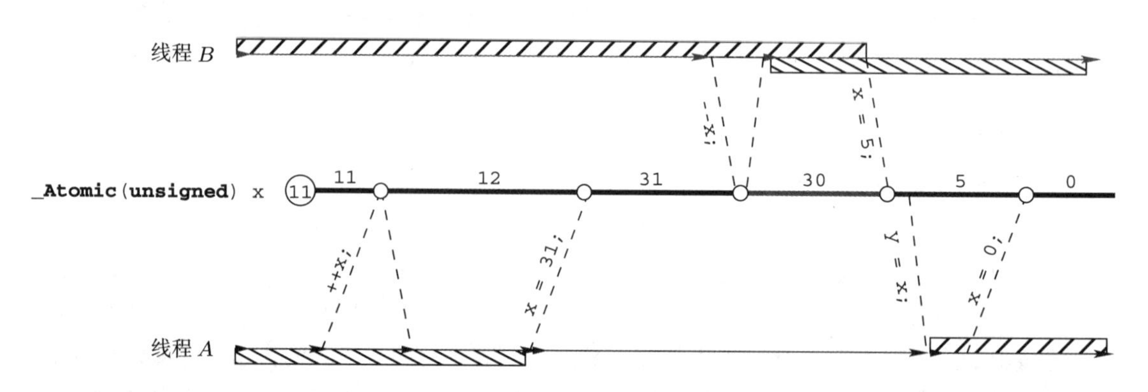

图 19.1 通过原子同步的两个线程。圆圈表示对象 x 的修改。线程下面的条表示 A 的状态信息，上面的条表示 B 的状态信息

要点 19.3 *对原子对象* `X` *的一组修改是按照与处理* `X` *的任何线程的先排序关系一致的顺序执行的。*

这个顺序称为 `x` 的*修改顺序*。例如，对于图中的原子 `x`，我们有 6 个修改：1 个初始化（值 `11`）、2 个增量和 3 个赋值。C 标准保证两个线程 `A` 和 `B` 中的每一个都以与这个修改顺序一致的顺序感知对 `x` 的所有更改。

在图中的示例中，我们只有两个同步。首先，线程 `B` 在其 `--x` 操作结束时与 `A` 同步，因为它在这里已经读取（并修改）了 `A` 写入的值 `31`。第二次同步发生在 `A` 读取 `B` 写入的值 `5` 并将其存储到 `y` 中时。

作为另一个例子，让我们研究一下输入线程（清单 18.1）和记账线程（清单 18.2）之间的相互作用。它们在不同的地方读取和修改字段 `finished`。为了简单起见，我们假设只在这两个函数中对 `finished` 进行修改。

如果两个线程中的任何一个修改了原子对象，那么这两个线程只会通过这个原子对象进行同步——也就是说，将值 `true` 写入其中。这可能在两种情况下发生：

- 当 `feof（stdin）`返回 `true` 或遇到 `EOF` 的情况时，输入线程遇到文件结束条件。在这两种情况下，`do` 循环终止，执行标签 `FINISH` 之后的代码。
- 记账线程检测到超出了允许的重复次数，将 `finished` 设置为 `true`。

这些事件不是排他的，但是使用原子对象可以确保两个线程中的一个将首先成功地写入 `finished`。

- 如果输入线程先写，记账线程可能会在其中一个 `while` 循环的计算中读取修改后的 `finished` 值。这个读取是同步的，也就是说，已知输入线程中的写事件发生在读取之前。在写操作之前输入线程所做的任何修改现在对记账线程都是可见的。
- 如果记账线程先写，输入线程可能会在其 `do` 循环的 `while` 中读取修改后的值。同样，这个读取与写入同步，并建立一个“之前发生的”关系，并且记账线程所做的所有修改对输入线程都是可见的。

可以看到这些同步是有取向的：线程之间的每个同步都有一个“写入”端和一个“读取”端。我们将两个抽象属性附加到原子对象的操作和某些 C 库调用上，这些调用称为释放语义（在写入端）、获取语义（用于读取）或获取 – 释放语义（用于读取 – 写入）。稍后将讨论具有此类同步属性的 C 库调用。

到目前为止，我们看到的所有对原子的操作以及修改对象的操作都需要有释放语义，而所有读取操作都需要具有获取语义。稍后我们将看到其他具有松弛属性的原子操作。

要点 19.4　如果 E 读取了 F 写入的值，那么线程 T_E 中的获取操作 E 会与另一个线程 T_F 的释放操作同步。

具有获取和释放语义的特殊构造的这个想法是在这些操作中强制效果的可见性。我们说，如果可以用任何适当的读取操作或函数调用（使用受 X 影响的状态）替换 E，则效果 X 在计算 E 时可见。例如，在图 19.1 中，`A` 在其 `x=31` 操作之前产生的效果由线程下面的条表示。一旦 `B` 完成了 `--x` 操作，它们对 `B` 是可见的。

要点 19.5　如果 F 与 E 同步，则在 `F` 之前发生的所有效果 X 必须对在 `E` 之后发生的所有计算 `G` 可见。

正如我们在示例中看到的，有一些原子操作可以在一个步骤中进行原子级的读写。这些操作被称为读 – 修改 – 写操作：

- 对任何 `_Atomic` 对象调用 `atomic_exchange` 和 `atomic_compare_exchange_weak`。
- 复合赋值或其功能等价物，任何算术类型的 `_Atomic` 对象的递增和递减运算符。

❑ 对 `atomic_flag` 调用 `atomic_flag_test_and_set`。

这样的操作可以在读取端与一个线程同步，在写入端与其他线程同步。到目前为止，我们看到的所有这些读 – 修改 – 写操作都具有获取和释放语义。

“之前发生的”关系关闭前序关系和同步关系的组合。我们说 F 故意发生在 E 之前，如果有 n 和 $E_0 = F, E_1, \ldots, E_{n-1}, E_n = E$，对于所有的 $0 \leqslant i < n$, E_i 在 E_{i+1} 之前被排序或与其同步。

要点 19.6 我们只能得出这样的结论，如果我们有一个连接它们的同步顺序链，那么一个计算就会发生在另一个计算之前。

注意，这种“之前发生的”关系是不同概念的组合。前序关系在很多地方都可以从语法中推导出来，特别是当两个语句是同一基本块的成员时。同步则不同，除了线程启动和结束这两个例外，同步是通过对特定对象（比如原子或互斥锁）的数据依赖推导出来的。

所有这些的期望结果是，一个线程中的效果在另一个线程中变为可见。

要点 19.7 如果一个计算 F 发生在 E 之前，那么所有已知的发生在 F 之前的效果也都已知发生在 E 之前。

19.2 C 库调用提供同步

具有同步属性的 C 库函数会成对出现：释放端和获取端。表 19.1 对其进行了总结。

表 19.1 C 库函数形成同步对

释放	获取
`thrd_create(.., f, x)`	进入 `f (x)`
通过线程 `id` 执行 `thrd_exit` 或从 `f` 返回	启动 `id` 的 `tss_t` 析构函数
结束 `id` 的 `tss_t` 析构函数	`thrd_join(id)` 或 `atexit/at_quick_exit` 处理程序
`call_once(&obj, g)`，第一次调用	`call_once(&obj, h)`，所有后续调用
互斥锁释放	互斥锁获取

注意，对于前三项，我们知道哪些事件与哪些事件同步，即同步主要局限于线程 `id` 所完成的效果。特别是，通过传递性，我们看到 `thrd_exit` 或 `return` 总是与所对应的线程 `id` 的 `thrd_join` 同步。

`thrd_create` 和 `thrd_join` 的这些同步特性允许我们在图 18.1 中画线。这里，我们不知道所启动的线程之间事件的任何时间安排，但是在 `main` 中，我们知道我们所创建的线程的顺序和我们合并它们的顺序会完全展现出来。我们还知道，在加入最后一个线程——记账线程之后，这些线程对数据对象的所有效果对 `main` 都是可见的。

如果我们分离线程并且不使用 `thrd_join`，那么同步只能发生在线程结束和 `atexit` 或 `at_quick_exit` 处理程序开始之间。

其他库函数稍微复杂一些。对于初始化实用程序 `call_once`，第一个调用 `call_once(&obj, g)`（成功调用了函数 `g` 的那个）的返回是一个对相同对象 `obj` 的所有后续调用的释放操作。这可以确保在调用 `g()` 期间执行的所有写操作都在使用 `obj` 进行任何其他调用之前发生。因此，所有其他此类调用也都知道写操作（初始化）已经执行了。

对于 18.2 节中的示例，这意味着函数 `errlog_fopen` 只执行一次，而可能执行 **`call_once`** 行的所有其他线程都将与第一次调用同步。因此，当任何一个线程从调用返回时，它们知道调用已经执行了（要么是由它们自己执行，要么是由另一个更快的线程执行），并且现在所有的效果（例如，计算文件名和打开流）都是可见的。因此，执行调用的所有线程都可以使用 `errlog` 并确保它被正确初始化。

对于互斥锁，释放操作可以是对互斥锁函数 **`mtx_unlock`** 的调用，或者是进入条件变量的等待函数 **`cnd_wait`** 和 **`cnd_timedwait`**。对互斥锁的获取操作是指通过三个互斥锁调用 **`mtx_lock`**、**`mtx_trylock`** 和 **`mtx_timedlock`** 中的任何一个成功地获取互斥锁，或者从等待函数 **`cnd_wait`** 或 **`cnd_timedwait`** 返回。

要点 19.8 由同一个互斥锁保护的临界区按顺序出现。

我们示例（清单 18.1 和清单 18.2）中的输入和记账线程访问同一互斥锁 `L->mtx`。在第一种情况下，如果用户键入了 `a ' '`、`'b'` 或 `'B'`，则它被用来保护一组新细胞的诞生。在第二种情况下，while 循环的整个内部块都受到互斥锁的保护。

图 19.2 概述了由互斥锁保护的三个临界区序列。解锁操作（释放）和从锁定操作（获取）返回之间的同步将同步两个线程。这保证了第一次调用 `life_account` 时，记账线程对 `*L` 的改动在输入线程调用 `life_birth9` 时可见。同样，对 `life_account` 的第二次调用将看到在调用 `life_birth9` 期间对 `*L` 的所有改动。

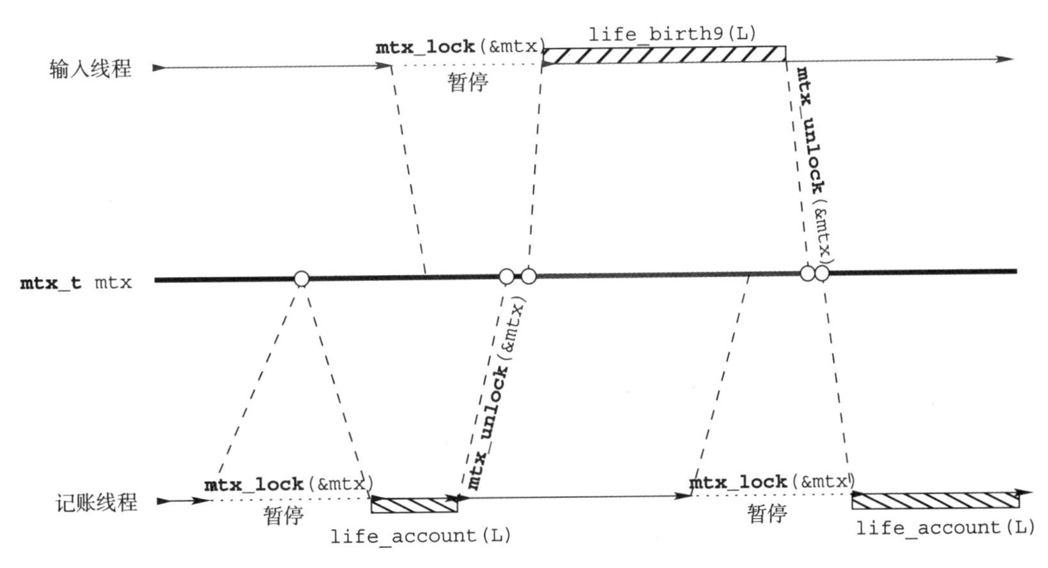

图 19.2 具有三个临界区的两个线程通过互斥锁进行同步。圆圈表示对象 `mtx` 的修改

要点 19.9 在受互斥锁 `mut` 保护的临界区中，之前被 `mut` 保护的临界区的所有效果

都是可见的。

其中一个已知的效果是执行点的推进。特别是，从 mtx_unlock 返回时，执行点在临界区之外，最新获取锁的线程知道这个效果。

条件变量的等待函数不同于获取-释放语义。事实上，它们的工作方式正好相反。

要点 19.10 cnd_wait 和 cnd_timedwait 具有互斥锁的释放-获取语义。

也就是说，在暂停调用线程之前，它们执行释放操作，然后在返回时执行获取操作。另一个特性是同步是通过互斥锁，而不是通过条件变量本身。

要点 19.11 对 cnd_signal 和 cnd_broadcast 的调用通过互斥锁同步。

如果信号线程没有将对 cnd_signal 或 cnd_broadcast 的调用发送到一个与等待线程一样的互斥锁保护的临界区，则它不一定与等待线程同步。特别是，如果构成条件表达式的对象的非原子修改不受互斥锁保护，则由信号唤醒的线程可能看不到这些修改。有一个简单的经验法则可以确保同步：

要点 19.12 调用 cnd_signal 和 cnd_broadcast 应该发生在临界区内，该临界区受到与等待线程的互斥锁相同的互斥锁的保护。

这是我们在清单 18.1 的第 145 行看到的。这里，函数 life_birth 修改了 *L 中较大的非原子部分，因此我们必须确保这些修改对于使用 *L 的所有其他线程都是可见的。

第 154 行展示了 cnd_signal 的使用，它不受互斥锁的保护。只有在这里才可能这样做，因为在其他 switch 的 case 下修改的所有数据都是原子的。因此，读取该数据的其他线程（如 L->frames）可以通过这些原子操作进行同步，而不依赖于获取互斥锁。如果使用像这样的条件变量，请小心。

19.3 顺序的一致性

我们前面描述的原于对象的数据一致性由“之前发生的”关系保证，称为获取-释放一致性。而我们总是能看到 C 库调用与这种一致性同步，不多也不少，对原子的访问可以用不同的一致性模型来指定。

你可能记得，所有原子对象都有一个修改顺序，该顺序与在同一对象上看到的这些修改的所有先序关系一致。顺序的一致性的要求甚至比这个还要多，参见图 19.3。这里，我们演示了所有顺序一致操作的公共时间轴。即使这些操作是在不同的处理器上执行的，并且原子对象是在不同的内存库中实现的，平台也必须确保所有线程都意识到所有这些操作与这个全局线性化都是一致的。

要点 19.13 所有具有顺序一致性的原子操作都以一个全局的修改顺序发生，而不管它们应用于哪个原子对象。

因此，顺序的一致性是一个非常强的要求。不仅如此，它还强化了获取-释放语义（事件之间的部分因果排序），并将这种部分排序扩展为整个排序。如果你对程序的并行执行感兴趣，那么顺序的一致性可能不是正确的选择，因为它可能会强制原子访问的顺序执行。

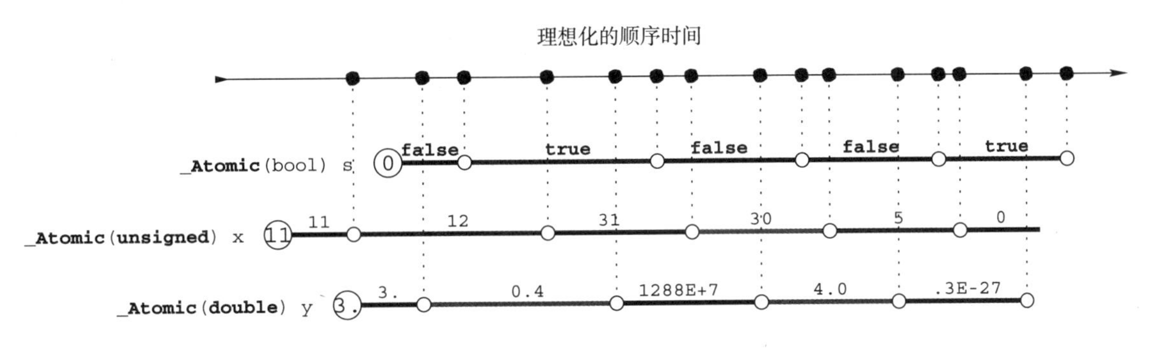

图 19.3　三个不同原子对象的顺序的一致性

标准为原子类型提供了以下功能接口。它们应该符合其名字所给出的描述，并执行同步：

```
void atomic_store(A volatile* obj, C des);
C atomic_load(A volatile* obj);
C atomic_exchange(A volatile* obj, C des);
bool atomic_compare_exchange_strong(A volatile* obj, C *expe, C des);
bool atomic_compare_exchange_weak(A volatile* obj, C *expe, C des);
C atomic_fetch_add(A volatile* obj, M operand);
C atomic_fetch_sub(A volatile* obj, M operand);
C atomic_fetch_and(A volatile* obj, M operand);
C atomic_fetch_or(A volatile* obj, M operand);
C atomic_fetch_xor(A volatile* obj, M operand);
bool atomic_flag_test_and_set(atomic_flag volatile* obj);
void atomic_flag_clear(atomic_flag volatile* obj);
```

这里 `C` 是任何合适的数据类型，`A` 是相应的原子类型，`M` 是与 `C` 的算术运算兼容的类型。顾名思义，对于 fetch 和 operator 接口，调用返回对象修改之前 `*obj` 所拥有的值。因此，这些接口并不等价于相应的复合赋值运算符（+=），因为它将返回修改后的结果。

所有这些功能接口都提供顺序的一致性。

要点 19.14　原子对象的所有未指定的操作符和函数接口都具有顺序的一致性。

还要注意，函数接口不同于操作符的组成，因为它们的参数是 `volatile` 限定的。

还有另一个对原子对象的函数调用，其并不意味着同步：

```
void atomic_init(A volatile* obj, C des);
```

其效果与对 `atomic_store` 的调用或赋值操作相同，但是来自不同线程的并发调用可能会产生竞争。可将 `atomic_init` 视为一种简单的赋值形式。

19.4 其他一致性模型

可以使用一组互补的功能接口要求不同的一致性模型。例如，与后缀 ++ 操作符等价的、具有获取 – 释放一致性的操作符可以用如下方式指定：

```
_Atomic(unsigned) at = 67;
...
if (atomic_fetch_add_explicit(&at, 1, memory_order_acq_rel)) {
  ...
}
```

要点 19.15 原子对象的同步功能接口有一个附带 **_explicit** 的形式，允许我们指定它们的一致性模型。

这些接口以 **memory_order** 类型的符号常量的形式接受额外的参数，这些参数指定操作的内存语义：

- **memory_order_seq_cst** 要求顺序的一致性。使用它相当于不使用 **_explicit** 的形式。
- **memory_order_acq_rel** 用于具有获取 – 释放一致性的操作。通常，对于一般的原子类型，可以将其用于读 – 修改 – 写操作，如 **atomic_fetch_add** 或 **atomic_compare_exchange_weak**，或者带有 **atomic_flag_test_and_set** 的 **atomic_flag**。
- **memory_order_release** 用于只有释放语义的操作。通常这是 **atomic_store** 或 **atomic_flag_clear**。
- **memory_order_acquire** 用于只具有获取语义的操作。通常这是 **atomic_load**。
- **memory_order_consume** 用于比获取一致性更弱的因果依赖形式的操作。通常这也是 **atomic_load**。
- **memory_order_relaxed** 用于不添加同步需求的操作。这种操作唯一保证的是它是不可分割的。这种操作的典型用例是由不同线程使用的性能计数器，但我们只对最终的累计计数感兴趣。

一致性模型可以与它们对平台施加的限制进行比较。图 19.4 展示了 **memory_order** 模型的隐含顺序。

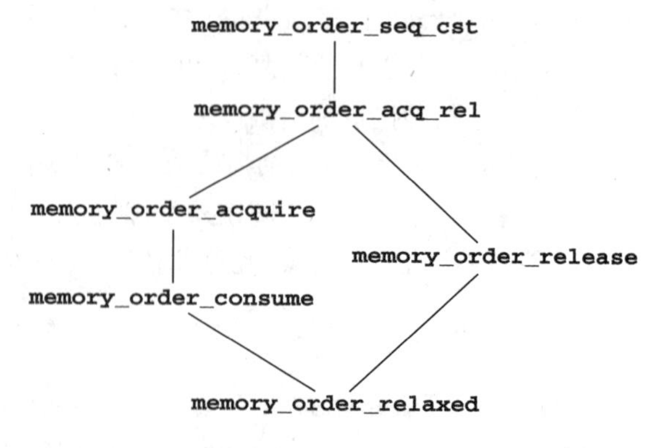

图 19.4 一致性模型的层次结构，从最小约束到最大约束

虽然 **memory_order_seq_cst** 和 **memory_order_relaxed** 对于所有操

作都是可接受的，但是对于其他 **memory_order** 有一些限制。只能在同步的一侧发生的操作只能指定该侧的顺序。因此，仅进行存储的两个操作（**atomic_store** 或 **atomic_flag_clear**）可能不会指定获取语义。有三个操作只执行一次加载，并且可能不指定释放或消费语义以防失败，除了 **atomic_load** 之外，它们是 **atomic_compare_exchange_weak** 和 **atomic_compare_exchange_strong**。因此，后两个的 **_explicit** 形式需要两个 **memory_order** 参数，以便它们能够区分成功和失败情况的要求：

```
bool
atomic_compare_exchange_strong_explicit(A volatile* obj, C *expe, C des,
                                        memory_order success,
                                        memory_order failure);
bool
atomic_compare_exchange_weak_explicit(A volatile* obj, C *expe, C des,
                                      memory_order success,
                                      memory_order failure);
```

这里，**success** 的一致性必须至少与 **failure** 的一致性一样强，见图 19.4。

到目前为止，我们已经隐式地假设同步的获取和释放端是对称的，但是它们并不是：尽管总是只有一个进行修改的写入端，但是可以有多个读取端。由于将新数据移动到多个处理器或核的代价很高，一些平台允许我们避免将原子操作之前发生的所有可见效果传播到读取新值的所有线程。C 的*消费一致性*就是为了映射这种行为而设计的。我们不会讨论这个模型的细节，你应该只有在确定原子读取之前的一些效果不会影响读取线程时才使用它。

总结

- “之前发生的”关系是解释不同线程之间计时的唯一可能的方法。它只能通过使用原子对象或非常特定的 C 库函数的同步来建立。
- 顺序的一致性是原子对象默认的一致性模型，而不是其他 C 库函数默认的一致性模型。此外，它还假定所有相应的同步事件都是完全有序的。这是一个代价高昂的假设。
- 显式地使用获取 – 释放一致性可以带来更高效的代码，但是它需要精心的设计，以便为带有 **_explicit** 后缀的原子函数提供正确的参数。

要　点

参考文献

Douglas Adams. The hitchhiker's guide to the galaxy. audiocassette from the double LP adaptation, 1986. ISBN 0-671-62964-6. 3

Thomas H. Cormen, Charles E. Leiserson, Ronald L. Rivest, and Clifford Stein. *Introduction to Algorithms*. MIT Press, 2 edition, 2001. 265

Edsger W. Dijkstra. Letters to the editor: Go to statement considered harmful. *Commun. ACM*, 11(3):147–148, March 1968. ISSN 0001-0782. doi: 10.1145/362929.362947. URL http://doi.acm.org/10.1145/362929.362947. 252

Martin Gardner. Mathematical Games – The fantastic combinations of John Conway's new solitaire game "life". *Scientific American*, 223:120–123, October 1970. 325

Jens Gustedt. The register overhaul – named constants for the c programming language, August 2016. URL http://www.open-std.org/jtc1/sc22/wg14/www/docs/n2067.pdf. 259

ISO/IEC/IEEE 60559, editor. *Information technology – Microprocessor Systems – Floating-Point arithmetic*, volume 60559:2011. ISO, 2011. URL https://www.iso.org/standard/57469.html. 53

JTC1/SC22/WG14, editor. *Programming languages - C*. Number ISO/IEC 9899. ISO, fourth edition, 2018. URL https://www.iso.org/standard/74528.html. xii

Brian W. Kernighan and Dennis M. Ritchie. *The C Programming Language*. Prentice-Hall, Englewood Cliffs, New Jersey, 1978. xi, 149

Donald E. Knuth. Structured programming with go to statements. In *Computing Surveys*, volume 6. 1974. 257

Donald E. Knuth. *The Art of Computer Programming. Volume 1: Fundamental Algorithms*. Addison-Wesley, 3rd edition, 1997. 265

Leslie Lamport. Time, clocks and the ordering of events in a distributed system. *Communications of the ACM*, 21(7):558–565, 1978. 347

T. Nishizeki, K. Takamizawa, and N. Saito. Computational complexities of obtaining programs with minimum number of GO TO statements from flow charts. *Trans. Inst. Elect. Commun. Eng. Japan*, 60(3):259–260, 1977. 302

Carlos O'Donell and Martin Sebor. Updated field experience with Annex K bounds checking interfaces, September 2015. URL http://www.open-std.org/jtc1/sc22/wg14/www/docs/

n1969.htm. 117

Philippe Pébay. Formulas for robust, one-pass parallel computation of covariances and arbitrary-order statistical moments. Technical Report SAND2008-6212, SANDIA, 2008. URL http://prod.sandia.gov/techlib/access-control.cgi/2008/086212.pdf. 270

POSIX. *ISO/IEC/IEEE Information technology – Portable Operating Systems Interface (POSIXő) Base Specifications*, volume 9945:2009. ISO, Geneva, Switzerland, 2009. Issue 7. 53

Charles Simonyi. Meta-programming: a software production model. Technical Report CSL-76-7, PARC, 1976. URL http://www.parc.com/content/attachments/ meta-programming-csl-76-7.pdf. 153

Mikkel Thorup. Structured programs have small tree-width and good register allocation. *Information and Computation*, 142:318–332, 1995. 302

Linus Torvalds et al. Linux kernel coding style, 1996. URL https://www.kernel.org/doc/Documentation/process/coding-style.rst. evolved mildly over the years. 149

Unicode, editor. *The Unicode Standard*. The Unicode Consortium, Mountain View, CA, USA, 10.0.0 edition, 2017. URL https://unicode.org/versions/Unicode10.0.0/. 242

John von Neumann. First draft of a report on the EDVAC, 1945. internal document of the ENIAC project. 225

B. P. Welford. Note on a method for calculating corrected sums of squares and products. *Technometrics*, 4(3):419–420, 1962. 270